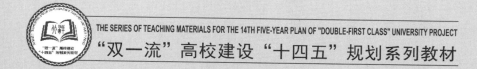

THE SERIES OF TEACHING MATERIALS FOR THE 14TH FIVE-YEAR PLAN OF "DOUBLE-FIRST CLASS" UNIVERSITY PROJECT

"双一流"高校建设"十四五"规划系列教材

SHENGTAI HUANJING KONGJIAN XINXI
YU SHUZI JISHU ZONGHE SHIYAN JIAOCHENG

生态环境空间信息与数字技术综合实验教程

乔治　王媛　刘磊　郝岩　毛国柱　童银栋　著

U0218316

天津大学出版社
TIANJIN UNIVERSITY PRESS

图书在版编目(CIP)数据

生态环境空间信息与数字技术综合实验教程 / 乔治
等著. -- 天津：天津大学出版社, 2023.8(2024.8重印)
"双一流"高校建设"十四五"规划系列教材
ISBN 978-7-5618-7551-3

Ⅰ.①生… Ⅱ.①乔… Ⅲ.①生态环境－空间信息系
统－数据处理－高等学校－教材 Ⅳ.①P208

中国国家版本馆CIP数据核字(2023)第129850号

SHENGTAI HUANJING KONGJIAN XINXI YU SHUZI JISHU
ZONGHE SHIYAN JIAOCHENG

出版发行	天津大学出版社
地　　址	天津市卫津路92号天津大学内(邮编:300072)
电　　话	发行部:022-27403647
网　　址	www.tjupress.com.cn
印　　刷	廊坊市海涛印刷有限公司
经　　销	全国各地新华书店
开　　本	787mm×1092mm　1/16
印　　张	27.75
字　　数	693千
版　　次	2023年8月第1版
印　　次	2024年8月第2次
定　　价	90.00元
审　图　号	GS（2023）2266号

前　言

　　为推进美丽中国建设，本教材聚焦"水、土、气、固、物理（声、光、热）、生态、城市、环境灾害"等生态环境要素，旨在解决"山、水、林、田、湖、草、沙"等生态环境一体化保护和系统治理需求，推动绿色发展，促进人与自然和谐共生，践行"绿水青山就是金山银山"理念。围绕生态文明建设所设计的 32 个实验主题包括碳达峰和碳中和，污染治理，生态保护，应对气候变化，新能源，资源循环利用，国土空间规划，乡村振兴和蓝天、碧水、净土保卫战等当前热点问题和重点工作，以生态环境高水平保护推动高质量发展、创造高品质生活。实验设计中融入中华传统诗词，以中华文化认同为着力点，坚持正确的中华民族历史观，增强对中华民族的认同感和自豪感。本教材以坚定文化自信、厚植家国情怀、落实立德树人、提升人文素养、夯实专业基础、精熟专业技能为目标，践行为党育人、为国育才的教育使命。

　　本教材主要应用 ArcGIS 和 ENVI 软件，辅以 MATLAB、SPSS、Excel、Origin 等软件，教授空间数据采集和处理、空间分析、空间统计、空间制图、ModelBuilder 空间建模、遥感数字图像处理等实验操作技能。针对笔者在长期一线教学实践过程中所梳理的教学痛点和教学难点，实验设计体现"知识—问题—任务"相互衔接，引导学生运用融合的学科知识解决生态环境实践问题，培养空间思维能力与数字技术应用能力，提升创新思维、批判性思维、设计和创造思维、领导力、创新创业能力，以提升生态环境治理现代化水平。

　　本教材共分 12 章，分别为大气环境实验、水环境实验、土壤环境实验、固体废弃物实验、物理环境实验、生态环境实验、城市环境实验、环境灾害与应急管理实验、低碳环境实验、新能源生态环境实验、环境经济与管理实验、生态环境综合制图实验。每章均配有实验数据以供操作练习。本教材适合作为高等院校环境科学与工程类、自然保护与生态环境类、地理科学类、测绘类、建筑类、公共管理类等专业本科生、研究生的地理信息系统（GIS）和遥感综合实验教材以及对生态环境空间信息与数字技术感兴趣的读者参考。

　　本教材的出版获得了"天津大学本科教材建设项目"、国家自然科学基金"基于'热—能—碳'关联的城市空间增长降温减碳协同增效关键路径研究（52270187）"和天津市自然科学基金"基于热环境的生态环境空间效能提升关键技术及大数据平台（21JCYB-JC00390）"的经费资助，组织了来自 31 所高校、科研院所、政府部门和企业的 60 余名师生共同编写。本教材由乔治负责全书内容体系设计和统稿，天津大学硕士研究生贺曈、刘佳雯、卢应爽、王楠、陈嘉悦、贾若愚、张伟伟、韦祺琨等参与了教材的校稿工作。怀感恩之心，念相助之人，惜相处之缘，忆相携之情，最后向对本教材成稿和出版有过激励和帮助但未曾提到的领导、老师、同学和朋友们一并表示衷心感谢。

　　虽已尽心写作，然学力不逮，识浅见陋在所难免，恳请读者批评指正。

乔治

2022 年 12 月于天津大学北洋园

本书编写组

天津大学：乔治、王媛、毛国柱、童银栋、张殿君、凌帅、贺瞳、卢应爽、王楠、陈嘉悦、刘佳雯、贾若愚、韦祺琨、孙宗耀、黄宁钰、黄卓识、诸葛星辰、孙赟、单梅、彭栓、杨霄鸣、吴婷

长安大学：刘磊、梁永春、尹翠景

北京师范大学：郝岩

生态环境部：吴晨

生态环境部环境规划院：路路

天津市科学技术发展战略研究院：王方

中国科学院地理科学与资源研究所：徐新良、吴锋

中国科学院沈阳应用生态研究所：李春林、王永衡

河海大学：冯莉、赵瞒瞒

海南大学：马文超、姜乃琪、陈兴财

华南农业大学：刘洛

山东省农业科学院：韩冬锐

浙江省生态环境科学设计研究院：罗雯

苏州科技大学：陈德超、范金鼎

洛阳师范学院：艳燕

天津大学建筑设计规划研究总院有限公司：李莹

石家庄市环境监控中心：张伟伟

天津市河北区生态环境局：韩希平

天津市水利科学研究院：姬梦怡

北京经纬恒润科技股份有限公司：蒋玉颖

山东师范大学：孙希华

贵阳学院：朱光旭

四川大学：刘俊

东北大学：杨俊

西藏大学：于金媛、崔小梅

大连市城乡规划测绘地理信息事务服务中心：秦之浩

淄博市张店区铁山学校：张勇

中国水利水电科学研究院：韩祯

水利部发展研究中心：李觋家

聊城大学：于泉洲

北京飞渡科技股份有限公司：张云金

目　　录

第一章　大气环境实验

1.1　基于 MODIS 数据的京津冀城市群气溶胶遥感反演

三晨生远雾,五里暗城閫。　——萧绎《咏雾诗》

【实验目的】

利用 MODIS-L1B 数据(简称 MODIS 数据),反演气溶胶光学厚度(Aerosol Optical Depth,AOD),表征京津冀城市群大气污染时空格局特征。

【实验意义】

气溶胶(aerosol)是固体或液体微粒均匀地悬浮于气体介质中形成的分散体系。由于其中的微粒比气态分子大而比粗尘颗粒小,因而它们不像气态分子那样服从气体分子运动规律,但也不会像粗尘颗粒那样受地心引力作用而沉降,使整个体系具有胶体性质,故称为气溶胶。气溶胶是大气污染和气候变化的重要因素。此外,当气溶胶的浓度达到足够高时,将对人类健康造成威胁,尤其是对哮喘病人和其他有呼吸性疾病的人群。空气中的气溶胶还能传播细菌和病毒,这可能会导致一些地区疾病的流行和暴发。

气溶胶光学厚度(AOD)是气溶胶的光学属性之一,表征光在单位截面面积垂直气柱上的透过率,也称为大气浑浊度。AOD 是一个无量纲的正值,该值越大,光的大气透过率越低。由于人类生活和生产活动产生的大气污染物可以生成人为气溶胶,因此 AOD 在一定程度上可反映大气污染状况。

遥感以其探测范围广、数据采集速度快、时效性强、成本低等优势,实现对大气污染时空格局特征的大面积监测。MODIS-L1B 是 MODIS 系列 2 级数据产品中的一种,产品编号为 MOD02/MYD02。该数据产品已经过仪器定标,尚未进行大气校正;包含地理坐标,但是地理坐标与科学数据没有连接,当直接显示时,数据边缘会存在 bow-tie 效应(又名蝴蝶结效应)。因此,当对该数据产品进行相应处理后,即可完成 AOD 遥感反演,实现对大气污染时空格局特征的动态监测。

【知识点】

1. 了解基于 MODIS 数据实现气溶胶光学厚度(AOD)遥感反演的基本原理和操作过程;

2. 熟悉面向 ENVI 软件安装扩展工具并应用的过程;

3. 理解应用 ENVI 软件打开 MODIS 遥感影像等特定数据集和进行数据预处理的方法;

4. 熟练掌握应用 ENVI 软件进行矢量数据格式转换、遥感影像波段运算、裁剪处理等的方法;

5. 掌握应用 ENVI 软件进行数据可视化显示的操作过程。

【实验数据】

1. 研究区域 MODIS 数据,空间分辨率为 1 000 m,过境时间为 2022 年 7 月 2 日,命名为 MOD021KM.A2022183.0245.061.2022183131931.hdf。

2. 将京津冀城市群矢量边界数据命名为 jjj.shp。

3. 将气溶胶反演查找表命名为 lut.txt。

4. 将 MODIS 影像数据云检测扩展工具命名为 modis_cloud.sav。

5. 将气溶胶反演扩展工具命名为 modis_aerosol_inversion.sav。

6. 将可视化色彩分级文件命名为 secaifenji.dsr。

【实验软件】

ENVI 5.3。

【思维导图】

本实验思维导图如图 1.1.1 所示。

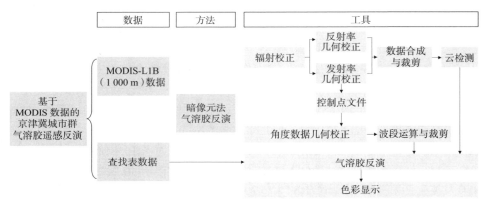

图 1.1.1　基于 MODIS 数据的京津冀城市群气溶胶遥感反演实验思维导图

【实验步骤】

(一)扩展工具安装与数据准备

该模块包括扩展工具安装、研究区矢量边界文件格式转换和 MODIS 数据的辐射定标。

【步骤 1】扩展工具安装

将实验数据中的扩展工具 modis_cloud.sav 与 modis_aerosol_inversion.sav 复制到 ENVI Classic 5.3(简称 ENVI)安装路径的 Extensions 文件夹下,扩展工具将出现在 ENVI 的【Toolbox】—【Extensions】(扩展工具)工具集下。如复制时已启动 ENVI,需要复制后重启 ENVI,使扩展工具生效。

【步骤 2】矢量边界数据准备

在 ENVI 中,选择【File】—【Open Vector File】,打开实验数据中的"jjj.shp"文件,设置如图 1.1.2 所示,输出文件命名为"jjj_.evf",点击【OK】。

点击【File】—【Open Vector File】,选择已转换为 EVF 格式的文件"jjj_.evf",点击【Load Selected】,打开矢量边界文件,检查文件转换后是否能正常打开。如能正常打开文件,软件将显示如图 1.1.3 右侧所示的窗口。

图 1.1.2　将 SHP 格式文件转换为 EVF 格式

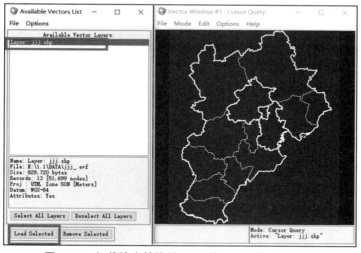

图 1.1.3　加载检查转换后 EVF 格式的矢量边界文件

【步骤 3】辐射定标

　　在 ENVI 中,选择【File】—【Open As】—【Optical Sensors】(光学传感器)—【EOS】—【MODIS】(图 1.1.4),打开文件"MOD021KM.A2022183.0245.061.2022183131931.hdf"。通过该方式在 ENVI 中打开 MODIS 数据时,ENVI 自动完成辐射定标。

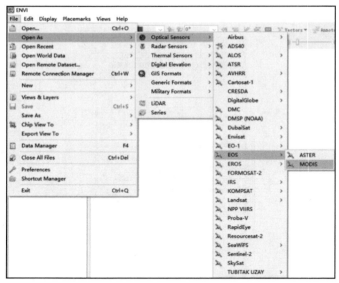

图 1.1.4　打开 HDF 格式的 MODIS 数据文件

（二）发射率数据、反射率数据处理

该模块包括发射率数据集几何校正、反射率数据集几何校正、波段组合和研究区裁剪。

【步骤 1】发射率数据几何校正

打开【Toolbox】—【Geometric Correction】—【Georeference by Sensor】—【Georeference MODIS】（MODIS 几何校正），选择发射率数据集，点击【OK】（图 1.1.5）。

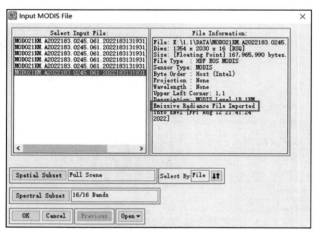

图 1.1.5　选择发射率数据集

根据研究区位置，在"Georeference MODIS Parameters"对话框中，设置发射率数据几何校正相关参数（图 1.1.6），点击【OK】，完成发射率数据几何校正，并输出控制点文件"GCP. pts"。

图 1.1.6　"Georeference MODIS Parameters"对话框(发射率数据几何校正)

（1）投影信息：UTM，WGS-84，Meters(单位)，50 N(区域)。

（2）将输出控制点文件命名为"GCP.pts"，并保存在相应路径。

（3）将【 Perform Bow Tie Correction 】设置为"Yes"，即对 MODIS 影像去除"双眼皮"。

在弹出的"Registration Parameters"对话框中，设置【 X Pixel Size 】与【 Y Pixel Size 】均为"1000"，设置输出路径及文件名，其余保持默认，点击【 OK 】(图 1.1.7)。发射率数据几何校正结果如图 1.1.8 所示。

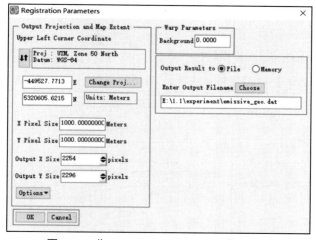

图 1.1.7　"Registration Parameters"对话框

【 步骤 2 】反射率数据几何校正

同上步过程，选择反射率数据集(图 1.1.9)，按图 1.1.10 所示内容，完成反射率数据集的几何校正。此处控制点文件(PTS 格式)可以不进行输出。

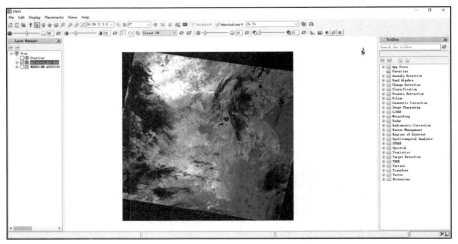

图 1.1.8 发射率数据几何校正结果

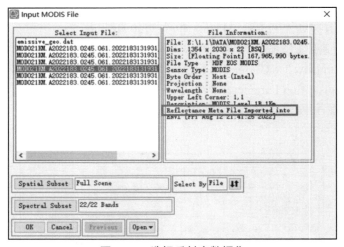

图 1.1.9 选择反射率数据集

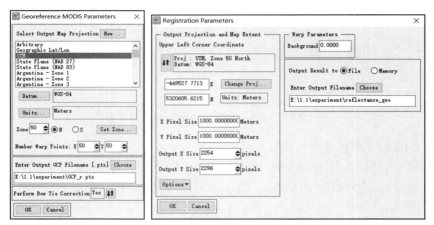

图 1.1.10 反射率数据几何校正设置

【步骤 3】反射率、发射率合成（波段组合）与研究区裁剪

点击【File】—【Open】,加载模块（一）【步骤 2】中输出的文件"jjj_.evf",加载后的结果如图 1.1.11 所示。

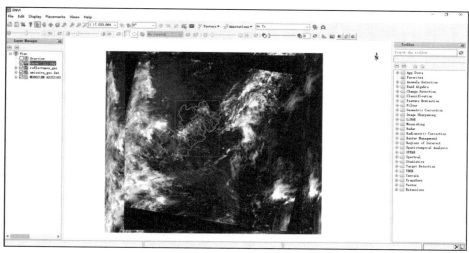

图 1.1.11　加载研究区矢量边界数据

打开【Toolbox】—【Raster Management】—【Layer Stacking】（波段组合）,选择模块（二）【步骤 1】和【步骤 2】中输出的发射率、反射率几何校正数据（图 1.1.12）,点击【Spatial Subset】,在"Select Spatial Subset"对话框中点击【ROI/EVF】,再选择文件"jjj_.shp",点击【OK】,完成矢量边界确定（研究区裁剪）（图 1.1.13）。

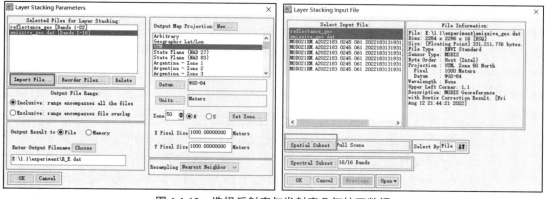

图 1.1.12　选择反射率与发射率几何校正数据

在"Layer Stacking Parameters"对话框中,点击【Reorder Files】,调整和确认使反射率几何校正数据在上,发射率几何校正数据在下,将输出文件命名为"R_E.dat",点击【OK】进行合成（图 1.1.14）。

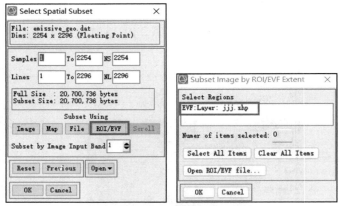

图1.1.13　选择研究区矢量边界数据

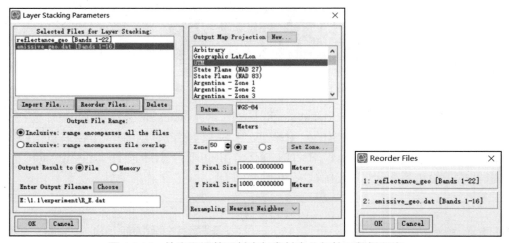

图1.1.14　检查和调整反射率与发射率几何校正数据顺序

（三）角度数据处理

该模块的内容是对MODIS数据的角度数据集进行几何校正和后处理操作。由于MODIS数据的角度数据集的行列号与科学数据集的行列号不同，因此需要使用校正发射率的GCP控制点校正角度数据集。在几何校正之前，要对角度数据集进行波段合成和重采样。所涉及的角度数据集包括卫星天顶角、卫星方位角、太阳天顶角和太阳方位角等数据集。后处理操作包括角度数据波段运算与数据裁剪。

【步骤1】角度数据集几何校正

选择【File】—【Open As】—【Generic Formats】（通用格式）—【HDF4】，打开文件"MOD021KM.A2022183.0245.061.2022183131931.hdf"，选择其中的卫星天顶角（SensorZenith）、卫星方位角（SensorArimuth）、太阳天顶角（SolarZenith）和太阳方位角（SolarArimuth）四个角度数据集（图1.1.15）。

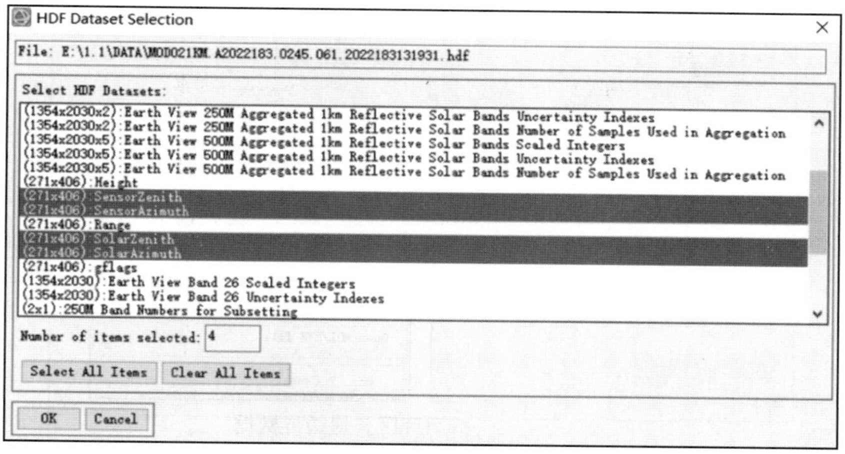

图 1.1.15 角度数据集选择

打开【Toolbox】—【Raster Management】—【New File Builder】(新建栅格文件),在弹出的"New File Builder"对话框中点击【Import File】(图 1.1.16),按顺序添加卫星天顶角、卫星方位角、太阳天顶角和太阳方位角 4 个角度数据集(即按照 Data Set #14、#15、#17、#18 的顺序添加),点击【OK】。可通过"Reorder Files"对话框确认数据集顺序(图 1.1.17)。其余保持默认,设置输出路径与文件名"jiaodu.dat",点击【OK】。

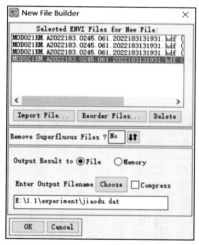

图 1.1.16 "New File Builder"对话框

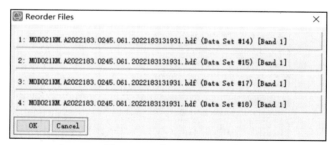

图 1.1.17 "Reorder Files"对话框

接下来,对角度数据进行重采样。首先,分别查看角度数据集的合成结果与发射率数据集的行列数。以发射率数据集为例,在【Layer Manager】中,右击 HDF 格式的原始影像文件,选择【View Metadata】,查看元数据信息。分别查询后,可知角度数据集的规模为 271×406(列 × 行),发射率数据集的规模为 1 354×2 030(图 1.1.18)。

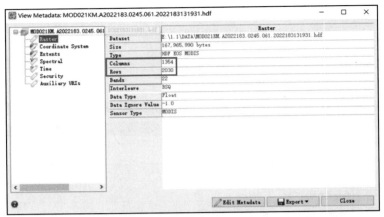

图 1.1.18　查看原始影像的发射率的列数与行数

　　然后,进行重采样。打开【Toolbox】—【Raster Management】—【Resize Data】(数据重采样),选择角度数据集合成结果,在"Resize Data Parameters"对话框中,设置【Samples】为"1354",【Lines】为"2030",【Resampling】(重采样方法)选择"Cubic Convolution",点击【OK】,完成角度数据重采样,并输出结果文件"jiaoduresize.dat"(图 1.1.19)。

　　最后,进行角度数据集几何校正。打开【Toolbox】—【Geometric Correction】—【Registration】—【Warp from GCPs: Image to Map Registration】(控制点校正:图像到地图校正),选择发射率数据集几何校正时生成的控制点文件"GCP.pts"。在"Image to Map Registration"对话框中,设置【X Pixel Size】与【Y Pixel Size】均为"1000",投影设置与发射率、反射率几何校正设置一致,点击【OK】(图 1.1.20)。

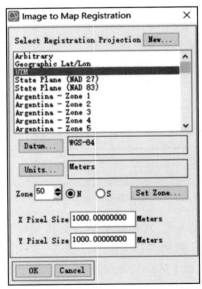

图 1.1.19　重采样参数设置　　　**图 1.1.20　"Image to Map Registration"对话框**

　　选择角度数据重采样结果文件"jiaoduresize.dat",在打开的"Registration Parameters"对话框中的【Warp Parameters】设置里,选择【Method】(几何校正方法)为"Triangulation",选择【Resampling】(重采样方法)为"Cubic Convolution",其余保持默认,设置输出路径与文

件名,点击【OK】(图1.1.21)。

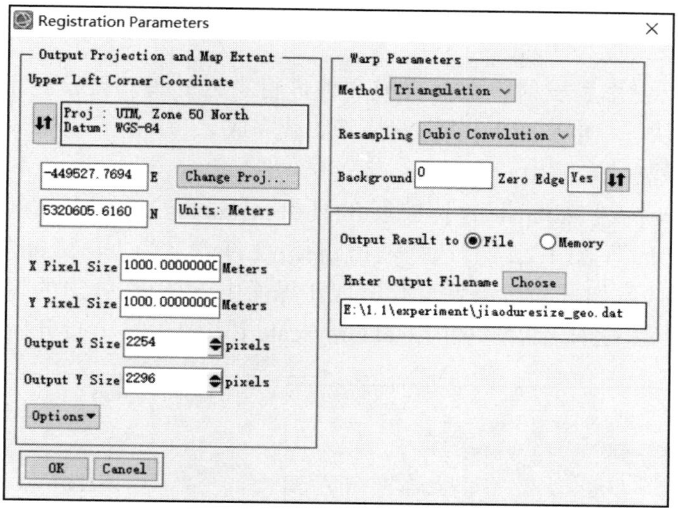

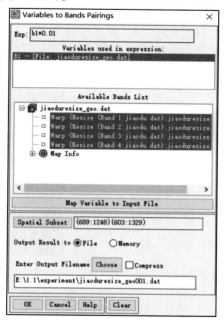

图 1.1.21　角度数据几何校正参数设置

【步骤2】角度数据波段运算与数据裁剪

由于HDF文件中的角度数据值为真实值的100倍,因此在进行气溶胶反演之前要将角度合成数据乘以0.01。该过程利用Band Math功能实现,并同时裁剪出研究区,具体过程如下。

打开【Toolbox】—【Band Algebra】—【Band Math】(波段运算),输入公式"b1*0.01",点击【OK】(图1.1.22)。

在"Variables to Bands Pairings"对话框中,点击【Map Variable to Input File】,选择角度数据几何校正的结果,点击【OK】;点击【Spatial Subset】,选择研究区EVF文件进行裁剪;其余设置保持默认;最后,设置文件输出路径与文件名(图1.1.23)。

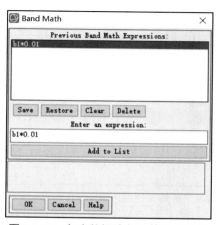

图 1.1.22　角度数据波段运算公式设置

图 1.1.23　角度数据波段运算设置

（四）云检测

该模块是对反射率和发射率数据合成文件进行去云处理。云检测工具是由 IDL 编写的扩展工具，在模块（一）【步骤 1】中已安装并加载完成。

【步骤 1】云检测结果输出

打开【Toolbox】—【Extensions】（扩展工具）—【modis_cloud】，选择模块（二）【步骤 3】中生成的"R_E.dat"（图 1.1.24），选择输出路径，文件命名为"cloud.dat"，点击【OK】。将云检测结果加载打开，如打开后结果没有出现在界面中，可以在弹出的"Data Manger"对话框中右击云检测结果文件，然后选择【Load Grayscale】（图 1.1.25），打开后如图 1.1.26 所示。

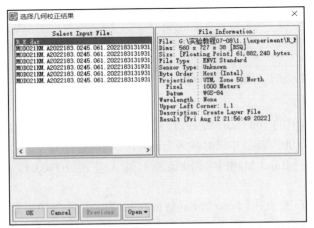

图 1.1.24　选择反射率和发射率数据合成文件进行云检测

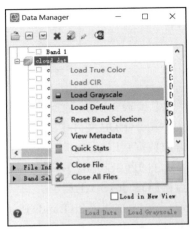

图 1.1.25　加载云检测结果

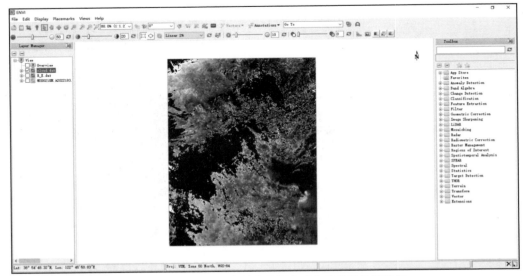

图 1.1.26　反射率和发射率数据合成文件的云检测结果

（五）气溶胶反演及结果后处理

该模块包括气溶胶反演、数据掩膜和可视化显示操作。

【步骤1】气溶胶反演

气溶胶反演的原理是利用暗像元法反演地表真实反射率，并使用查找表进行气溶胶浓度查找。其中，气溶胶反演工具由IDL编写，且已作为扩展工具安装并加载至ENVI软件。此外，查找表是利用IDL调用6S辐射模型得到的，采用的是通用参数，适合查找3—9月的MODIS影像，具体操作如下。

打开【Toolbox】—【Extensions】（扩展工具）—【modis_aerosol_inversion】，在【选择云检测结果】对话框中选择"cloud.dat"，点击【OK】；在【选择角度数据】对话框中，选择"jiaoduresize_geo001.dat"，点击【OK】；在【选择查找表文件】对话框中，选择"lut.txt"，点击【OK】（图1.1.27）。设置输出路径与文件名后，得到反演结果（图1.1.28）。

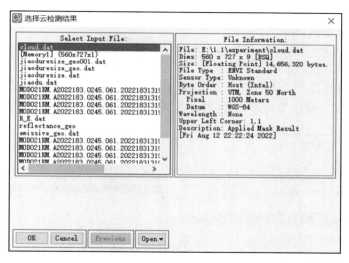

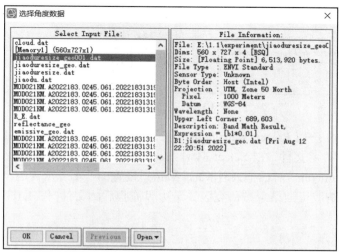

图1.1.27 气溶胶反演选择云检测结果及角度数据

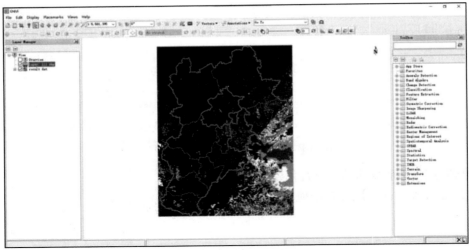

图 1.1.28 气溶胶反演结果

【步骤 2】气溶胶反演结果掩膜处理

打开【Toolbox】—【Raster Management】—【Masking】—【Build Mask】(构建掩膜)，选择气溶胶反演结果文件，点击【OK】。打开【Options】—【Import EVFs】，选择研究区矢量边界文件(需要提前在 ENVI 中打开)，在弹出的对话框中选择气溶胶反演结果文件，点击【OK】，生成研究区矢量边界掩膜文件(图 1.1.29)。

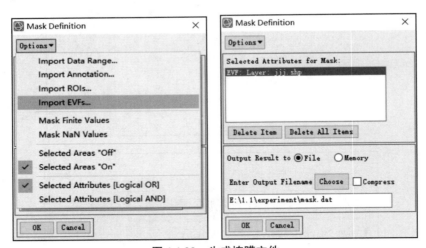

图 1.1.29 生成掩膜文件

打开【Toolbox】—【Raster Management】—【Masking】—【Apply Mask】(应用掩膜)，选择气溶胶反演结果文件，在【Select Mask Band】中选择研究区矢量边界掩膜文件，弹出"Apply Mask Parameters"对话框，将【Mask Value】设置为"-1"，设置输出路径与文件名，点击【OK】，生成气溶胶反演结果按研究区矢量边界掩膜后的文件(图 1.1.30)。

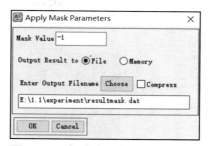

图 1.1.30　气溶胶反演结果掩膜处理

【步骤 3】气溶胶反演结果可视化处理

在【Layer Manager】中,右击掩膜后结果,选择【New Raster Color Slice】(新建密度分割)(图 1.1.31);随后在"File Selection"对话框中选择气溶胶反演掩膜后结果波段,点击【OK】。在弹出的"Edit Raster Color Slices"对话框中,可根据需要调整色彩显示的分级结果。

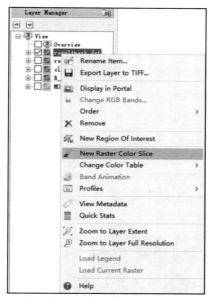

图 1.1.31　对掩膜后的气溶胶反演结果进行可视化处理

在"Edit Raster Color Slices"对话框中,点击左上角的文件夹图标【Restore Color Slices from Files...】(图 1.1.32),打开附件中的色彩分级文件"secaifenji.dsr",将【Histogram Min】设置为"0",点击【OK】(图 1.1.33),得到色彩分级结果。

结果显示,在影像过境时间内,京津冀城市群东部气溶胶光学厚度(AOD)大于西部,反映出东部大气污染状况较西部严重。另外,京津冀城市群西北部受到山脉影响,AOD 略高于南部部分平原地区(图 1.1.34)。

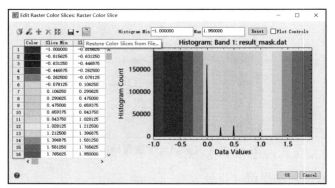

图 1.1.32　"Edit Raster Color Slices"对话框(导入色彩分级文件前默认设置界面)

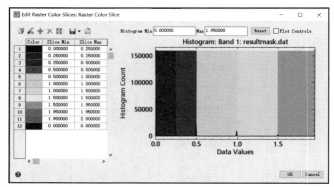

图 1.1.33　"Edit Raster Color Slices"对话框(导入色彩分级文件后设置界面)

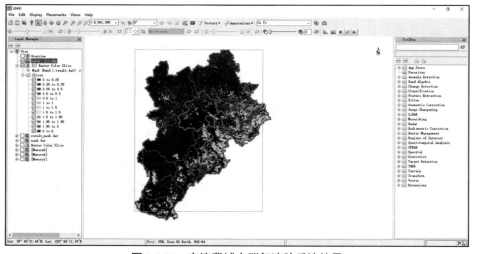

图 1.1.34　京津冀城市群气溶胶反演结果

1.2　基于气象条件的大气污染物溯源

五月南风兴,思君下巴陵。八月西风起,想君发扬子。　——李白《长干行》

【实验目的】

利用气象监测数据实现快速大气污染物溯源。

【实验意义】

大气污染物溯源是指根据大气环境中污染源与受体的关系,识别影响大气环境质量的重点污染源。它是确定各种污染物排放源与大气质量响应关系的桥梁,同时也是实现大气环境精细化监管的关键。大气污染物溯源能够在大气颗粒物时空特征、污染来源、污染成因、污染防治等方面提供科学分析和预测,有助于相关部门查清污染源,并有针对性地实施动态靶向或联防联控治理措施,在短期内提升大气污染治理效果。

【知识点】

1. 了解基于气象条件的大气污染物溯源的基本原理;

2. 熟练掌握应用 Excel 软件进行数据透视表操作的过程;

3. 掌握应用 Origin 软件进行大气污染物溯源制图的操作。

【实验数据】

将包含山东某地采暖期(11月—次年2月)逐日风速、风向以及 PM2.5 和 O_3 两种污染物浓度的练习数据命名为大气污染物溯源数据.xlsx(图 1.2.1)。

日期	PM2.5	O3	风速	风向
2016/11/1	34	18	3.8	5
2016/11/2	65	29	5.2	10
2016/11/3	67	52	6.9	10
2016/11/4	59	59	5.3	7
2016/11/5	102	49	7	4
2016/11/6	113	27	6	5
2016/11/7	88	22	4.7	3
2016/11/8	82	18	3.9	5
2016/11/9	130	31	5.4	11
2016/11/10	63	48	10.4	9
2016/11/11	55	44	8.1	10

风向	编码	风向	编码	风向	编码	风向	编码	风向	编码	风向	编码
N	1	ENE	4	SE	7	SSW	10	W	13	NNW	16
NNE	2	E	5	SSE	8	SW	11	WNW	14		
NE	3	ESE	6	S	9	WSW	12	NW	15		

图 1.2.1　大气污染物溯源数据(部分截图)

【实验软件】

Excel 2016、Origin 2021。

【思维导图】

本实验思维导图如图 1.2.2 所示。

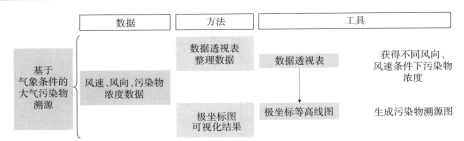

图 1.2.2　基于气象条件的大气污染物溯源实验思维导图

【实验步骤】

（一）大气污染物浓度与气象条件时空关系统计

该模块主要利用 Excel 数据透视表功能揭示典型大气污染物浓度与气象条件的时空关系，包括气象数据预处理、气象数据与大气污染数据统计等。

气象数据主要包含风向和风速数据。其中，0° 表示正北方，每 22.5° 为一个方位。例如，角度范围为 348.76°~11.25° 为北（N），然后依次为北北东（NNE）、东北（NE）、东北东（ENE）、东（E）、东南东（ESE）、东南（SE）、南南东（SSW）、南（S）、南南西（SSW）、西南（SW）、西南西（WSW）、西（W）、西北西（WNW）、西北（NW）、北北西（NNW）。在练习数据中，1 为正北方向，依次递增到 16 为北北西方向，详见练习数据的 XLSX 格式文件。

【步骤 1】气象数据与大气污染数据统计

在 Excel 软件中打开"大气污染物溯源数据.xlsx"，选中"B → E"列，点击【插入】选项卡，点击【数据透视表】（图 1.2.3），在"创建数据透视表"对话框中点击【确定】（图 1.2.4）。在"数据透视表字段"对话框中，将【风向】和【风速】拖入"行"标签，将【PM2.5】和【O3】拖入"值"标签，并修改计算类型为"平均值"（图 1.2.5），统计结果如图 1.2.6 所示。

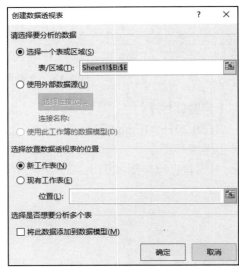

图 1.2.3　数据透视表检索图　　　　图 1.2.4　"创建数据透视表"对话框

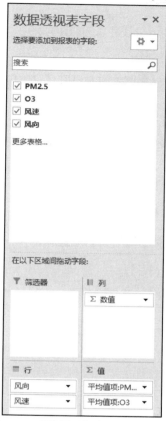

图 1.2.5　“数据透视表字段”对话框

	A	B	C
1	行标签	平均值项:PM2.5	平均值项:O3
2	⊟1	123.3333333	22.66666667
3	2.7	149	9
4	3.3	130	39
5	3.9	91	20
6	⊟2	120	43
7	4.3	120	43
8	⊟3	100.2	27.2
9	2.8	182	50
10	3.7	107	8
11	4.6	110	12
12	4.7	88	22
13	6.1	14	44
14	⊟4	87.73684211	29.21052632
15	3.4	148	10
16	3.5	116	16
17	4	124	20
18	4.1	33	32
19	4.2	56	22
20	4.4	40	35
21	4.5	126	8
22	4.6	109	23

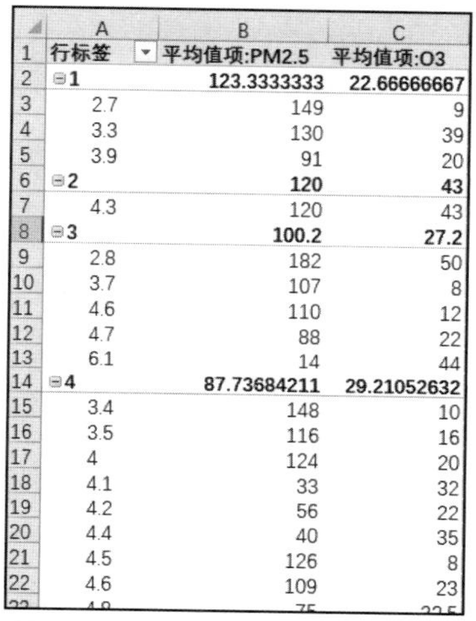

图 1.2.6　“数据透视表”统计结果

【步骤 2】更改格式

右键点击数据透视表的任意位置，点击【数据透视表选项】(图 1.2.7)；在“数据透视表选项”对话框中，点击【显示】选项卡，取消勾选【显示展开 / 折叠按钮】，勾选【经典数据透视表布局(启用网格中的字段拖放)】，点击【确定】(图 1.2.8)。

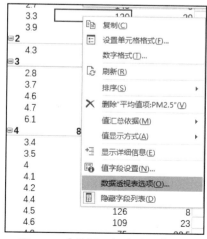

图 1.2.7　【数据透视表选项】选项

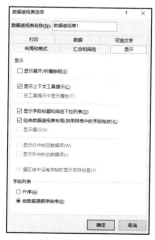

图 1.2.8　“数据透视表选项”对话框

【步骤3】更改布局

点击【设计】选项卡,点击【分类汇总】,选择【不显示分类汇总】(图1.2.9);再点击【报表布局】,选择【重复所有项目标签】(图1.2.10),即完成数据整理工作(图1.2.11)。

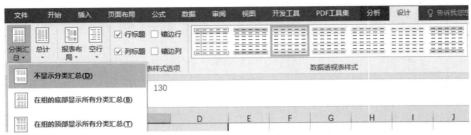

图 1.2.9 【分类汇总】工具

图 1.2.10 【报表布局】工具

风向	风速	值 平均值项:PM2.5	平均值项:O3
1	2.7	149	9
1	3.3	130	39
1	3.9	91	20
2	4.3	120	43
3	2.8	182	50
3	3.7	107	8
3	4.6	110	12
3	4.7	88	22
3	6.1	14	44
4	3.4	148	10
4	3.5	116	16
4	4	124	20
4	4.1	33	32
4	4.2	56	22
4	4.4	40	35
4	4.5	126	8
4	4.6	109	23
4	4.8	75	32.5
4	5.2	71	39
4	5.8	171	18
4	6.4	67.66666667	43
4	7	102	49
4	7.8	51	53

图 1.2.11 数据整理完成结果

(二)大气污染物溯源制图

该模块基于所统计的 PM2.5、O_3 和气象因子的时空耦合关系,利用 Origin 软件进行大气污染物溯源可视化。由于练习数据有 16 种风向，每种风向包括 22.5° 的一个角度范围，只根据风向无法确定风的具体角度，因此只能以每个风向的角度中值进行计算。从 0° 正北方（N）开始，按顺时针方向依次对其他风向进行角度换算，则风向角度公式为“（风向 −1）× 22.5°”。

在整理好的数据透视表中增加 1 列，列名为“风向角度”，点击 E3 单元格并在函数窗口中输入公式“=(A3−1)*22.5”，填充整列（图 1.2.12）。打开 Origin 2021，选择整理好的风向、风速、PM2.5、O_3、风向角度列，再粘贴到【Book1】中，并在“长名称”处分别命名（图 1.2.13）。单击“C（Y）”即 PM2.5 列，点击设为“Z”（图 1.2.14）；单击“E（Y）”即风向角度列，点击设为“X”（图 1.2.15）。选中风速、PM2.5、风向角度三列数据（图 1.2.16），点击下方工具栏的【极坐标等高线图 θ（X）r（Y）】（图 1.2.17），进行美化处理，包括选择合适的色带、更改坐标轴标签与位置、更改标题（图 1.2.18）。对 O_3 污染物作图时，单击“D（Y）”即 O_3 列，点击设为“Z”；选中风速、O_3、风向角度三列数据，后续操作同上，结果如图 1.2.19 所示。

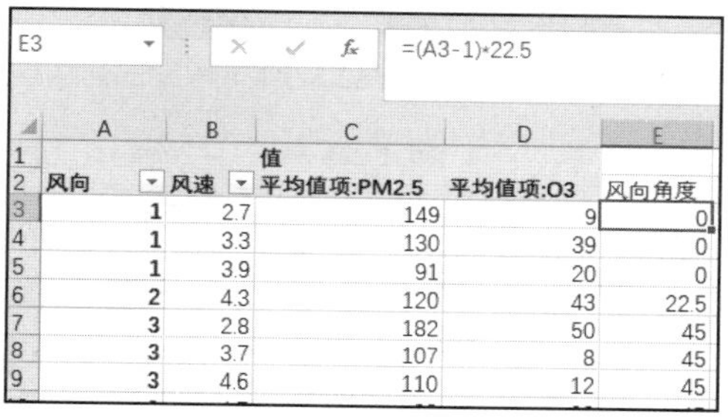
E3　=(A3-1)*22.5

	A	B	C	D	E
1			值		
2	风向	风速	平均值项:PM2.5	平均值项:O3	风向角度
3	1	2.7	149	9	0
4	1	3.3	130	39	0
5	1	3.9	91	20	0
6	2	4.3	120	43	22.5
7	3	2.8	182	50	45
8	3	3.7	107	8	45
9	3	4.6	110	12	45

图 1.2.12　风向角度计算

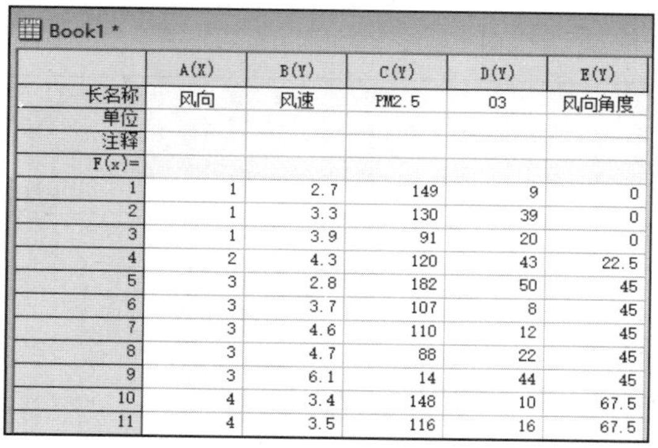
Book1 *

	A(X)	B(Y)	C(Y)	D(Y)	E(Y)
长名称	风向	风速	PM2.5	03	风向角度
单位					
注释					
F(x)=					
1	1	2.7	149	9	0
2	1	3.3	130	39	0
3	1	3.9	91	20	0
4	2	4.3	120	43	22.5
5	3	2.8	182	50	45
6	3	3.7	107	8	45
7	3	4.6	110	12	45
8	3	4.7	88	22	45
9	3	6.1	14	44	45
10	4	3.4	148	10	67.5
11	4	3.5	116	16	67.5

图 1.2.13　Origin 表格

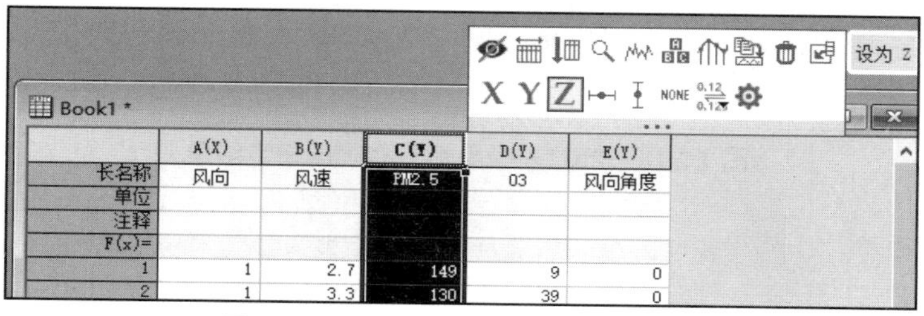

	A(X)	B(Y)	C(Y)	D(Y)	E(Y)
长名称	风向	风速	PM2.5	03	风向角度
单位					
注释					
F(x)=					
1	1	2.7	149	9	0
2	1	3.3	130	39	0

图 1.2.14　设定 PM2.5 数据为“Z”列

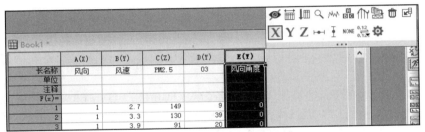

图 1.2.15　设定风向角度数据为 "X" 列

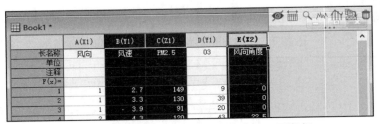

图 1.2.16　选中风速、PM2.5、风向角度三列数据

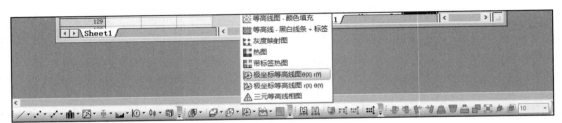

图 1.2.17　极坐标等高线图选项

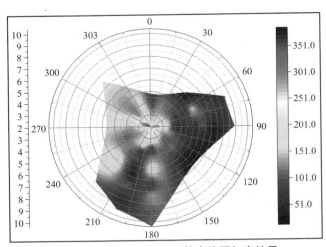

图 1.2.18　PM2.5 极坐标等高线图初步结果

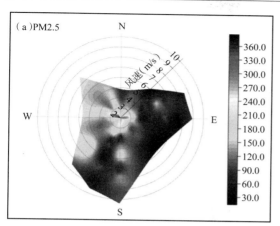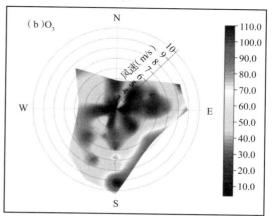

图 1.2.19　大气污染物溯源结果

根据大气污染物溯源结果,该区域 PM2.5 高值区位于本地,推测该区域 PM2.5 主要源于本地排放,表明 PM2.5 属于内源污染;O_3 极高浓度区显示自于南部、东南方向的长距离输送,表明 O_3 属于外源污染。因此,基于气象条件的大气污染物溯源可为区域大气污染联防联控提供数据支持和决策参考。

1.3　基于 Landsat 数据的南京市相对热舒适度评价

> 永日不可暮,炎蒸毒我肠。安得万里风,飘飘吹我裳。　　——杜甫《夏夜叹》

【实验目的】

利用 Landsat 8 OLI/TIRS 数据(简称 Landsat 数据)反演得到地表温度(Land Surface Temperature,LST)数据、归一化水汽指数(Normalized Difference Moisture Index,NDMI)数据和温湿指数(Temperature-Humidity Index,THI)。应用改进后的温湿指数(Modified Temperature-Humidity Index,MTHI)建立相对热舒适度分级体系,识别南京市相对热舒适度空间格局。

【实验意义】

气候舒适度是从气象学角度评价得到的在不同气候条件下人类活动的舒适感,是根据人类机体与大气环境之间的热交换而制定的生物气象指标。气候舒适度指数是描述气温和湿度对人类活动的综合影响的指标之一,它表征人体在某种温湿度条件下对空气环境感觉舒适的程度,用气温和相对湿度的不同组合来表示。基于遥感数据反演得到的地表特征参数,可对气象学中常用的 THI 进行改进,MTHI 能够反映气候舒适度的空间连续变化特征,从而为气候舒适度研究提供新范式。

【知识点】

1. 了解基于遥感数据的相对热舒适度指数的含义和计算过程;

2. 理解基于 Landsat 数据进行地表参数反演的原理和方法;

3. 熟练掌握应用 ENVI 软件进行遥感图像预处理和波段运算等操作。

【实验数据】

1. 覆盖南京市的 Landsat 8 OLI/TIRS 多光谱遥感影像数据(行列数分别为 38、120),实验影像过境时间为 2013 年 4 月 7 日(该时期成像条件好,云层影响较小,适合地表特征参数反演和温湿指数计算),空间分辨率为 30 m,文件夹命名为 LC81200382013097LGN02。

2. 将南京市矢量边界文件命名为 Nanjing.shp。

【实验软件】

ENVI 5.3。

【思维导图】

本实验思维导图如图 1.3.1 所示。

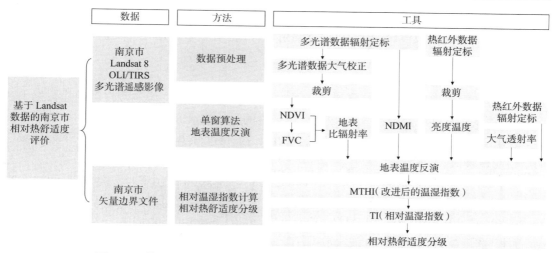

图 1.3.1　基于 Landsat 数据的南京市相对热舒适度评价实验思维导图

【实验步骤】

本实验主要包含三部分:①遥感图像预处理,包括辐射定标、大气校正、影像裁剪等内容;②基于单窗算法的地表温度反演和归一化水汽指数计算,包括亮度温度、大气平均作用温度、大气透过率、地表比辐射率等模型参数的计算;③相对温湿指数的计算及相对热舒适度分级体系的建立,最终计算得到相对热舒适度空间分布并可视化。

(一)遥感图像预处理

【步骤 1】数据加载

在 ENVI 软件的主界面中,单击【 File 】—【 Open 】,双击打开"LC08_L1TP_120038_20130407_20170505_01_T1_MTL.txt",加载 Landsat 8 数据(图 1.3.2)。

图 1.3.2　覆盖南京市的 Landsat 8 OLI/TIRS 数据

【步骤 2】热红外波段辐射定标

首先,对热红外波段(波段 10)进行辐射定标,将遥感影像像元亮度值,即 DN(Digital Number)值,转换为辐射亮度,定标公式如下:

$$L_\lambda = Gain_\lambda \times DN_\lambda + Bias_\lambda \tag{1.3.1}$$

式中:L_λ 为星上辐射亮度;$Gain_\lambda$(增益)和 $Bias_\lambda$(偏移)均可在影像波段自带的元数据中获取,也可以从头文件中得到;DN_λ 为热红外影像中的原始像素值。

在 ENVI 软件中使用【Radiometric Correction】工具进行辐射定标时,自动获取影像波段的增益与偏移值,无须设置。

在【Toolbox】(工具箱)中,双击【Radiometric Correction】—【Radiometric Calibration】(辐射定标)工具,在"File Selection"面板中(图 1.3.3),选择热红外数据"LC08_L1TP_1200 38_20130407_20170505_01_T1_MTL_Thermal",单击【Spectral Subset】,打开"Spectral Subset"面板(图 1.3.4),选择第 10 波段数据【Thermal Infrared 1(10.9000)】,单击【OK】。

回到"File Selection"面板,单击【OK】,进入"Radiometric Calibration"面板(图 1.3.5),【Calibration Type】(定标类型)选择辐射亮度值"Radiance",其他选择默认参数;设置文件输出路径和文件名,单击【OK】,进行定标处理,得到波段 10 的辐射亮度图像(图 1.3.6)。

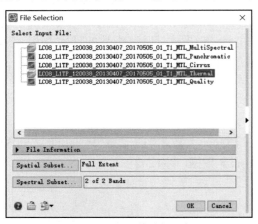

图 1.3.3　文件选择面板

图 1.3.4　选择第 10 波段数据

图 1.3.5　设置辐射定标参数

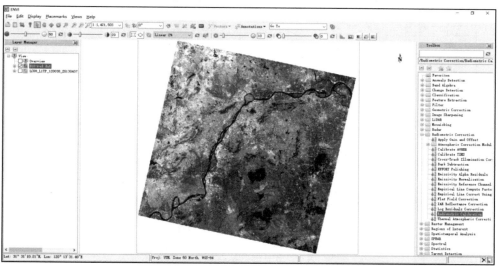

图 1.3.6　第 10 波段数据的辐射亮度图像

【步骤 3】多光谱数据辐射定标

在【Toolbox】(工具箱)中,双击【Radiometric Correction】—【Radiometric Calibration】(辐射定标)工具,打开"File Selection"面板(图 1.3.7),选择多光谱数据"LC08_L1TP_120038_20130407_20170505_01_T1_MTL_MultiSpectral",单击【OK】,进入"Radiometric Calibration"对话框(图 1.3.8)。因为后续需要对多光谱数据进行大气校正,此处应点击【Apply FLAASH Settings】并修改参数为"0.1";设置文件输出路径和文件名,单击【OK】,得到多光谱数据辐射定标的结果(图 1.3.9)。

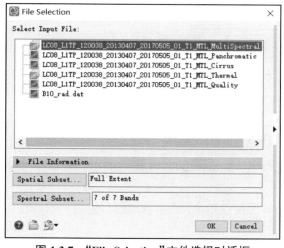

图 1.3.7　"File Selection"文件选择对话框

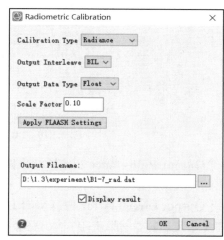

图 1.3.8　辐射定标参数设置

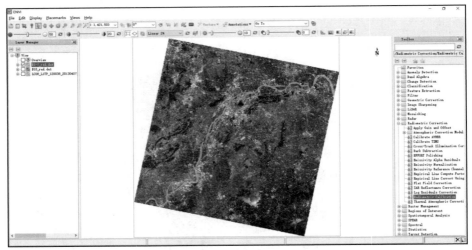

图 1.3.9　多光谱数据辐射定标图像

【步骤 4】多光谱数据大气校正

大气校正：使用基于 MORTRAN4+ 的 FLAASH 大气校正法对遥感影像进行大气校正。在【Toolbox】(工具箱)中，双击【Radiometric Correction】—【Atmospheric Correction Module】—【FLAASH Atmospheric Correction】(FLAASH 大气校正)工具，启动 FLAASH 模块，设置以下参数。

【**Input Radiance Image**】(输入数据)：单击【Input Radiance Image】按钮，选择【步骤 3】中经过辐射定标后的多光谱数据。选择好数据后，软件会弹出"Radiance Scale Factors"对话框(图 1.3.10)，选择【Use single scale factor for all bands】选项，【Single scale factor】栏显示转换系数，默认值为 1，无须改动。

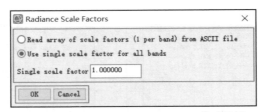

图 1.3.10　"Radiance Scale Factors"对话框

【**Output Reflectance File**】(输出路径)：单击【Output Reflectance File】按钮，设置文件输出路径及文件名。

【**Output Directory for FLAASH Files**】(其他文件输出路径)：设置其他文件输出路径，不需要指定名称，一般与文件输出路径相同。

【**Scene Center Location**】(图像中心经纬度)：自动生成，无须设置。

【**Sensor Type**】(传感器类型)：根据数据类型选择，本实验选用"Multispectral → Landsat-8 OLI"。

【**Sensor Altitude**】(传感器飞行高度)：自动生成，无须设置。

【**Ground Elevation**】(图像区域平均高程)：可通过 ENVI 软件自带的 90 m 分辨率全球

DEM 数据进行计算，可以在安装目录（C：\Program Files\Exelis\ENVI53\data\）中找到；或可以基于其他来源的 DEM 数据计算。本实验区域（南京市）的平均海拔为 25 m，单位转换为 km 后为 0.025 km。

【**Pixel Size**】（图像像元大小）：自动生成，无须设置。

【**Flight Date**】（成像日期）：从 DATA 文件夹中的 MTL 文件中获取。

【**Flight Time GMT**】（成像时间）：从 DATA 文件夹中的 MTL 文件中获取。

【**Atmospheric Model**】（大气模型）：依据图像纬度和成像时间，本实验选择 Mid-Latitude Summer（MLS）。

【**Aerosol Model**】（气溶胶模型）：依据图像地理位置以及关注的研究对象选择，本实验选择城市模型（Urban）。

【**Water Retrieval**】（水汽反演）：有两个值供选择（Yes/No），多光谱数据由于缺少相应波段和光谱分辨率太低，一般不用于水汽反演；使用固定水汽含量值，即不对【Water Column Multiplier】的默认值（1.00）进行改动。

【**Aerosol Retrieval**】（气溶胶反演）：一般选择"2-Band（K-T）"。

【**Initial Visibility**】（初始能见度）：根据成像日期的天气情况设置，晴朗天气的初始能见度设置为 40 km。

设置完成的基础参数如图 1.3.11 所示。

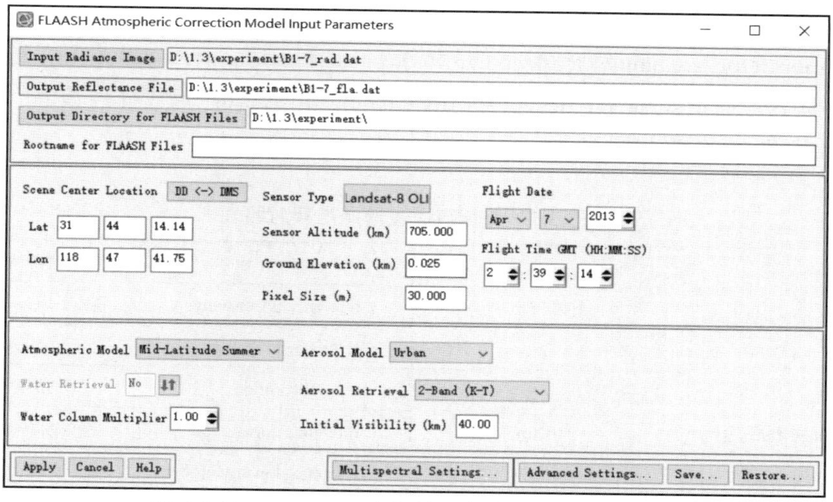

图 1.3.11　FLAASH 大气校正多光谱参数设置窗口

点击【Multispectral Settings】选项卡（多光谱设置），进行气溶胶反演参数设置。有两种设置方式：文件方式（File）和图形方式（GUI），一般选择图形方式。多光谱数据一般不用于水汽反演，因此多光谱设置选项卡中的主要参数为【Kaufman-Tanre Aerosol Retrieval】选项卡（【Aerosol Retrieval】已选择"2-Band（K-T）"）中的以下参数（图 1.3.12）。

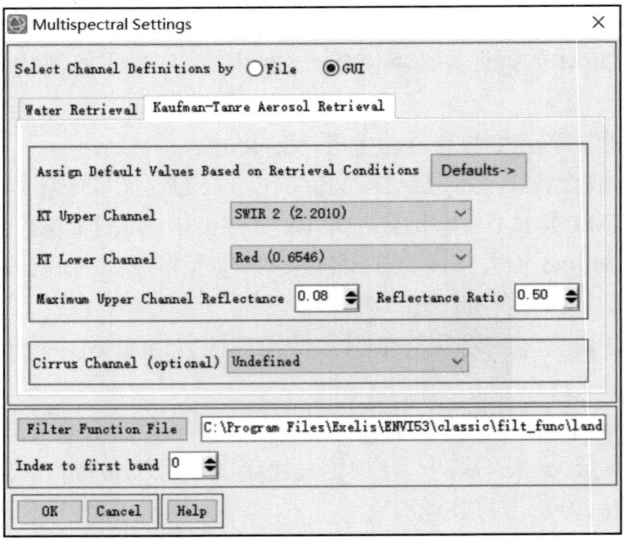

图 1.3.12　多光谱设置

【Defaults-> 下拉框】：推荐使用默认设置，即 "Over-Land Retrieval Standard(660：2 100 nm)"。

【KT Upper Channel 】(上行通道)：选择 "SWIR2(2.201 0)"。

【KT Lower Channel 】(下行通道)：选择 "Red(0.654 6)"。

【Maximum Upper Channel Reflectance 】(上行通道最大反射率值)、【Reflectance Ratio 】(上行通道与下行通道反射率比值)、【Cirrus Channel 】(云通道)：选择性设置，可以按照软件默认参数设置，参考表 1.3.1。

表 1.3.1　波长与通道选择推荐对照表

		absorption	1 117~1 143 nm
	1 135 nm	reference upper wing	1 184~1 210 nm
		reference lower wing	1 050~1 067 nm
		absorption	935~955 nm
水汽反演(Water Retrieval)	940 nm	reference upper wing	870~890 nm
		reference lower wing	995~1 020 nm
		absorption	810~830 nm
	820 nm	reference upper wing	850~870 nm
		reference lower wing	770~790 nm
气溶胶反演（ Aerosol Retrieval ）	KT Upper	—	2 100~2 250 nm
	KT Lower	—	640~680 nm
云掩膜(Cloud Masking)	Cirrus Channel	—	1 367~1 383 nm

【Filter Function File 】(波谱响应函数)：当 "Sensor Type" 中选择未知多光谱传感器时，需要手动选择波谱响应函数文件，文件类型为 ENVI 的波谱库文件(.sli)。

【Index to first band】(第 1 个波段对应的响应函数):设置响应函数起始索引(从 0 开始)。

完成以上设置后,点击【OK】,回到基础设置界面。点击【Apply】运行 FLAASH 大气校正,最终输出结果如图 1.3.13 所示。

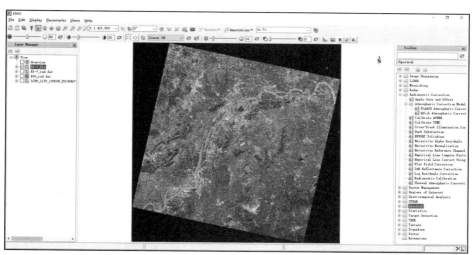

图 1.3.13　大气校正结果

【步骤 5】影像裁剪

该步骤利用研究区域边界数据对第 10 波段的辐射亮度图像和多光谱数据的大气校正图像进行裁剪。在主界面中,单击【File】—【Open】,双击打开南京市矢量边界文件"Nanjing.shp"(图 1.3.14)。

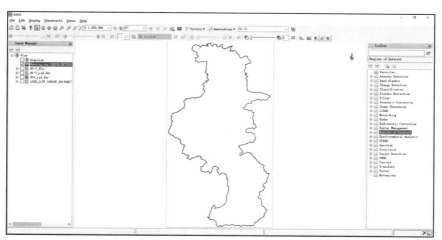

图 1.3.14　南京市矢量边界文件

双击【Regions of Interest】—【Subset Data from ROIs】(利用 ROI 裁剪图像)工具,弹出"Select Input File to Subset via ROI"面板,选择第 10 波段的辐射亮度图像(图 1.3.15),单击【OK】,进入"Spatial Subset via ROI Parameters"面板,按图 1.3.16 设置参数,具体如下。

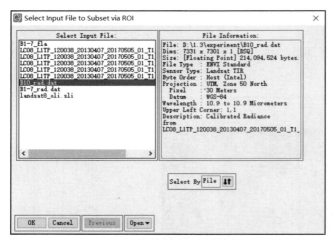 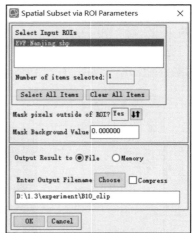

图 1.3.15　选择第 10 波段辐射亮度图像　　　　图 1.3.16　ROI 参数设置

【Select Input ROIs】:选择 Nanjing.shp。

【Mask pixels outside of ROI?】(是否掩膜多边形外的像元):选择"Yes"。

【Mask Background Value】(裁剪背景值):设置为"0.000000"。

设置文件输出路径及文件名,单击【OK】,裁剪图像。裁剪完成的图像如图 1.3.17 所示。

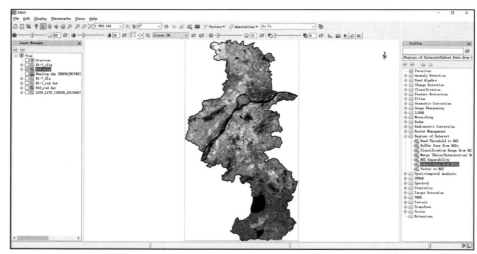

图 1.3.17　裁剪完成的第 10 波段辐射亮度图像

对多光谱数据大气校正图像的裁剪可参考上述步骤,此处不再赘述。裁剪完成的图像如图 1.3.18 所示。

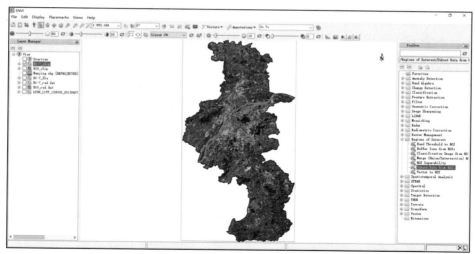

图 1.3.18　裁剪完成的大气校正图像

（二）地表温度反演及归一化水汽指数计算

本模块基于单窗算法反演地表温度，主要内容是使用 Band Math 工具计算亮度温度、NDVI 和地表比辐射率，并结合气象数据计算地表温度。

对于 Landsat TIRS 数据，单窗算法计算地表温度的公式如下：

$$LST = \{a(1-C-D) + [b(1-C-D) + C + D]T_b - DT_a\} / C - 273.15 \tag{1.3.2}$$

式中：a 和 b 是系数，单窗算法最初基于 Landsat TM6 数据进行计算，此时 a=-67.355 351、b=0.458 606，对于 Landsat TIRS 数据，需要对其参数进行改进，改进后 a=-62.735 657、b=0.434 036；C 和 D 是中间变量，$C = \varepsilon\tau$，$D = (1-\varepsilon)[1+(1-\varepsilon)\tau]$，其中 ε 为地表比辐射率，τ 为大气透射率；T_b 是亮度温度；T_a 是大气平均作用温度。

因此，计算出亮度温度、大气平均作用温度、大气透射率和地表比辐射率这四个参数，即可得出地表温度。

【步骤 1】亮度温度计算

亮度温度（T_b）是传感器观测到的辐射强度所对应的温度。使用前面得到的辐射亮度图像，亮度温度的计算公式如下：

$$T_b = K_2 / \ln[K_1 / L_\lambda + 1] \tag{1.3.3}$$

式中：L_λ 是辐射亮度；K_1 和 K_2 是热红外波段校准常数，具体参数值见表 1.3.2，在本实验中 K_1 和 K_2 分别取 774.89 W/（$m^2 \cdot \mu m \cdot sr$）和 1 321.08 K。

表 1.3.2　不同传感器的波段校准常数

传感器类型	K_1（ W/（ $m^2 \cdot \mu m \cdot sr$ ））	K_2（ K ）
TM	607.76	1 260.56
ETM+	666.09	1 282.71
OLI/TIRS	774.89	1 321.08

在【Toolbox】中，双击【Band Algebra】—【Band Math】（波段运算），进入"Band Math"对话框，输入表达式"(1321.08)/alog(774.89/b1+1)"（图1.3.19），其中"b1"表示研究区第10波段辐射亮度图像，单击【OK】。在"Variables to Bands Pairings"对话框中，选择研究区的第10波段辐射亮度图像（图1.3.20），单击【OK】，计算亮度温度（单位为K）并显示图像，结果如图1.3.21所示。

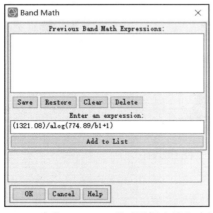

图1.3.19　在"Band Math"对话框中输入表达式　　**图1.3.20　选择研究区第10波段的辐射亮度图像**

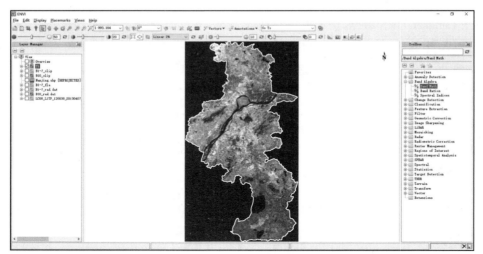

图1.3.21　亮度温度图像

【步骤2】大气平均作用温度

大气平均作用温度（T_a）主要取决于大气剖面气温和大气状态。覃志豪等利用大气模拟软件MODTRAN提供的标准大气详细剖面资料，模拟出了标准大气状态下，大气平均作用温度与近地面气温 T_0 的线性关系（表1.3.3）。

表1.3.3　大气平均作用温度估算方程

大气模式	大气平均作用温度估算方程
美国1976标准大气	$T_a = 25.939\,6 + 0.880\,45 T_0$

续表

大气模式	大气平均作用温度估算方程
中纬度夏季大气	$T_a = 16.011\,0 + 0.926\,2T_0$
中纬度冬季大气	$T_a = 19.270\,4 + 0.911\,18T_0$
热带大气	$T_a = 17.976\,9 + 0.917\,15T_0$

根据《中国统计年鉴 2013》数据,2013 年南京市 4 月平均气温为 16 ℃,即 289 K,再根据表 1.3.3 中的中纬度夏季大气的估算方程,计算得到大气平均作用温度为 284 K。

【步骤 3】大气透射率

对于 Landsat 数据,可在 NASA 公布的网站(https://atmcorr.gsfc.nasa.gov)中查询。输入遥感数据获取时间、经纬度、海拔、温度、湿度等信息,得到数据获取期间南京市的大气透射率为 0.92。

【步骤 4】地表比辐射率计算

Sobrino 混合模型认为地表由植被和裸地构成,根据归一化植被指数(Normalized Difference Vegeattion Index, NDVI)进行地表分类:当 NDVI<0.2 时,认为地表全部为裸地,比辐射率为 0.973;当 NDVI>0.5 时,认为地表全部由植被构成,比辐射率为 0.986;当 $0.2 \leqslant NDVI \leqslant 0.5$ 时,认为地表由植被和裸地混合构成,此时比辐射率计算公式如下:

$$\varepsilon = 0.004P_V + 0.986 \tag{1.3.4}$$

式中:P_V 是植被覆盖度,其计算公式为

$$P_V = \frac{NDVI - NDVI_S}{NDVI_V - NDVI_S} \tag{1.3.5}$$

式中:$NDVI_S$=0.05,在本实验中为裸土的 NDVI 值;$NDVI_V$=0.70,在本实验中为植被的 NDVI 值。

当 NDVI>0.70 时,P_V=1;当 NDVI<0.005 时,P_V=0;NDVI 的计算公式如下:

$$NDVI = \frac{NIR - R}{NIR + R} \tag{1.3.6}$$

式中:NIR 为近红外波段的反射率;R 为红光波段的反射率。

归一化水汽指数(Normalized Difference Moisture Index, NDMI)由近红外波段和短波红外波段获得,其值在 0~1,且值越大,水汽含量越高,计算公式如下:

$$NDMI = \frac{NIR - SWIR1}{NIR + SWIR1} \tag{1.3.7}$$

式中:NIR 和 SWIR1 分别为近红外波段和短波红外波段的反射率。

具体操作如下。

NDVI 的计算:在【 Toolbox 】中,双击【 Spectral 】—【 Vegetation 】(植被)—【 NDVI 】工具,进入 "NDVI Calculation Input File" 对话框(图 1.3.22),选择研究区大气校正图像,单击【 OK 】;在 "NDVI Calculation Parameters" 对话框(图 1.3.23),单击【 Input File Type 】的下拉菜单,选择 "Landsat OLI",在【 NDVI Bands 】"Red" 和 "Near IR" 文本框中分别输入 "4" 和 "5",表示用第 4 波段(红外波段)和第 5 波段(近红外波段)计算 NDVI,设置文件输出路径和文件名,单击【 OK 】,得到 NDVI 图像(图 1.3.24)。

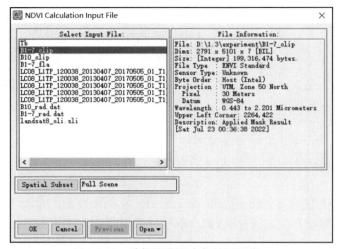

图 1.3.22　选择研究区大气校正图像

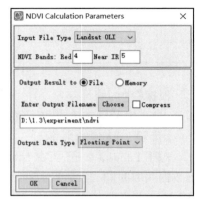

图 1.3.23　设置 NDVI 计算参数

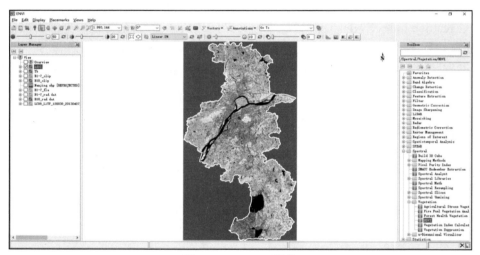

图 1.3.24　NDVI 图像

植被覆盖度的计算：在【Toolbox】中，双击【Band Algebra】—【Band Math】（波段运算），进入"Band Math"对话框，输入表达式"(b1 gt 0.7)*1+(b1 lt 0.05)*0+(b1 ge 0.05 and b1 le 0.7)*((b1-0.05)/(0.7-0.05))"（图 1.3.25），其中"b1"表示 NDVI，单击【OK】；在"Variables to Bands Pairings"对话框，选择 NDVI 图像（图 1.3.26），设置文件输出路径和文件名，单击【OK】，计算植被覆盖度，结果如图 1.3.27 所示。

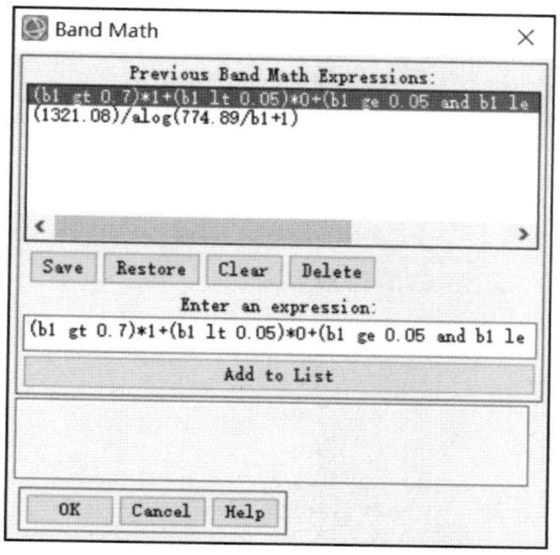

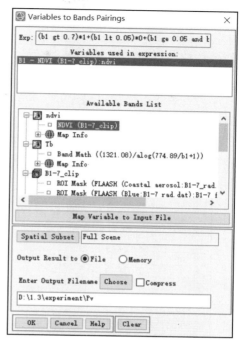

图 1.3.25　在"Band Math"对话框输入表达式

图 1.3.26　选择 NDVI 图像

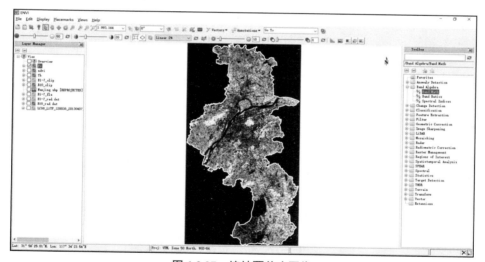

图 1.3.27　植被覆盖度图像

　　地表比辐射率的计算：使用 Sobrino 混合模型计算地表比辐射率。在【Toolbox】中，双击【Band Algebra】—【Band Math】（波段运算），进入"Band Math"对话框，输入表达式"(b1 lt 0.2)*0.973+(b1 ge 0.2 and b1 le 0.5)*(0.004*b2+0.986)+(b1 gt 0.5)*0.986"（图 1.3.28），其中"b1"表示 NDVI，"b2"表示植被覆盖度，单击【OK】；在"Variables to Bands Pairings"对话框，"b1"和"b2"分别选择 NDVI 图像和植被覆盖度图像（图 1.3.29）；设置文件输出路径和文件名，单击【OK】，计算地表比辐射率，结果如图 1.3.30 所示。

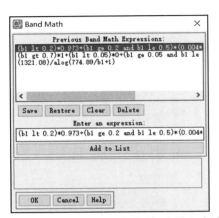

图 1.3.28　在"Band Math"对话框中输入表达式

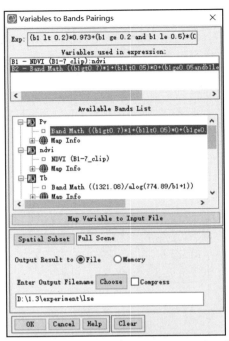

图 1.3.29　选择 NDVI 图像和植被覆盖度图像

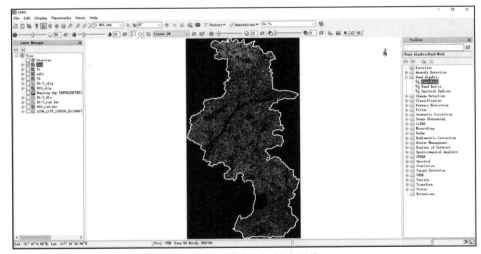

图 1.3.30　地表比辐射率图像

【步骤 5】地表温度反演

在【Toolbox】中,双击【Band Algebra】—【Band Math】(波段运算),进入"Band Math"对话框,输入表达式"(-62.735 657*(1-b1*0.92-(1-b1)*(1+(1-b1)*0.92))+(0.434 036*(1-b1*0.92-(1-b1)*(1+(1-b1)*0.92))+b1*0.92+(1-b1)*(1+(1-b1)*0.96))*b2-(1-b1)*(1+(1-b1)*0.92)*284)/(b1*0.92)-273"(图 1.3.31),其中"b1"表示地表比辐射率,"b2"表示亮度温度,单击【OK】;在"Variables to Bands Pairings"对话框,"b1"和"b2"分别选择地表比辐射率图像和亮度温

度图像（图 1.3.32），设置文件输出路径和文件名，单击【OK】，计算地表温度（℃），结果如图 1.3.33 所示。在【Layer Manager】右击地表温度图层"lst"，选择【Change Color Table】（修改颜色表），可以选择适当的配色方案，如图 1.3.34 所示。

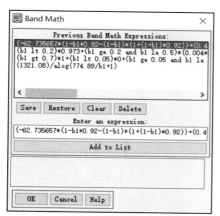

图 1.3.31　在"Band Math"对话框中输入表达式

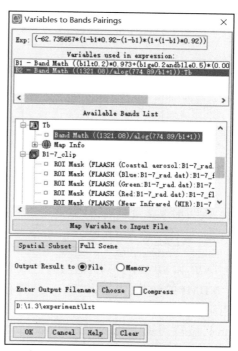

图 1.3.32　选择地表比辐射率图像和亮度温度图像

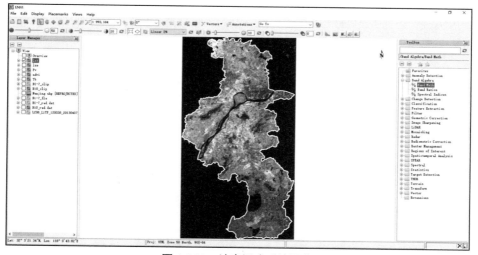

图 1.3.33　地表温度反演图像

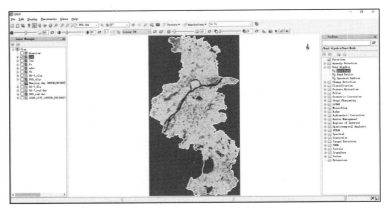

图 1.3.34　地表温度反演图像可视化处理

【步骤 6】归一化水汽指数（NDMI）的反演

归一化水汽指数（NDMI）可由近红外波段和短波红外波段计算，其值在 0 到 1 之间，值越大，表明水汽含量越高，计算公式如下：

$$NDMI = \frac{NIR - SWIR1}{NIR + SWIR1}$$ （1.3.8）

式中：NIR 和 SWIR1 分别为近红外波段和短波红外波段的反射率。

NDMI 的计算：由于大气校正数据存在少量异常值，对 NDMI 的计算结果影响较大，故使用辐射定标后的多光谱数据进行计算。在【Toolbox】中，双击【Band Algebra】—【Band Math】（波段运算），进入 "Band Math" 对话框，输入表达式 (float(b1)-b2)/(float(b1)+b2)（图 1.3.35），式中 b1 表示图像的近红外波段（第 5 波段），b2 表示短红外波段（第 6 波段），单击【OK】；在 "Variables to Bands Pairings" 对话框中，b1 和 b2 分别选择第 5 波段和第 6 波段（图 1.3.36），设置文件输出路径和文件名，单击【OK】，计算 NDMI，结果如图 1.3.37 所示。

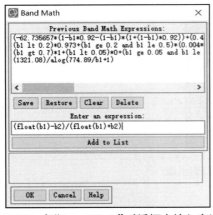

图 1.3.35　在 "Band Math" 对话框中输入表达式

图 1.3.36　选择辐射定标后的多光谱数据（第 5 波段和第 6 波段）

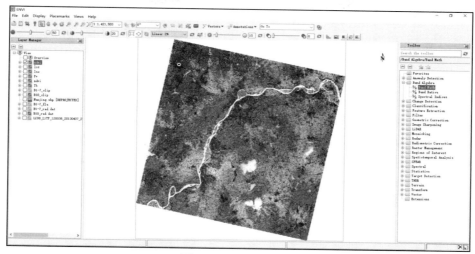

图 1.3.37　NDMI 图像

影像裁剪:对所得数据进行裁剪,提取研究区域内的 NDMI 参数。可参考"数据打开与预处理"中有关影像裁剪的步骤,此处不再赘述。裁剪后的图像如图 1.3.38 所示。

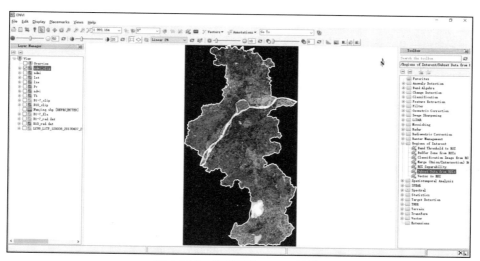

图 1.3.38　裁剪后的 NDMI 图像

修改背景值:裁剪后图像的背景值(图 1.3.38 中黑色区域)为 0,为了不影响之后平均值的计算,需要将其改为 NaN(Not a Number)。在【Toolbox】中,双击【Band Algebra】—【Band Math】(波段运算),进入"Band Math"对话框,输入表达式 b1*float(b1)/b1(图 1.3.39),这样,当分母为 0 时,将返回 NaN,单击【OK】;在"Variables to Bands Pairings"对话框中,选择裁剪后的 NDMI 图像(图 1.3.40),单击【OK】,结果如图 1.3.41 所示。

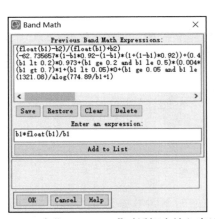

图 1.3.39　在"Band Math"对话框中输入表达式

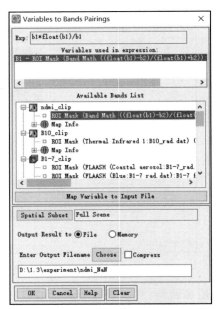

图 1.3.40　选择裁剪后的 NDMI 图像

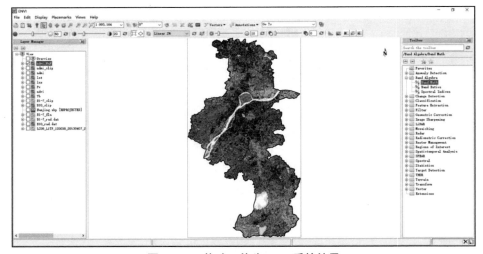

图 1.3.41　修改 0 值为 NaN 后的结果

（三）相对温湿指数的计算及相对热舒适度分级体系的建立

【步骤 1】改进的温湿指数（MTHI）计算

温湿指数可用来衡量城市的热舒适度,该指数可有效表征人体对湿度和温度的热感应程度,传统温湿指数的计算公式如下:

$$THI = 1.8T + 32 - 0.55 \times (1 - RH) \times (1.8T - 26) \qquad (1.3.9)$$

式中:THI 是温湿指数;T 是温度(℃);RH 是相对湿度。

利用地表温度 LST 和 $NDMI$ 替换公式(1.3.9)中的 T 和 RH,就得到了改进的温湿指数

（MTHI），其计算公式如下：

$$MTHI = 1.8 \times LST + 32 - 0.55 \times (1 - NDMI) \times (1.8 \times LST - 26)$$（1.3.10）

改进的温湿指数和传统的温湿指数相比，虽然数值有所差异，但其所反映的温湿指数总体分布特征并未受到影响。

获取 MTHI 的具体方法：在【Toolbox】中，双击【Band Algebra】—【Band Math】（波段运算），进入"Band Math"对话框，输入表达式 1.8*b1+32-0.55*(1-float(b2))*(1.8*b1-26)（图1.3.42），式中 b1 表示地表温度，b2 表示 NDMI，单击【OK】；在"Variables to Bands Pairings"对话框中，b1 和 b2 分别选择地表温度和 NDMI 数据（图1.3.43），设置文件输出路径和文件名，单击【OK】，计算 MTHI，结果如图1.3.44 所示。

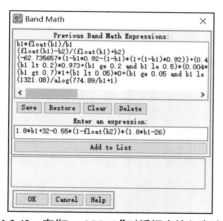

图 1.3.42　在"Band Math"对话框中输入表达式　　　**图 1.3.43　选择地表温度和 NDMI 数据**

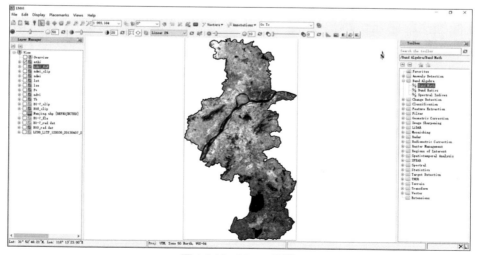

图 1.3.44　MTHI 图像

【步骤 2】相对温湿指数计算

考虑到成像时间差异、传感器不同，无法将计算得到的不同时段和区域的改进的温湿指数值直接进行对比，需要对 MTHI 进行归一化处理，以方便探讨不同时段、不同区域热舒适度等级的变化。本实验对 MTHI 进行了归一化处理，公式如下：

$$TI = \frac{MTHI_i - MTHI_{mean}}{MTHI_{mean}} \qquad (1.3.11)$$

式中：TI 为相对温湿指数；$MTHI_i$ 为研究区第 i 点 MTHI 值，$MTHI_{mean}$ 为研究区的平均 MTHI 值。

获取均值： 双击【Statistics】—【Compute Statistics】（空间统计），在 "Compute Statistics Input File" 对话框中选择 MTHI 数据，单击【OK】；在 "Compute Statistics Parameters" 对话框中单击【OK】，得到 MTHI 数据分析结果，由结果可知 MTHI 的均值为 74.437 964（图 1.3.45）。

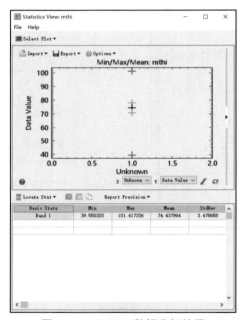

图 1.3.45　MTHI 数据分析结果

计算相对温湿指数（TI）： 在【Toolbox】中，双击【Band Algebra】—【Band Math】（波段运算），进入 "Band Math" 对话框，输入表达式 (float(b1)−74.437 964)/74.437 964（图 1.3.46），式中 b1 表示 MTHI，单击【OK】；在 "Variables to Bands Pairings" 对话框中，b1 选择 MTHI 数据（图 1.3.47），设置文件输出路径和文件名，单击【OK】，计算 TI，结果如图 1.3.48 所示。

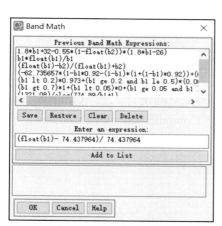

图 1.3.46　在"Band Math"对话框中输入表达式

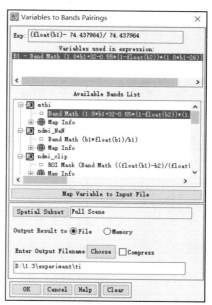

图 1.3.47　选择 MTHI 数据

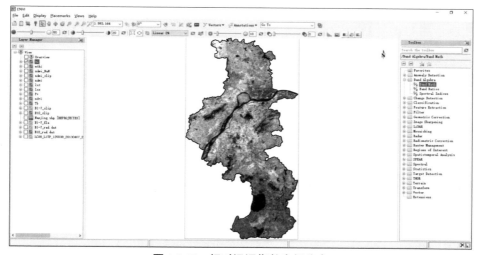

图 1.3.48　相对温湿指数空间分布

【步骤 3】相对热舒适度分级体系建立

传统热舒适度分级方法使用的是气象站点的单个 THI 值。若利用不同的 MTHI 值表示热舒适度,其级别可以在空间上进行详细划分。目前,基于遥感的热舒适度研究多采用阈值法进行分级,其阈值是根据相对温湿指数计算结果的最大值、最小值、平均值和标准差确定,或是根据归一化结果进行等间距划分。这两种方法虽能反映出热舒适度的空间分布,但其阈值、间隔和分级数是主观确定的,往往存在一定的不确定性。均值 - 标准差法常用于城市热环境中热场等级的划分,该方法利用均值和不同倍数的标准差的数量关系进行分级,研究表明均值 - 标准差法能更好地表现城市热岛的空间分布和温度变异的细节。传统温湿指数分级体系见表 1.3.4。参考这种方法,本实验利用 TI 的平均值和标准差将相对热舒适度分为五个等级(表 1.3.5),这里的分级突出的是热舒适度空间差异,而不只是关注其舒适程度(所有对不同舒适度等级的定义都是相对的)。例如,非常舒适对应分级表(表 1.3.5)中的相对的"极舒适",以此类推。对于冬季和夏季,可以认为冬季 TI 值越高的区域越舒适,夏季 TI 值越低的区域越舒适。因此,针对冬季和夏季,建立了表 1.3.5 所示的分级体系。

表 1.3.4 传统温湿指数分级体系

等级	THI 值	人体感觉
1	<40	极冷,极不舒适
2	40~45	寒冷,不舒适
3	45~55	偏冷,较不舒适
4	55~60	清凉,舒适
5	60~65	凉,非常舒适
6	65~70	暖,舒适
7	70~75	偏热,较舒适
8	75~80	闷热,不舒适
9	>80	极闷热,极不舒适

表 1.3.5 冬、夏季舒适度分级体系

舒适度等级	冬季取值范围	夏季取值范围	含义(相对的)
1	$1.5a < TI$	$TI \leqslant -1.5a$	极舒适
2	$0.5a < TI \leqslant 1.5a$	$-1.5a < TI \leqslant -0.5a$	舒适
3	$-0.5a < TI \leqslant 0.5a$	$-0.5a < TI \leqslant 0.5a$	较舒适
4	$-1.5a < TI \leqslant -0.5a$	$0.5a < TI \leqslant 1.5a$	不舒适
5	$TI \leqslant -1.5a$	$1.5a < TI$	极不舒适

注:a 为 TI 的标准差。

由于春季和秋季是过渡季节,不同时期气温变化较大,气温较低时与冬季温度接近,气温较高时与夏季温度接近,因此不能直接对其舒适度进行划分,而应该结合当日的气象数据进行分级。以本实验为例,根据 2013 年 4 月 7 日计算出的当日 MTHI 的平均值为 74.44,在传统舒适度分级体系中对应"偏热,较舒适",因此当日的情况是 MTHI 越低越舒适,建议利用夏季的分级体系来进行舒适度分级。

获取标准差:双击【Statistics】—【Compute Statistics】(空间统计),在"Compute Statistics Input File"对话框中选择 TI 数据,单击【OK】;在"Compute Statistics Parameters"对话框中单击【OK】,得到 TI 数据分析结果,由结果可知,TI 的标准差(StdDev)为 0.046 732(图1.3.49)。

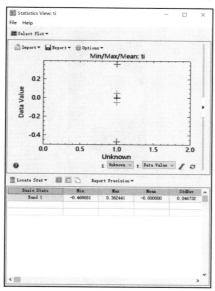

图 1.3.49　TI 数据分析结果

建立分级体系：在【Toolbox】中，双击【Band Algebra】—【Band Math】（波段运算），进入 Band Math 面板，输入表达式 (b1 le(-1.5)*0.046 732)*1+(b1 gt(-1.5)*0.046 732 and b1 le (-0.5)*0.046 732)*2+(b1 gt(-0.5)*0.046 732 and b1 le 0.5*0.046 732)*3+(b1 gt 0.5*0.046 732 and b1 le 1.5*0.046 732)*4+(b1 gt 1.5*0.046 732)*5（图 1.3.50），式中 b1 表示 TI，单击【OK】；在"Variables to Bands Pairings"对话中，选择 TI 数据（图 1.3.51），设置文件输出路径和文件名，单击【OK】，计算每个像元对应的舒适度等级，结果如图 1.3.52 所示；右击相对热舒适度分级图层"level"，打开【New Raster Color Slices】（新建色彩密度分割），选择适当的配色方案进行可视化处理，如图 1.3.53 所示。

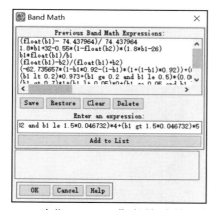

图 1.3.50　在"Band Math"对话框中输入表达式

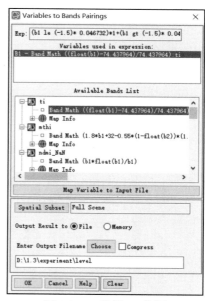

图 1.3.51　选择 TI 数据

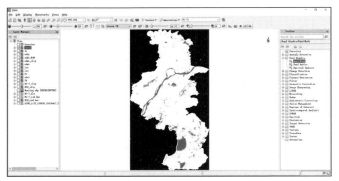

图 1.3.52 相对热舒适度分级结果

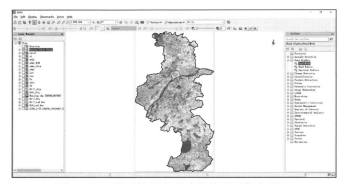

图 1.3.53 相对热舒适度分级结果可视化处理

按照上面所述的分级体系对 2013 年 4 月 7 日南京市相对热舒适度进行分级,得到南京市相对热舒适度的空间分布,结果如图 1.3.54 所示。

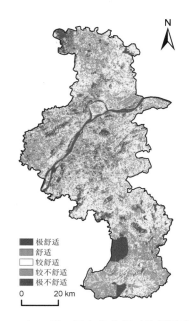

图 1.3.54 2013 年 4 月 7 日南京市相对热舒适度空间分布图

第二章　　水环境实验

2.1　基于 Landsat 数据的太湖水质遥感反演

> 青为洞庭山，白是太湖水。　　——包融《登翅头山题俨公石壁》

【实验目的】

利用太湖水质实测数据，实现基于 Landsat 数据的水质遥感反演。

【实验意义】

五日生化需氧量(5 days Biochemical Oxygen Demand, BOD_5)是指示水体水质的重要指标之一，表示在好氧条件下，水中有机物在微生物氧化作用中消耗的溶解氧量，能够直接反映出水体中有机物污染程度与水质情况。BOD_5 值越高，水体受有机物污染程度越高。本次实验通过建立 BOD_5 监测站点数据与遥感影像光谱反射率数据之间的关系，进行太湖水质 BOD_5 定量化反演，进而研究 BOD_5 的空间分布情况，为湖泊水质参数遥感监测以及水环境治理提供依据。

【知识点】

1. 了解基于遥感数据反演水质参数的原理和过程；

2. 掌握应用 ArcGIS 软件构建地理数据库、空间分析和专题图制作等过程；

3. 熟练掌握应用 ENVI 软件进行遥感图像预处理和波段运算等操作；

4. 理解应用 SPSS 软件进行数据相关性分析的过程；

5. 熟悉应用 MATLAB 软件进行模型构建的过程。

【实验数据】

1. 将 2016 年夏秋季节(8 月和 9 月)太湖水质参数(BOD_5)实测浓度值命名为 201608+9 实测数据.xls。

2. 水质参数实测数据同期的 Landsat 8/OLI 多光谱遥感影像数据(行、列号分别为 38、119)，实验所使用的两期影像过境时间分别为 2016 年 7 月 27 日、2016 年 8 月 28 日，空间分辨率均为 30 m，名称分别为 LC08_L1TP_119038_20160727_20170322_01_T1.tar 和 LC08_L1TP_119038_20160828_20170321_01_T1.tar。数据来源于美国地质勘探局(USGS)的 Landsat Look Viewer(https://landlook.usgs.gov/landlook/viewer.html/)。

3. 将太湖采样点坐标矢量文件命名为 The_sampling_sites.shp。

4. 将太湖采样点 2016 年夏秋季 7 月 27 日和 8 月 28 日像元光谱反射率提取值参考文件命名为 L7+8 像元光谱反射率.xls。

5. 将本实验所构建与验证偏最小二乘回归(Partial Least Squares Regression，PLSR)模型的参考数据文件命名为 L7+8 模型建模 + 验证数据.xls。

6. 将本实验中偏最小二乘建模的 MATLAB 代码命名为偏最小二乘建模代码.docx。

7. 将太湖矢量边界数据命名为太湖湖区.shp。

【实验软件】

ArcGIS 10.8、ENVI 5.3、MATLAB R2018、SPSS 22.0。

【思维导图】

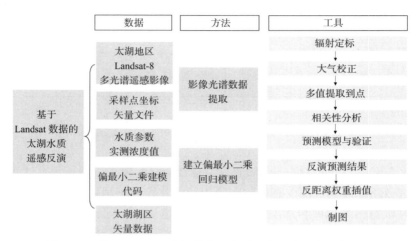

图 2.1.1　基于 Landsat 数据的太湖水质遥感反演实验思维导图

【实验步骤】

【步骤 1】ArcGIS 构建地理数据库

通过创建地理数据库,为本实验建立数据存储位置。右击存储文件夹,选择【个人地理数据库】—【新建】(图 2.1.2),将新建文件夹命名为"WQInversion"。

图 2.1.2　新建个人地理数据库

【步骤 2】遥感图像预处理

Landsat 8 数据预处理包括辐射定标和大气校正两个步骤。本实验采用 ENVI 5.3 遥感图像处理软件进行预处理。需对 2016 年 7 月 27 日、2016 年 8 月 28 日两期影像分别进行数据预处理操作。

辐射定标:加载(LC08_L1TP_119038_20160727_20170322_01_T1_MTL.txt)进入 ENVI 软件,打开【Toolbox】—【Radiometric Correction】—【Radiometric Calibration】(辐射定标)进行辐射定标相关操作;在 File Selection 对话框中,选择多光谱波段文件(LC08_L1TP_119 038_20160727_20170322_01_T1_MTL_MultiSpectral),点击【OK】;进入 Radiometric Calibration 面板,按图 2.1.3 所示,进行 ENVI 辐射定标参数设置,点击【OK】。

图 2.1.3　ENVI 辐射定标参数设置(左:2016 年 7 月 27 日影像;右:2016 年 8 月 28 日影像)

FLAASH 大气校正:打开【Toolbox】—【Radiometric Correction】—【Atmospheric Correction Module】—【FLAASH Atmospheric Correction】(FLAASH 大气校正);启动"FLAASH Atmospheric Correction Module Input Parameters"对话框。大气校正全过程参数设置如下。

【Input Radiance Image】(输入数据):选择辐射定标结果数据,在打开的 Radiance Scale Factors 面板中,设置"Single scale factor"为"1"。

【Output Reflectance File】(输出路径):设置文件输出路径和文件名。

【Output Directory for FLAASH Files】(其他文件输出路径):设置其他文件输出目录,不需要指定名称,一般与文件输出路径相同。

【Scene Center Location】(图像中心经纬度):一般自动生成,无须设置。

【Sensor Type】(传感器类型):根据数据类型选择,本实验选用 Landsat 8 数据。

【Sensor Altitude】(传感器飞行高度):自动生成,无须设置。

【Ground Elevation】(图像区域平均高程):打开 ENVI,添加需要计算高程的影像文件(原始影像),【File】—【Open World Data】—【Elevation(GMTED2010)】(高程(GMTED2010)),打开 ENVI 自带的 DEM 数据;在【Toolbox】中,选择【Statistics】—【Compute Statistics】(空间统计),选择文件"GMTED2010.jp2";单击【Stats Subset】,打开"Select Statistics Subset"对话框,通过【File】选择影像文件,点击【OK】;在"Compute Statistics"对话框中点击【OK】,进入"Compute Statistics Parameters"对话框,点击【OK】,由得到统计结果可知,平均高度(Mean)为 16.124 3 m。在大气校正过程中平均海拔高度参数设置单位为 km,所以

需要换算为 0.016 km。平均高程(海拔)的计算过程见图 2.1.4。

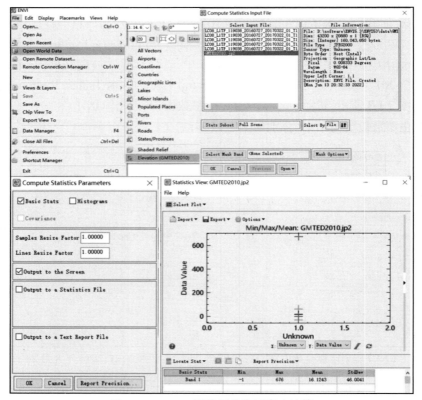

图 2.1.4　ENVI 影像平均海拔高度计算

【 **Atmospheric Model** 】(大气模型)：Tropical(根据成像时间和纬度信息依据图 2.1.5 所示规则选择)。

Latitude (°N)	Jan	March	May	July	Sept	Nov
80	SAW	SAW	SAW	MLW	MLW	SAW
70	SAW	SAW	MLW	MLW	MLW	SAW
60	MLW	MLW	MLW	SAS	SAS	MLW
50	MLW	MLW	SAS	SAS	SAS	SAS
40	SAS	SAS	SAS	MLS	MLS	SAS
30	MLS	MLS	MLS	T	T	MLS
20	T	T	T	T	T	T
10	T	T	T	T	T	T
0	T	T	T	T	T	T
-10	T	T	T	T	T	T
-20	T	T	T	MLS	MLS	T
-30	MLS	MLS	MLS	MLS	MLS	MLS
-40	SAS	SAS	SAS	SAS	SAS	SAS
-50	SAS	SAS	SAS	MLW	MLW	SAS
-60	MLW	MLW	MLW	MLW	MLW	MLW
-70	MLW	MLW	MLW	MLW	MLW	MLW
-80	MLW	MLW	MLW	MLW	MLW	MLW

图 2.1.5　数据经纬度与获取时间对应的大气模型

【 **Aerosol Model** 】(气溶胶模型)：本实验选择 Urban。

【**Aerosol Retrieval**】（气溶胶反演）：2-band（K-T）。

【**Multispectral Settings**】（多光谱数据参数设置）：单击【Multispectral Settings】，打开多光谱设置面板；K-T 反演选择默认模式"Defaults->Over-Land Retrieval standard(600:2100)"，自动选择对应的波段。

【**Advanced Settings**】（其他参数设置）：其他参数按照默认设置即可，校正过程中可以运用 help 进行查询。

参数设置完成，点击【Apply】运行程序。2016 年 7 月 27 日与 2016 年 8 月 28 日两期影像的大气校正参数设置与结果，分别如图 2.1.6 和图 2.1.7 所示。

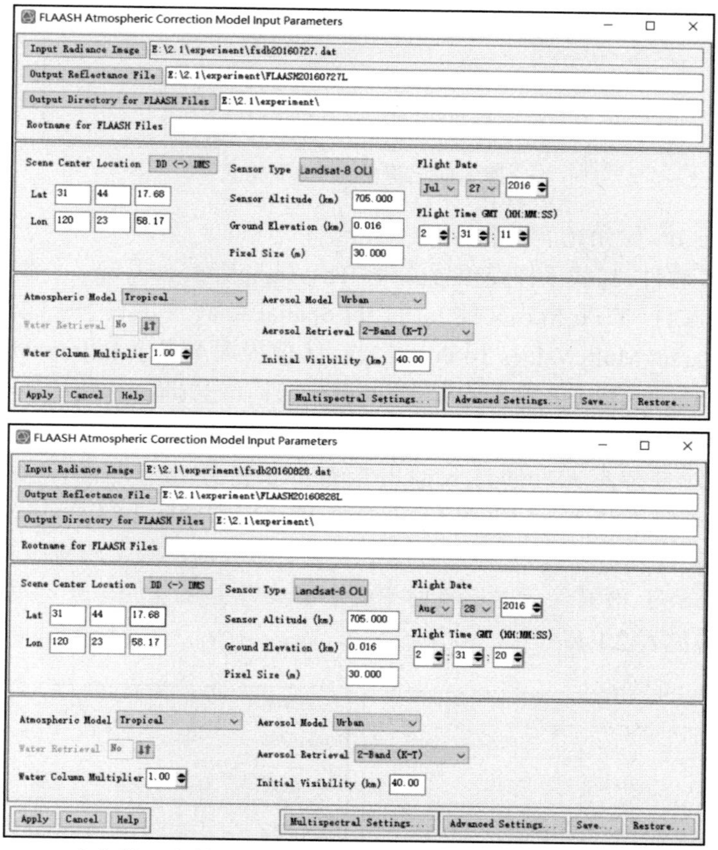

图 2.1.6　FLAASH 大气校正参数设置（上：2016 年 7 月 27 日影像；下：2016 年 8 月 28 日影像）

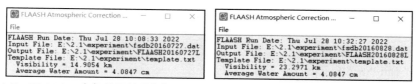

图 2.1.7　FLAASH 大气校正结果（左：2016 年 7 月 27 日影像；右：2016 年 8 月 28 日影像）

在 ENVI 中，将完成大气校正后的文件转换为 TIFF 格式，用于后期影像像元光谱的提取。打开【File】—【Save As】—【Save As…（ENVI，NITF，TIFF，DTED）】（另存为…（ENVI，NITF，TIFF，DTED））—【Output Format】，选择 TIFF，如图 2.1.8 所示。

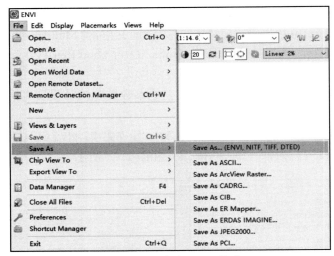

图 2.1.8 导出为 TIFF 格式

【步骤 3】ArcGIS 像元光谱提取

打开 ArcGIS 软件,加载采样点位置文件"The_sampling_sites.shp"。添加预处理之后的 Landsat 8 单波段文件(TIFF 格式文件)。打开【Spatial Analyst 工具】—【提取分析】—【多值提取至点】(Extract Multi Values To Points)或者【值提取至点】(Extract Values To Points),打开参数设置面板(图 2.1.9),输入点要素和栅格文件。选择进行"值提取至点"操作时,输出点要素路径选择【步骤 1】中创建的个人地理数据库"WQInversion.mdb",点击【确定】。运行结束后,打开采样点文件属性表即可查看基于采样点的影像像元光谱反射率(图 2.1.10)。打开【转换工具】—【Excel】—【表转 Excel】(Table To Excel)将属性表导出为 Excel 文件(图 2.1.11)。导出的采样点数据结果应与附件提供的太湖地区采样点 2016 年夏秋季 7 月 27 日、8 月 28 日像元光谱反射率提取值参考文件"L7+8 像元光谱反射率.xls"数据一致,提取结果见表 2.1.1。

图 2.1.9 "多值提取至点"与"值提取到点"对话框

FID	Shape	采样	经度	纬度	FLAASHO7_1	FLAASHO7_2	FLAASHO7_3	FLAASHO7_4	FLAASHO7_5	FLAASHO7_6	FLAASHO7_7	FLAASHO8_1
0	点	M1	120.2461	31.3789	1167	997	1127	784	427	295	229	1084
1	点	M2	120.37	31.4478	1423	1252	1496	1170	575	359	285	1159
2	点	M3	120.399628	31.171569	1333	1117	1261	823	522	407	316	1143
3	点	M4	120.1728	31.4686	1450	1234	1432	1021	610	294	210	1022
4	点	M5	120.3	30.9792	1409	1198	1302	802	301	90	53	1343
5	点	M6	120.1078	30.9603	3998	3410	3497	3077	3055	2574	1838	1186
6	点	M7	119.9942	31.0347	980	815	962	632	280	81	60	1042
7	点	M8	119.9583	31.2167	1245	1071	1382	923	602	227	155	1224
8	点	M9	119.9639	31.3111	1438	1237	1375	1018	641	221	139	974
9	点	M10	120.0472	31.4258	1456	1242	1447	1027	958	271	163	5305
10	点	M11	120.1897	31.1347	1315	1161	1309	845	250	106	76	1388
11	点	M12	120.2697	31.2328	1370	1241	1386	888	405	281	227	1280
12	点	M13	120.2294	31.3103	1359	1206	1319	832	401	271	214	1057
13	点	M14	120.0969	31.3333	1180	944	1109	787	441	237	177	1258
14	点	M15	120.1622	31.3919	1202	992	1140	808	462	256	193	1099
15	点	M16	120.0119	31.1364	1123	943	1150	790	486	188	138	1281
16	点	M17	120.2675	31.0136	1317	1105	1226	715	234	55	30	1372
17	点	M18	120.1506	31.0628	1322	1193	1394	963	402	235	185	1332
18	点	M19	120.1033	31.2258	1267	1093	1259	882	401	231	169	1181
19	点	M20	120.2617	31.5131	1338	1131	1276	854	530	255	177	1013

The_sampling_sites

图 2.1.10 采样点文件属性表数据

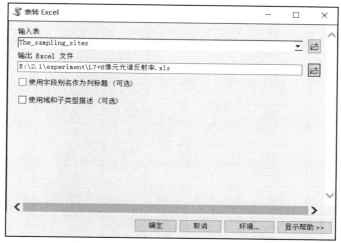

图 2.1.11 导出采样点文件属性表数据

表 2.1.1 采样点像元光谱反射率提取结果表

采样点	B_1 （430 nm）	B_2 （450 nm）	B_3 （530 nm）	B_4 （640 nm）	B_5 （850 nm）	B_6 （1 570 nm）	B_7 （2 110 nm）
M1	1 167	997	1 127	784	427	295	229
M2	1 423	1 252	1 496	1 170	575	359	285
M3	1 333	1 117	1 261	823	522	407	316
M4	1 450	1 234	1 432	1 021	610	294	210
M5	1 409	1 198	1 302	802	301	90	53
M6	3 998	3 410	3 497	3 077	3 055	2 574	1 838
M7	980	815	962	632	280	81	60
M8	1 245	1 071	1 382	923	602	227	155
M9	1 438	1 237	1 375	1 018	641	221	139
M10	1 456	1 242	1 447	1 027	958	271	163

续表

采样点	B_1（430 nm）	B_2（450 nm）	B_3（530 nm）	B_4（640 nm）	B_5（850 nm）	B_6（1 570 nm）	B_7（2 110 nm）
M11	1 315	1 161	1 309	845	250	106	76
M12	1 370	1 241	1 386	888	405	281	227
M13	1 359	1 206	1 319	832	401	271	214
M14	1 180	944	1 109	787	441	237	177
M15	1 202	992	1 140	808	462	256	193
M16	1 123	943	1 150	790	486	188	138
M17	1 317	1 105	1 226	715	234	55	30
M18	1 322	1 193	1 394	963	402	235	185
M19	1 267	1 093	1 259	882	401	231	169
M20	1 338	1 131	1 276	854	530	255	177
M1	1 084	1 013	1 299	1 095	627	284	243
M2	1 159	1 085	1 365	1 144	701	315	265
M3	1 143	1 048	1 269	983	387	240	210
M4	1 022	942	1 199	1 051	653	221	195
M5	1 343	1 249	1 561	1 530	871	346	299
M6	1 186	1 145	1 500	1 474	634	266	239
M7	1 042	941	1 258	1 144	540	225	196
M8	1 224	1 098	1 326	1 151	611	263	223
M9	974	884	1 104	871	646	240	202
M10	5 305	4 672	4 437	4 312	4 105	2 145	1 369
M11	1 388	1 286	1 553	1 457	696	314	269
M12	1 280	1 203	1 463	1 343	571	280	241
M13	1 057	982	1 281	1 102	550	285	246
M14	1 258	1 144	1 332	1 166	591	281	239
M15	1 099	1 023	1 240	1 029	497	219	185
M16	1 281	1 179	1 418	1 277	596	254	214
M17	1 372	1 255	1 524	1 438	781	350	296
M18	1 332	1 249	1 543	1 500	786	323	279
M19	1 181	1 103	1 403	1 302	679	294	251
M20	1 013	920	1 170	978	528	330	295

注：第一组 M1—M20 为 2016 年 7 月 27 日影像，第二组 M1—M20 为 2016 年 8 月 28 日影像。

【步骤 1】【步骤 2】与【步骤 3】为实验准备和实验数据预处理部分，通过预处理步骤获得本实验所需的两期遥感影像光谱反射率。接下来为实验主体部分——水质参数的遥感建模及反演。

【步骤 4】SPSS 相关性分析

对实测 BOD$_5$ 值与提取的影像像元光谱反射率进行整理（可使用附件中的参考文件 "L7+8 像元光谱反射率.xls" 进行后续操作），剔除像元光谱反射率异常波段的相应数据（本实验需要剔除 2016 年 7 月 27 日影像 M6 以及 2016 年 8 月 28 日影像 M10 的数据），得到数据表格（表 2.1.2 和表 2.1.3）。将数据导入 SPSS 软件，【文件】—【打开】—【数据】，打开 Excel 数据。

表 2.1.2　2016 年 7 月 27 日像元光谱反射率和实测 BOD$_5$ 数值

采样点	B$_1$ （430 nm）	B$_2$ （450 nm）	B$_3$ （530 nm）	B$_4$ （640 nm）	B$_5$ （850 nm）	B$_6$ （1 570 nm）	B$_7$ （2 110 nm）	BOD$_5$ （mg/L）
M1	1 167	997	1 127	784	427	295	229	3.9
M2	1 423	1 252	1 496	1 170	575	359	285	3.1
M3	1 333	1 117	1 261	823	522	407	316	0.9
M4	1 450	1 234	1 432	1 021	610	294	210	3
M5	1 409	1 198	1 302	802	301	90	53	1.4
M7	980	815	962	632	280	81	60	1.8
M8	1 245	1 071	1 382	923	602	227	155	2.1
M9	1 438	1 237	1 375	1 018	641	221	139	4
M10	1 456	1 242	1 447	1 027	958	271	163	4.8
M11	1 315	1 161	1 309	845	250	106	76	1.7
M12	1 370	1 241	1 386	888	405	281	227	1.1
M13	1 359	1 206	1 319	832	401	271	214	2
M14	1 180	944	1 109	787	441	237	177	3.5
M15	1 202	992	1 140	808	462	256	193	4
M16	1 123	943	1 150	790	486	188	138	1.4
M17	1 317	1 105	1 226	715	234	55	30	1.1
M18	1 322	1 193	1 394	963	402	235	185	1.4
M19	1 267	1 093	1 259	882	401	231	169	2.4
M20	1 338	1 131	1 276	854	530	255	177	3

表 2.1.3　2016 年 8 月 28 日像元光谱反射率和实测 BOD$_5$ 数值

采样点	B$_1$ （430 nm）	B$_2$ （450 nm）	B$_3$ （530 nm）	B$_4$ （640 nm）	B$_5$ （850 nm）	B$_6$ （1 570 nm）	B$_7$ （2 110 nm）	BOD$_5$ （mg/L）
M1	1 084	1 013	1 299	1 095	627	284	243	3.5
M2	1 159	1 085	1 365	1 144	701	315	265	3.8
M3	1 143	1 048	1 269	983	387	240	210	1
M4	1 022	942	1 199	1 051	653	221	195	3.4
M5	1 343	1 249	1 561	1 530	871	346	299	1.4
M6	1 186	1 145	1 500	1 474	634	266	239	1.2

采样点	B_1 （430 nm）	B_2 （450 nm）	B_3 （530 nm）	B_4 （640 nm）	B_5 （850 nm）	B_6 （1 570 nm）	B_7 （2 110 nm）	BOD_5 （mg/L）
M7	1 042	941	1 258	1 144	540	225	196	1.9
M8	1 224	1 098	1 326	1 151	611	263	223	1.9
M9	974	884	1 104	871	646	240	202	2.6
M11	1 388	1 286	1 553	1 457	696	314	269	1.6
M12	1 280	1 203	1 463	1 343	571	280	241	1.2
M13	1 057	982	1 281	1 102	550	285	246	2.6
M14	1 258	1 144	1 332	1 166	591	281	239	3
M15	1 099	1 023	1 240	1 029	497	219	185	4.2
M16	1 281	1 179	1 418	1 277	596	254	214	1.6
M17	1 372	1 255	1 524	1 438	781	350	296	1.4
M18	1 332	1 249	1 543	1 500	786	323	279	1.5
M19	1 181	1 103	1 403	1 302	679	294	251	1.6
M20	1 013	920	1 170	978	528	330	295	4

运用 SPSS 进行相关性分析，【分析】—【相关】—【双变量】，打开参数设置面板，选择进行相关性的参数（B_1、B_2、B_3、B_4、B_5、B_6、B_7、BOD_5），其他参数默认，点击"确定"，得到相关性分析结果（表 2.1.4）。相关性分析过程如图 2.1.12 所示。

表 2.1.4　Landsat-8 单波段光谱反射率与 BOD_5 相关性分析

July 27, 2016		August 28, 2016	
波段	相关系数 r	波段	相关系数 r
B_1	0.136	B_1	−0.600**
B_2	0.036	B_2	−0.601**
B_3	0.078	B_3	−0.639**
B_4	0.390	B_4	−0.634**
B_5	0.645**	B_5	−0.215
B_6	0.309	B_6	−0.157
B_7	0.199	B_7	−0.162

注：** 在 0.01 水平（双侧）上显著相关。

分析表 2.1.4 可知，2016 年 7 月 27 日 Landsat-8 影像单波段反射率与 2016 年 8 月 1—4 日 BOD_5 之间为正相关关系，相关系数 r 在 0.036~0.645 之间，B_5 的相关系数最高，为 0.645，确定 B_5 为敏感波段；2016 年 8 月 28 日 Landsat-8 影像单波段反射率与 2016 年 9 月 1—8 日 BOD_5 为负相关关系，相关系数 r 在（−0.639）~（−0.157）之间，B_3 的相关系数最高，为 −0.639，因 B_1、B_2、B_3、B_4 的相关系数均比较高，均确定为敏感波段。由于本实验结合 2016 年 7 月 27 日和 2016 年 8 月 28 日 Landsat-8 波段反射率与 2016 年 8 月 1—4 日和 2016 年

9 月 1—8 日实测 BOD$_5$ 数据构建模型,因此选择 B$_1$、B$_2$、B$_3$、B$_4$ 和 B$_5$ 作为敏感波段构建模型。建模集和验证集的数据,是将实测值数据排序后按照 3 : 1 比例进行选择得出的。为实现不同月份实测数据在建模集和验证集上的均匀分布,3 : 1 的比例可根据实际调整,本实验的建模集与验证集划分参考结果见附件"L7+8 模型建模 + 验证数据.xls"。

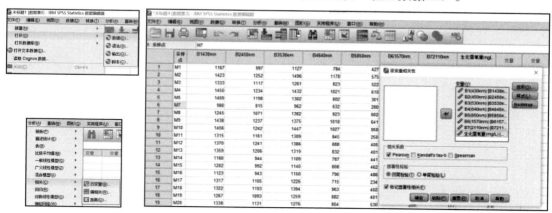

图 2.1.12　SPSS 相关性分析过程

【步骤 5】MATLAB 构建模型

根据相关性分析结果,选择 B$_1$、B$_2$、B$_3$、B$_4$ 和 B$_5$ 作为敏感波段。以实测 BOD$_5$ 为因变量,敏感波段为自变量,使用 MATLAB 软件构建偏最小二乘模型。打开 MATLAB,【主页】—【新建脚本】,打开编辑器,输入偏最小二乘代码(代码见附件"偏最小二乘建模代码.docx"),点击【运行】,得到建模结果,见公式(2.1.1)。

$$Y=5.254\ 5+0.002\ 4*B1-0.001\ 3*B2-0.003\ 9*B3-0.002\ 8*B4+0.006\ 5*B5 \qquad (2.1.1)$$

MATLAB 模型构建过程见图 2.1.13。在所提供的 MATLAB 代码中,"'E:\2.1\DATA\L7+8 模型建模 + 验证数据',2,'B3 : G30'"代表 Excel 表格的路径,实验数据在第 2 个表格,实验数据范围在第 B 列第 3 行开始,至第 G 列第 30 行结束。该行代码可根据调用数据源的不同,进行修改。

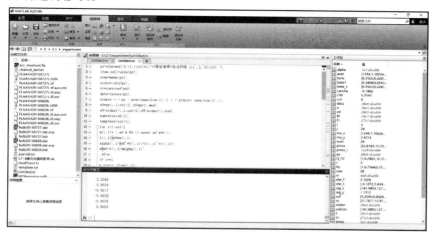

图 2.1.13　MATLAB 建模过程

【步骤 6】通过参数进行模型验证

通过四个参数进行模型验证。预测均方根误差(Root Mean Square Error of Prediction,

RMSEP）、预测分析误差（Residual Prediction Deviation，RPD）、决定系数（coefficient of determination）R^2 和相关系数（correlation coefficient）R。各项参数的计算式可见附件"L7+8 模型建模 + 验证数据.xls"。

在 Excel 软件中,运用建模结果计算预测值,并得到模型的预测结果,预测散点图如图 2.1.14 所示。

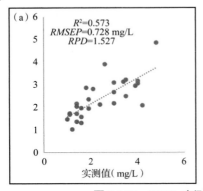
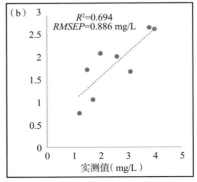

图 2.1.14　BOD$_5$ 实测值和模型预测值关系

（a）建模集　（b）验证集

【步骤 7】ENVI 模型反演

使用 ENVI 软件,将预测模型运用至遥感影像进行反演。打开 ENVI,添加预处理后的 Landsat 8 影像（dat 格式文件）,打开【Toolbox】—【Band Algebra】—【Band Math】（波段运算）,设置参数见图 2.1.15,在【Enter an expression】输入框中输入预测模型（即公式（2.1.1））,点击 Add to List,点击【OK】,进入 Variables to Bands Pairings 面板,在【Available Bands List】中选择与【Variable used in expression】对应的波段,点击【OK】。得到基于 Landsat8 影像的太湖 BOD$_5$ 反演结果,并将反演结果导出 TIFF 格式（.tif）文件。

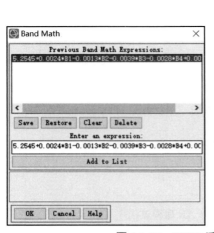
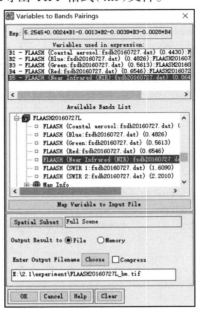

图 2.1.15　ENVI 遥感影像反演过程

【步骤 8】ArcGIS 制图

打开 ArcGIS 软件,通过【目录】进入文件保存目录,加载 ENVI 软件反演得到的两期影像反演图(TIFF 格式)、太湖湖区矢量边界数据"太湖湖区.shp"。打开【数据管理工具】—【栅格】—【栅格处理】—【裁剪】(Clip)分别进行两期影像反演图的裁剪。"输出栅格数据集"的路径可以选择【步骤 1】中创建的个人地理数据库文件夹"WQInversion.mdb"(图2.1.16)。

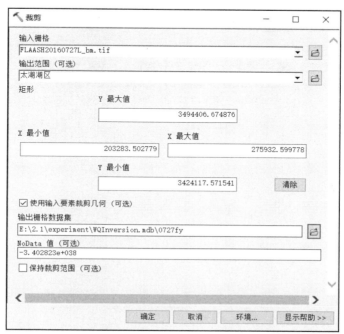

图 2.1.16　裁剪太湖湖区反演影像

裁剪得到太湖湖区影像反演栅格数据后,右键点击文件,可以通过【属性】—【符号系统】进行颜色和条带的设置;之后通过【布局视图】设置画布尺寸;通过【插入】添加比例尺、指北针、图例等信息;通过【文件】—【导出地图】,设置"文件名""保存类型"(TIFF 或者JPG)、"分辨率"等信息,点击【保存】(图 2.1.17)。最终得到太湖生化需氧量遥感反演图(图 2.1.18)。

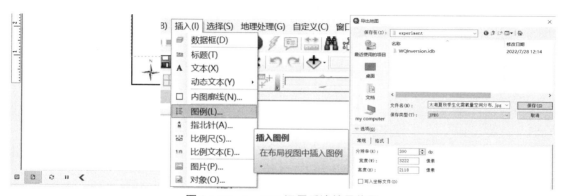

图 2.1.17　ArcGIS 运用反演结果作图

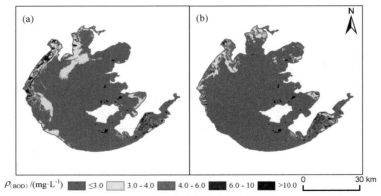

图 **2.1.18** 太湖生化需氧量遥感反演图

（a）2016 年 7 月 27 日 （b）2016 年 8 月 28 日

2.2　基于 MODIS 数据的海水透明度遥感反演

> 云散月明谁点缀？天容海色本澄清。　　　——苏轼《六月二十日夜渡海》

【实验目的】

基于 MODIS 漫射衰减系数产品，通过半分析算法进行海水透明度遥感反演。

【实验意义】

海水透明度（Secchi disk depth）是描述海水水体光学性质的一个重要物理参数，它与海水中的叶绿素、无机悬浮物以及有机黄色物质的浓度有关。除此之外，海水透明度还与海表面的太阳辐射、海水物理化学性质以及海上气象状况等因素密切相关。测量海水透明度的传统方法是在船舶上使用赛克盘（Secchi disk）进行实地测量，但是这种方法只能得到测量点的海水透明度，不可能获得较大海域的海水透明度空间分布特征，无法满足对透明度这一海水水质特征参数的大范围监测需求。而实时、大面积的海域透明度遥感监测将在卫星传感器性能的增强、大气校正技术的完善以及水色信息提取模式精度的提高等海洋水色遥感技术的飞速发展基础上逐渐成为可能。

【知识点】

1. 了解海水透明度遥感反演的原理和算法；

2. 熟悉 MODIS 水色产品的下载流程；

3. 熟练掌握应用 ENVI 软件进行遥感图像预处理、波段运算等操作；

4. 掌握应用 ENVI 软件进行数据可视化处理。

【实验数据】

1. 将渤海海域 MODIS 水色产品数据（空间分辨率为 1000 m）命名为 A2022150052000. L2_LAC_OC.nc。数据来源为 https：//oceancolor.gsfc.nasa.gov/ MODIS 水色产品数据，影像采集时间为 2022 年 5 月 30 日。下载网页及渤海海域水色数据如图 2.2.1 和图 2.2.2 所示。

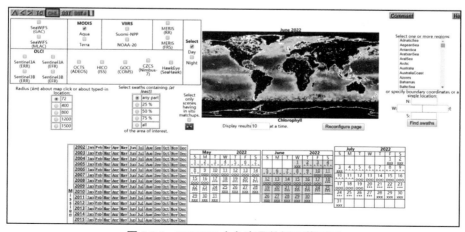

图 2.2.1　MODIS 水色产品数据下载网页

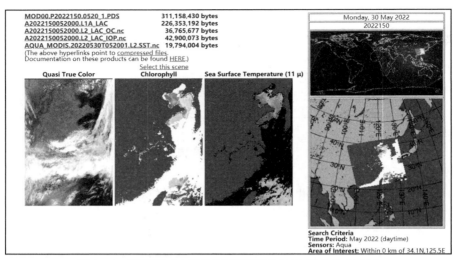

图 2.2.2　渤海海域水色数据下载网页（2022 年 5 月 30 日）

【实验软件】

ENVI 5.3、ENVI Classic 5.3。

【思维导图】

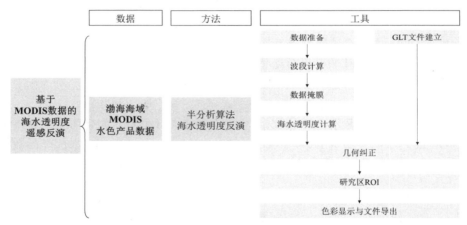

图 2.2.3　基于 MODIS 数据的海水透明度遥感反演实验思维导图

【实验步骤】

【步骤 1】数据准备

在 ENVI 5.3 中，点击【File】—【Open As】—【Generic Formats】（通用格式）—【HDF5/NetCDF-4】（图 2.2.4），打开 A2022150052000.L2_LAC_OC.nc。随后在【Available Datasets】操作框中，选择 "navigation_data" 中的 "latitude（1 354 × 2 030）" 和 "longitude（1 354 × 2 030）"，并选择 "geophysical_data" 中的 "Kd_490"，点击向右的加载箭头（图 2.2.5）。点击【Open Rasters】，加载数据，结果如图 2.2.6 所示。

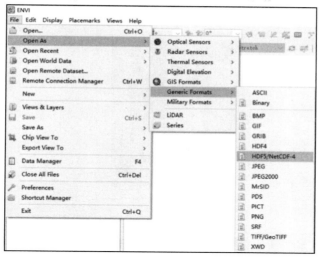

图 2.2.4　ENVI 软件打开数据

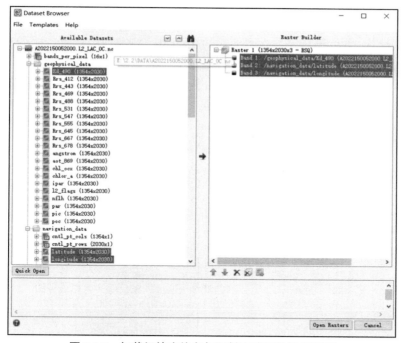

图 2.2.5　加载经纬度信息与漫射衰减系数显示界面

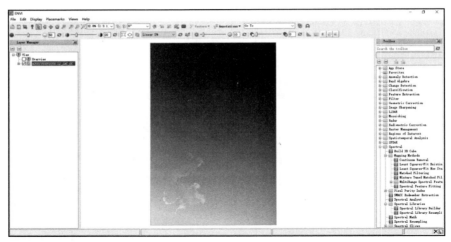

图 2.2.6　加载影像后显示界面

【步骤 2】建立用于几何纠正的 GLT 文件

几何纠正一般是指通过一系列的数学模型来改正和消除遥感影像成像时因成像材料变形、物镜畸变、大气折光、地球曲率、地球自转、地形起伏等因素导致的原始图像上各地物几何位置、形状、尺寸、方位等特征与在参照系统中的表达要求不一致时产生的变形。首先利用经纬度数据建立 GLT 文件。

点击【Toolbox】—【Geometric Correction】—【Bulid GLT】(建立 GLT 文件),在"Input X Geometry Band"对话框中选择 longtitude(经度),在"Input Y Geometry Band"对话框中选择 latitude(纬度)(图 2.2.7)。在弹出的"Geometry Projection Information"对话框中保持默认设置,点击【OK】(图 2.2.8)。随后如图 2.2.9 设置文件输出路径与文件名。

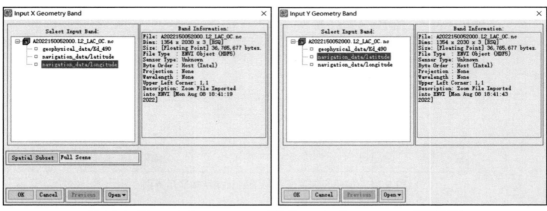

图 2.2.7　"Input X Geometry Band"和"Input Y Geometry Band"对话框

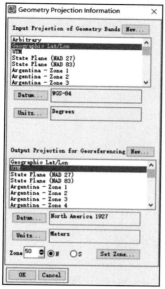

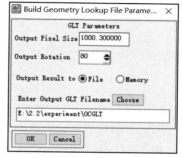

图 2.2.8　"Geometry Projection Information"对话框

图 2.2.9　GLT 文件存储界面

【步骤 3】运用波段运算功能进行数值转换

根据公式（https://oceancolor.gsfc.nasa.gov/docs/format/l2oc_modis/）将影像像元值转换为漫衰减系数 K_d（490），计算公式如下：

$$K_d = DN \times scale + offset \tag{2.2.1}$$

根据 MODIS 水色产品数据说明，本实验输入的波段运算公式如下：

$$K_d = b1 \times 0.000\ 2 \tag{2.2.2}$$

打开【Basic Tools】—【Band Math】（波段运算），在【Enter an expression】栏中输入公式（2.2.2），点击【Add to List】，选中"Kd_490"，将输出文件命名为"bandmath"（图 2.2.10）。

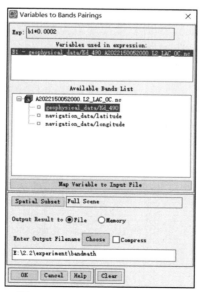

图 2.2.10　Band Math 运行界面

【步骤4】设置阈值最小值为0

在 ENVI 中，点击【File】—【Open Image File】，选择【步骤3】波段运算输出的"band-math.dat"文件，点击【Load Band】。点击【Basic Tools】—【Region of Interest】—【Band Threshold to ROI】，选择"bandmath.dat"文件，在"Band Threshold to ROI Parameters"对话框中，将"Min Thresh Value"设置为"0"（图2.2.11）。

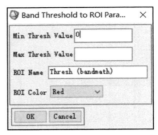

图 2.2.11　Threshold to ROI 设置界面

【步骤5】数据掩膜

建立掩膜：点击【Basic Tools】—【Masking】—【Build Mask】（构建掩膜），选择【Display #1】；之后点击【Options】—【Import ROIs】，选择"Memory"，点击【Apply】（图2.2.12）。

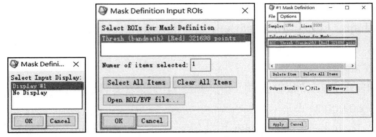

图 2.2.12　建立掩膜流程

应用掩膜：点击【Basic Tools】—【Masking】—【Apply Mask】（应用掩膜），先选择"bandmath"，再点击【Select Mask Band】；选择建立掩膜中得到的结果"Mask Band"，之后点击【OK】，存储为"Memory"格式（图2.2.13）。

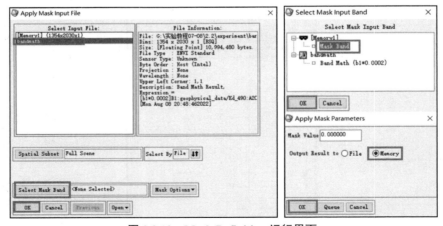

图 2.2.13　Mask Definition 运行界面

【步骤 6】运用波段运算进行海水透明度反演

根据公式反演得到海水透明度 SSD,所用公式如下:

$$SSD = \frac{1.54}{k_d}$$ 　　　　　　　　　　　　　　　（2.2.3）

点击【Basic Tools】—【Band Math】(波段运算),在【Enter an expression】栏中填写"1.54/b1",点击【Add to list】,选中【步骤 5】的运行结果进行计算(图 2.2.14)。

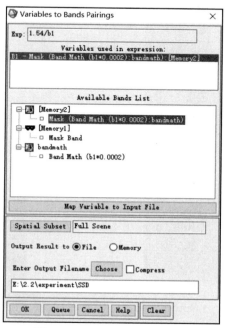

图 2.2.14 Band Math 设置界面

【步骤 7】利用 GLT 完成几何纠正

应用【步骤 2】中建立的 GLT 文件进行几何纠正,点击【Map】—【Georeference from Input Geometry】—【Georeference from GLT】,先选择【步骤 2】中建立的 GLT 文件,再选择【步骤 6】的结果文件,并选择将结果存储为"Memory"格式(图 2.2.15)。

图 2.2.15　利用 GLT 完成几何纠正界面

【步骤 8】选择感兴趣区并设置色彩显示

选择【步骤 7】中得到的 Memory 结果文件,点击【Load Band】加载影像(图 2.2.16)。右击 Scroll 图框内区域,打开【ROI Tool】,将【ROI_type】选为"Rectangle",勾选"Scroll"选项,在 Scroll 图框内长按鼠标滚轮选择研究区域生成感兴趣区(图 2.2.17),选择完成后点击右键。

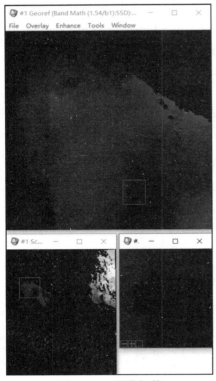

图 2.2.16　影像加载

图 2.2.17　根据研究区范围选择 ROI

点击【Basic Tools】—【Subset data via ROIs】,选择【步骤 7】中得到的 Memory 结果文件,点击【OK】,以"File"格式进行存储。加载结果影像,点击【Tools】—【Color mapping】—【ENVI Color Tables】选择"Rainbow+black"为影像设置颜色(图 2.2.18)。颜色设置后,结果如图 2.2.19 所示。

图 2.2.18　颜色配置选择

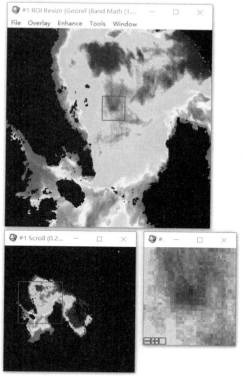

图 2.2.19　颜色设置后结果

【步骤 9】结果文件导出

将最终文件存储成 TIFF 格式。在工具栏选择【 File 】—【 Save Image As 】—【 Image File 】,保存 TIFF 文件(图 2.2.20),完成海水透明度遥感反演操作。

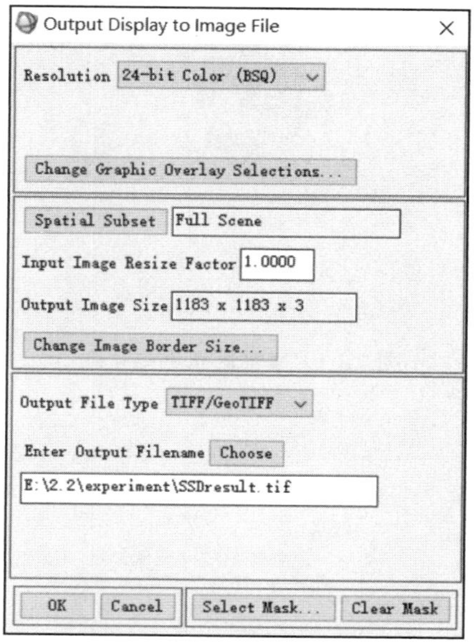

图 2.2.20　TIFF 格式文件导出

2.3 基于河网矢量数据的水系连通性评价

> 楚塞三湘接，荆门九派通。 ——王维《汉江临泛》

【实验目的】

基于河流湖泊等水系空间分布矢量数据，利用拓扑网络分析计算评价水系连通性的定量化指标。

【实验意义】

城市水系作为城市重要的基础设施，能否充分发挥其生态服务功能与其结构特征密切相关。利用景观生态学中廊道、网络等相关指标，定量计算城市水系连通性指标，可以进一步开展城市河湖生态系统健康评价，并为城市水系空间布局设计和规划提供参考。

【知识点】

1. 了解河流水系连通性评价原理和评价指标计算过程；

2. 掌握应用 ArcGIS 软件新建地理数据库、要素数据集、网络数据集等操作；

3. 熟悉应用 ArcGIS 软件进行拓扑检查和修正拓扑错误等操作；

4. 理解应用 Excel 软件进行网络连接度指数计算的过程。

【实验数据】

将某地区水系概化空间分布矢量数据命名为 shuixigaitu.shp。

图 2.3.1 某地区水系概化图

【实验软件】

ArcGIS 10.8、Excel 2016。

【思维导图】

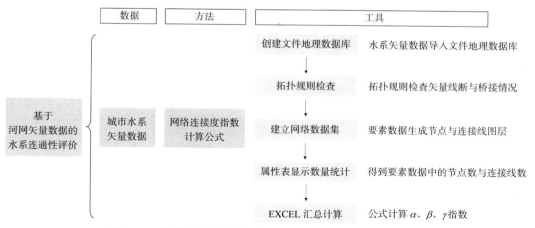

图 2.3.2　基于河网矢量数据的水系连通性评价实验思维导图

【实验步骤】

【步骤 1】创建地理数据库

新建文件地理数据库,并对文件进行重命名(推荐使用字母、无空格、不以数字开头的命名方式,以免出现文件命名错误)(图 2.3.3)。

图 2.3.3　新建文件地理数据库

【步骤 2】向文件地理数据库中添加要素数据集

右击新建的文件地理数据库文件,新建要素数据集(图 2.3.4)。

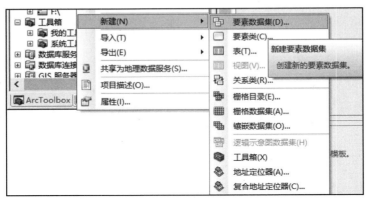

图 2.3.4　在文件地理数据库中新建要素数据集

根据新建要素数据集导引逐步操作。添加地理坐标系及投影坐标系时,可以选择直接导入"shuixigaitu.shp"文件的坐标系以便保持一致(图 2.3.5)。数据的【XY 容差】保持默认(图 2.3.6)。

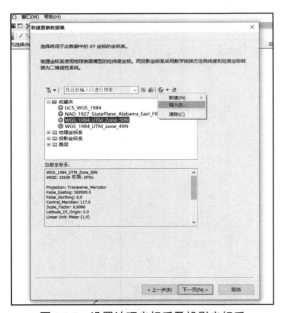

图 2.3.5　设置地理坐标系及投影坐标系

图 2.3.6　设置 XY 容差

在目录中右键点击新建的要素数据集,选择导入要素类(单个),在【输入要素】中选择"shuixigaitu.shp",其余保持默认(图 2.3.7)。

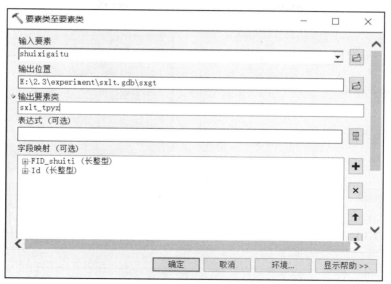

图 2.3.7 导入水系概化图数据

【步骤 3】添加拓扑规则进行拓扑检查

在目录中右击要素数据集,选择【新建】—【拓扑】,【输入拓扑名称】为"sxgt_Topology",拓扑容差保持默认(图 2.3.8),将已经导入要素数据集中的要素类数据选中(图 2.3.9),将【输入等级数】(拓扑等级)设置为 5(图 2.3.10)。

在【指定拓扑规则】中,添加【不能相交】(Must not Intersect)、【不能有悬挂点】(Must not Have Dangle)的拓扑验证规则(图 2.3.11)。

拓扑建立完成后立即验证,并打开要素数据集。加载【拓扑】与【编辑器】工具条(图 2.3.12),点击【编辑器】—【开始编辑】—选择要素数据集,点击【拓扑】—【错误检查器】打开拓扑检查的错误列表,可以根据拓扑检查的错误类型进行筛选和查看(图 2.3.13)。(在实际情况中,可以根据要素数据情况进行验证修改,本实验数据已经验证修改完成。)验证完成后,点击【编辑器】—【停止编辑】。

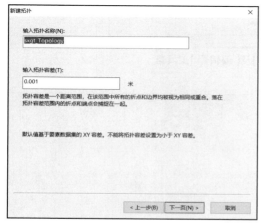

图 2.3.8 设置拓扑名称与容差

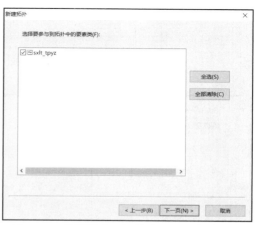

图 2.3.9 选择要建立拓扑验证的要素类数据

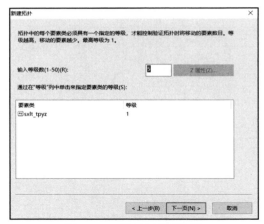

图 2.3.10　设置拓扑等级数

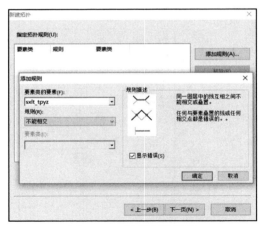

图 2.3.11　设置拓扑规则

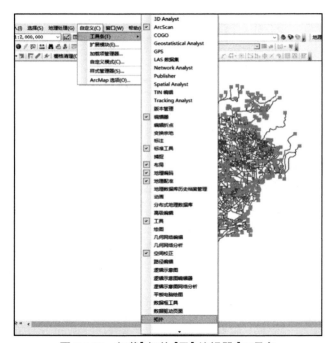

图 2.3.12　加载【拓扑】及【编辑器】工具条

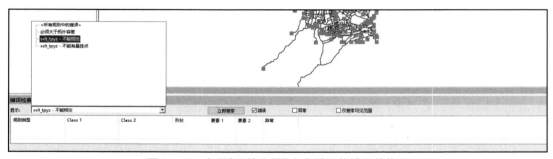

图 2.3.13　在"错误检查器"中查看拓扑错误并修正

【步骤4】建立网络数据集

右击要素数据集,【新建网络数据集】(图2.3.14),在"构建转弯模型步骤"中选择"否";在"连通性策略"中选择"任意节点",其余保持默认,点击【完成】(图2.3.15),完成网络数据集的建立。

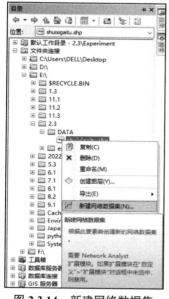

图 2.3.14　新建网络数据集

图 2.3.15　设置新建的网络数据集

【步骤5】计算网络连接度指数

建立网络数据集后,在图层中新增节点图层与连接线图层,可以从"表"(属性表)中查询节点数与连接线数(图2.3.16)。

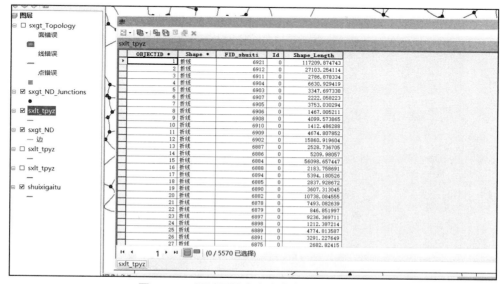

图 2.3.16　通过属性表查询节点数、连接线数

打开 Excel 软件,按照网络连接度指数计算公式进行计算,常见的计算方法有如下三种,即 α 指数法、β 指数法和 γ 指数法。

$$\alpha=(L-P+1)/(2P-5),(P \geqslant 3, P \in N) \tag{2.3.1}$$

$$\beta=2L/P \tag{2.3.2}$$

$$\gamma=L/(3 \times (P-2)),(P \geqslant 3, P \in N) \tag{2.3.3}$$

式中:L 为连接线数;P 为节点数。

在式(2.3.1)中,α 指数在 0(网络无环路)和 1(网络具有最大环路数)之间变化。

在式(2.3.2)中,β 指数是度量一个节点与其他节点联系难易程度的指标,β 指数越大,网络连接度越好。

在式(2.3.3)中,γ 指数一般在 0~1 之间。若 $\gamma=1$,即每个节点都与其他各点相连接;若 $\gamma=0$,即每个节点之间互不连接。

最终,计算出水系网络连接度指数(图 2.3.17)。

图 2.3.17 水系网络连接度指数

第三章　土壤环境实验

3.1　基于高光谱测定的土壤重金属污染空间分布预测

> 种豆南山下,草盛豆苗稀。　　——陶渊明《归园田居》

【实验目的】

利用土壤采样实测数据和光谱测定数据,综合运用 ENVI、ArcGIS、MATLAB、SPSS 等软件,通过构建土壤重金属实测数据和光谱数据的偏最小二乘回归模型,预测区域内土壤重金属含量。

【实验意义】

在工业生产或其他人类生产活动中,产生的废水、废渣或遗撒材料会对土壤产生不同程度的污染。本实验以类金属砷(As)污染为例[①],通过多种光谱变换对比分析建立土壤重金属实测数据和光谱数据偏最小二乘回归模型,通过空间插值预测研究区土壤中类金属砷的含量,绘制研究区土壤重金属污染空间分布专题图,为土壤重金属污染高光谱遥感监测和治理提供理论和技术支持。

【知识点】

1. 了解基于光谱测定的土壤重金属污染空间分布预测的原理和过程;

2. 掌握应用 ENVI 软件进行高光谱数据变换处理等操作;

3. 理解应用 SPSS 软件进行数据相关性分析的过程;

4. 理解应用 MATLAB 软件进行模型构建的过程;

5. 熟练掌握应用 ArcGIS 软件进行空间插值等操作。

【实验数据】

1. 将土壤重金属含量样点数据命名为 As 样点测定.xlsx。依据《全国土壤污染状况详查土壤样品分析测试方法技术规定》中检出限、测定下限、精密度、准确度和线性范围等要求进行 As 含量的测定。

2. 将土壤高光谱测定数据命名为 As.xlsx。采用 SR-3500 地物光谱仪进行测定,光谱采样范围为 350~2 500 nm,间隔为 1 nm。数据共含 2 151 个波段,其中 350~1 000 nm 光谱分辨率为 3 nm,1 500 nm 处的光谱分辨率为 8 nm,2 100 nm 处的光谱分辨率为 6 nm。

3. 将光谱变换数据参考文件命名为光谱变换数据参考.xlsx。

4. 将 As 含量样本数据建模训练集命名为 AsPLSR.xlsx。

5. 将 As 含量样本数据建模验证集命名为 AsYZ.xlsx。

6. 将偏最小二乘建模代码命名为偏最小二乘建模代码.docx。

---

① 砷(As)虽然不是金属,但是其毒性和重金属相近,因此被称为类金属,并将其产生的污染归为重金属污染。

7.将土壤样点矢量数据命名为 samplepoint.shp。

【实验软件】

MATLAB R2018b、ENVI 5.3、SPSS 19.0、ArcGIS10.6。

【思维导图】

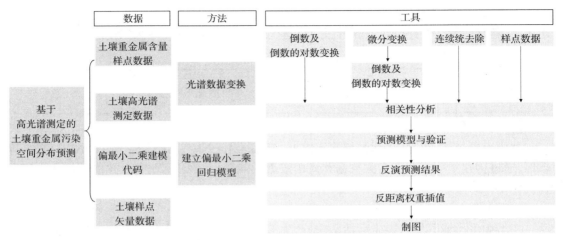

图 3.1.1　基于高光谱测定的土壤重金属污染空间分布预测实验思维导图

【实验步骤】

（一）光谱变换

通过对光谱数据进行倒数、倒数的对数、微分、连续统去除等变换,降低光谱噪声及背景干扰,消除基线漂移影响。

【步骤 1】采用 MATLAB 软件进行倒数及倒数的对数变换

点击【导入数据】,打开 As.xlsx 光谱反射率数据。在【导入】对话框中,【输出类型】选择数值矩阵,加载 As.xlsx 光谱反射率数据（图 3.1.2）,命令行窗口依据公式（3.1.1）与图3.1.3 求取 As 元素光谱反射率的倒数,即数值矩阵 $\boldsymbol{R}^{\mathrm{T}}$。

$$R=1/R_i \tag{3.1.1}$$

$$R_{j,i}=\log(R)/\log(2) \tag{3.1.2}$$

式中: R_i 为第 j 条光谱某一波段 i 的光谱反射率值; R 为任一波段光谱反射率倒数变换后结果; $R_{j,i}$ 为第 j 条光谱、第 i 个波段处光谱反射率倒数对数变换后结果。

运算结果需要输出为 Excel,所需代码如下:

```
xlswrite('E:\3.1\experiment\AT.xlsx',AT,'sheet1','2')
```

其中,"'E:\3.1\experiment\AT.xlsx'"为文件输出路径与文件名,"AT"为所要输出的数值矩阵 $\boldsymbol{A}^{\mathrm{T}}$ 的名称,"'sheet1'"为数据导出的工作表名称,"'2'"表示数据从 A2 单元格开始写入（导出后,列为波段,行为样点）。

用同样的操作,使用公式（3.1.2）对原始光谱数据进行倒数的对数变换,获得 AT.xlsx。

Wavelength	350	351	352	353	354	355	356	357	358	359	360	361	362	363	364	365	366	367	368
D01	16.9323	16.7298	16.5191	16.3026	16.0853	15.8744	15.7248	15.6579	15.6413	15.6716	15.7465	15.8359	15.9323	16.0318	16.0961	16.1122	16.0677	15.9840	15.8679
D02	13.8322	13.6929	13.5284	13.3619	13.1984	13.0335	12.9035	12.8235	12.7893	12.7934	12.8310	12.8880	12.9502	13	13.0175	12.9980	12.9490	12.8619	12.7379
D03	11.8088	11.6502	11.4860	11.3163	11.1436	10.9696	10.8296	10.7382	10.6800	10.6614	10.6915	10.7467	10.8128	10.8727	10.9036	10.8968	10.8586	10.7958	10.7133
D04	11.0221	10.8877	10.7454	10.5901	10.4268	10.2783	10.1660	10.0759	10.0738	10.1181	10.1679	10.2049	10.2250	10.2232	10.1924	10.1313	10.0406		
D05	10.8045	10.6577	10.5012	10.3266	10.1377	9.9514	9.8078	9.7235	9.6771	9.6722	9.7155	9.7669	9.8188	9.8649	9.8762	9.8472	9.7862	9.6987	9.5868
D06	9.4811	9.3333	9.2009	9.0408	8.8798	8.7319	8.6148	8.5315	8.4970	8.4967	8.5952	8.6532	8.6972	8.7174	8.7094	8.6655	8.5921	8.4915	
D07	13.9583	13.8022	13.6337	13.4572	13.2775	13.3029	12.9672	12.8847	12.6477	12.8564	12.9154	12.9918	13.0703	13.1302	13.1638	13.1621	13.1024	13.0118	12.9000
D08	11.4161	11.2848	11.1364	10.9810	10.8222	10.6590	10.5258	10.4383	10.4109	10.4259	10.4697	10.5328	10.6020	10.6496	10.6906	10.6898	10.6348	10.5641	10.4736
D09	9.5005	9.3719	9.2379	9.0944	8.9494	8.8079	8.6944	8.6194	8.6071	8.6201	8.6565	8.7087	8.7462	8.7687	8.7694	8.7283	8.6637	8.5821	
D10	9.8038	9.6734	9.5318	9.3812	9.2256	9.0736	8.9005	8.8777	8.8624	8.8124	8.9124	8.9560	9.0007	9.0253	9.0296	9.0112	8.9681	8.9050	8.8238
D11	17.2212	17.0725	16.9074	16.7171	16.5060	16.2916	16.1239	16.0244	15.9697	15.9560	16.0007	16.2156	16.3155	16.3118	16.2567	16.1646	16.1646	16.1146	16.0410
D12	12.8067	12.6121	12.3994	12.1730	11.9394	11.7214	11.5443	11.4209	11.3697	11.3716	11.4123	11.4801	11.5526	11.5962	11.6133	11.5982	11.5402	11.4401	11.2992
D13	7.7119	7.6228	7.5208	7.4095	7.2932	7.1879	7.0994	7.0366	6.9946	6.9945	7.0639	7.0951	7.1437	7.1370	7.1009	7.0421	6.9634		
D14	8.8967	8.7761	8.6366	8.4844	8.3240	8.1654	8.0367	7.9515	7.9239	7.9312	7.9528	8.0004	8.0521	8.0730	8.0738	8.0524	8.0041	7.9259	7.8181
D15	8.3000	8.2023	8.1003	7.9876	7.8675	7.7475	7.6747	7.6301	7.5909	7.5960	7.6276	7.6653	7.7092	7.7268	7.7270	7.7170	7.6501	7.5891	
D16	14.6324	14.4632	14.2619	14.0459	13.8210	13.5899	13.4043	13.3030	13.2679	13.3168	13.3787	13.4456	13.5349	13.5409	13.5549	13.4817	13.5895	13.2628	
D17	14.6446	14.4301	14.1935	13.9449	13.6934	13.4701	13.2972	13.1845	13.1263	13.1295	13.2092	13.2791	13.3377	13.3886	13.4048	13.3773	13.3293	13.3137	13.0125
D18	15.3243	15.1933	15.0288	14.8467	14.6519	14.4285	14.1857	14.1579	14.1699	14.2504	14.2738	14.3910	14.4462	14.4446	14.4504	14.3862	14.2851		
D19	12.2653	12.1452	12.0051	11.8505	11.6864	11.5261	11.4001	11.3223	11.2910	11.2909	11.3372	11.3731	11.4117	11.4306	11.4239	11.3927	11.3333	11.2460	
D20	17.9639	17.7925	17.5877	17.3635	17.1243	16.8616	16.6581	16.5510	16.5510	16.5409	16.5081	16.9334	16.9902	16.9334	16.7200	16.7098	17.0014	16.9447	16.8350
D21	11.6370	11.4900	11.3285	11.1569	10.9813	10.8240	10.6999	10.6169	10.5841	10.5944	10.6454	10.7105	10.7768	10.8248	10.8555	10.8636	10.8351	10.7757	10.6878
D22	8.8663	8.7648	8.6413	8.5234	8.4160	8.3158	8.2422	8.2017	8.1751	8.1924	8.2243	8.2924	8.3086	8.2963	8.2747	8.2747	8.2285	8.1569	
D23	9.0649	8.9448	8.8233	8.6933	8.5579	8.4335	8.3321	8.2598	8.2269	8.2269	8.2480	8.3045	8.3423	8.3823	8.3963	8.3915	8.3448	8.2612	8.2115
D24	9.2628	9.1205	8.9692	8.8124	8.6529	8.4906	8.3614	8.2801	8.2367	8.2269	8.2480	8.2895	8.3401	8.3862	8.4099	8.4017	8.3448	8.2612	8.1578
D25	9.9136	9.7857	9.6457	9.4966	9.3420	9.1874	9.0655	8.9900	8.9512	8.9450	9.0054	9.0467	9.0885	9.1124	9.1170	9.0655	9.0293	8.9578	8.4433
D26	15.5674	15.4383	15.2887	15.1139	14.9146	14.6813	14.4917	14.3785	14.3026	14.2849	14.3305	14.4348	14.5243	14.6048	14.6459	14.6420	14.6055	14.5350	14.4211
D27	10.7486	10.5956	10.4339	10.2708	10.1093	9.9490	9.8206	9.7420	9.7027	9.7028	9.7420	9.7857	9.8309	9.8767	9.9064	9.9128	9.8869	9.8320	9.7496
D28	15.9787	15.8029	15.6044	15.5830	15.1457	14.9214	14.7367	14.6063	14.5626	14.5726	14.6082	14.6670	14.7422	14.8361	14.8729	14.8453	14.7969	14.7086	14.5772

图 3.1.2　加载光谱数据

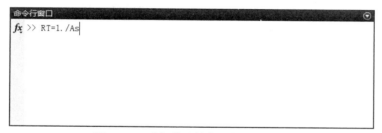

图 3.1.3　对光谱反射率进行倒数变换

【步骤 2】采用 ENVI 5.3 软件进行微分变换

进行微分变换前，需要转置【步骤 1】中保存在 Excel 里的数据（变换为列为样点，行为波段的数据格式），并另存为 TXT 文件（选择"文本文件（制表符分隔）"），才能在 ENVI 中正常打开。

打开【Toolbox】—【Spectral】—【Spectral Libraries】—【Spectral Library Builder】（构建波谱库），选择【ASCII File】（图 3.1.4），加载 As.txt 光谱数据（图 3.1.5）。

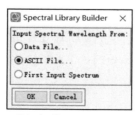

图 3.1.4　选择加载 TXT 格式的光谱数据

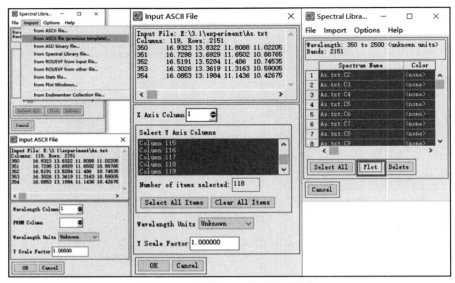

图 3.1.5　打开 TXT 格式光谱数据

将 As.txt 转换为 As.sli 文件,点击【Export】—【Spectral Library…】,输出 As.sli 光谱数据(图 3.1.6)。

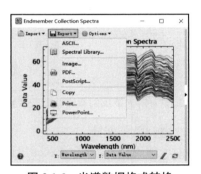

图 3.1.6　光谱数据格式转换

As.sli 数据一阶微分变换:打开【Toolbox】—【Spectral】—【Spectral Math】(波谱运算)(图 3.1.7),在"Enter an expression"中输入对 As.sli 一阶微分变换的公式:

$$Y=deriv(s_1) \tag{3.1.3}$$

设置表达式中所使用的变量"s1"为"As.sli",以及光谱文件输出的路径与名称(图 3.1.8),此处将一阶微分变换后的文件名设置为"FD.sli"。同图 3.1.4、图 3.1.5、图 3.1.6(导出为 TXT 格式文件时,需要选择【Export】—【ASCII…】)过程,将 FD.sli 转换为 FD.txt。二阶微分变换的公式如下:

$$Y=deriv(s_2) \tag{3.1.4}$$

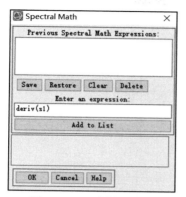

图 3.1.7 一阶微分运算

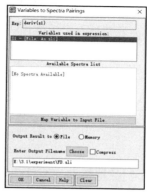

图 3.1.8 公式变量输入

此处表达式中所使用的变量 "s2" 为一阶微分所得结果 FD.sli,随后获得二阶微分变换后的文件 SD.txt。为便于后续计算分析,每进行一次微分变换,需要去掉结果中最小波段与最大波段的数据。即在一阶微分变换后,得到的结果应在 Excel 软件中去掉 350 nm 与 2 500 nm 波段数据,再进行二阶微分变换。

需要将 FD.txt 与 SD.txt 转为 XLS 或 XLSX 格式,以便后续计算操作。导入方法:新建 Excel 表格,在【数据】—【获取数据】—【自文件】—【从文本/CSV】或【数据】—【从文本/CSV】选项中导入应转格式的 TXT 文件在【数据类型检测】中选择基于整个数据集。注:导入前,需要先去掉 TXT 文件中各波段数据前的记录信息,即图 3.1.9 方框部分格式的数据。

图 3.1.9 TXT 格式数据整理

【步骤 3】连续统去除

采用 ENVI 5.3 软件,使用【Toolbox】—【Spectral】—【Mapping Methods】—【Continuum Removal】(包络线去除)工具,选择打开 As.sli 文件,获得连续统去除后的光谱数据 CR.sli(图 3.1.10),导出为 TXT 格式,并将数据导入 Excel 保存。

为便于后续计算分析,连续统去除变换后,得到的结果中应去掉 350 nm 与 2 500 nm 波段数据。

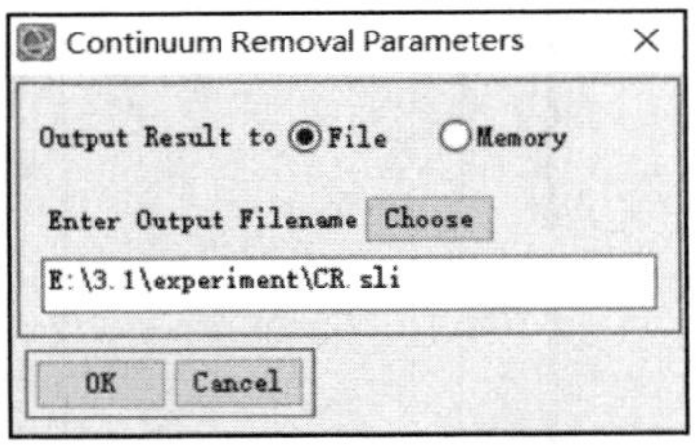

图 3.1.10   连续统去除

【步骤 4】数据整理与汇总

同【步骤 2】的操作,得到倒数的一阶微分变换(RTFD.xlsx)、倒数的二阶微分变换(RTSD.xlsx)、倒数对数的一阶微分变换(ATFD.xlsx)、倒数对数的二阶微分变换(ATSD.xlsx)。并将 As 元素的 9 种变换后的光谱反射率数据与 As 含量,依据样点编号整理在 Excel 表格中,分别命名为 FD_SPSS、SD_SPSS、RT_SPSS、AT_SPSS、RTFD_SPSS、ATFD_SPSS、RTSD_SPSS、ATSD_SPSS、CR_SPSS。

(二)Pearson 相关性分析及敏感波段选取

【步骤 1】通过 SPSS 软件进行光谱反射率与 As 含量相关性分析

打开【文件】—【新建】—【数据】,加载 RTFD_SPSS 数据(图 3.1.11),【分析】—【相关】—【双变量】选择变量,在【选项】中勾选"均值和标准差(M)",在【相关系数】中勾选"Pearson",在【显著性检验】中选择"双侧检验",勾选【标记显著性相关】获得 As 元素倒数一阶微分变换后的反射率与含量间的相关性分析结果(图 3.1.12)。同样的操作,获得其余变换反射率与 As 含量间的相关性分析结果。

图 3.1.11   Pearson 相关性分析

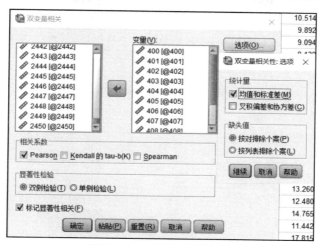

图 3.1.12　相关性参数设置

9 种光谱变换与 As 含量相关性结果显示,倒数的一阶微分变换(RTFD)相关性最优(表 3.1.1)。

表 3.1.1　土壤重金属 As 元素与光谱指标的最大相关系数

光谱指标	特征波段(nm)	相关系数
原始	435	-0.470**
ATFD	604	-0.586**
ATSD	540	-0.445**
CR	448	-0.602**
FD	430	-0.507**
SD	2 254	-0.307**
RTFD	549	-0.608**
RTSD	540	-0.531**
AT	434	0.473**
RT	431	0.456**

但最优相关系数处可能是特征波段也可能是噪声影响,需对相关性较高的几种变换结果(FD、CR、ATFD、RTFD、RTSD)进行降噪处理,即每 5 个波段的相关系数取一个平均值,并将计算结果绘制为折线图。可知,倒数的二阶微分变换(RTSD)受噪声影响较大,其曲线波动最大,倒数的一阶微分(RTFD)相关性最优(图 3.1.13)。

对图中 5 种变换呈极显著和显著相关的波段数量进行统计分析,发现倒数的一阶微分变换(RTFD)呈极显著相关的波段数量远高于其余变换(表 3.1.2)。因此,结合相关性分析结果,选取倒数的一阶微分变换(RTFD)参与建模。

表 3.1.2　极显著和显著波段数量统计

光谱指标	呈极显著相关波段(个)	呈显著相关波段(个)
FD	214	216
CR	656	204
ATFD	599	212
RTFD	804	201
RTSD	81	128

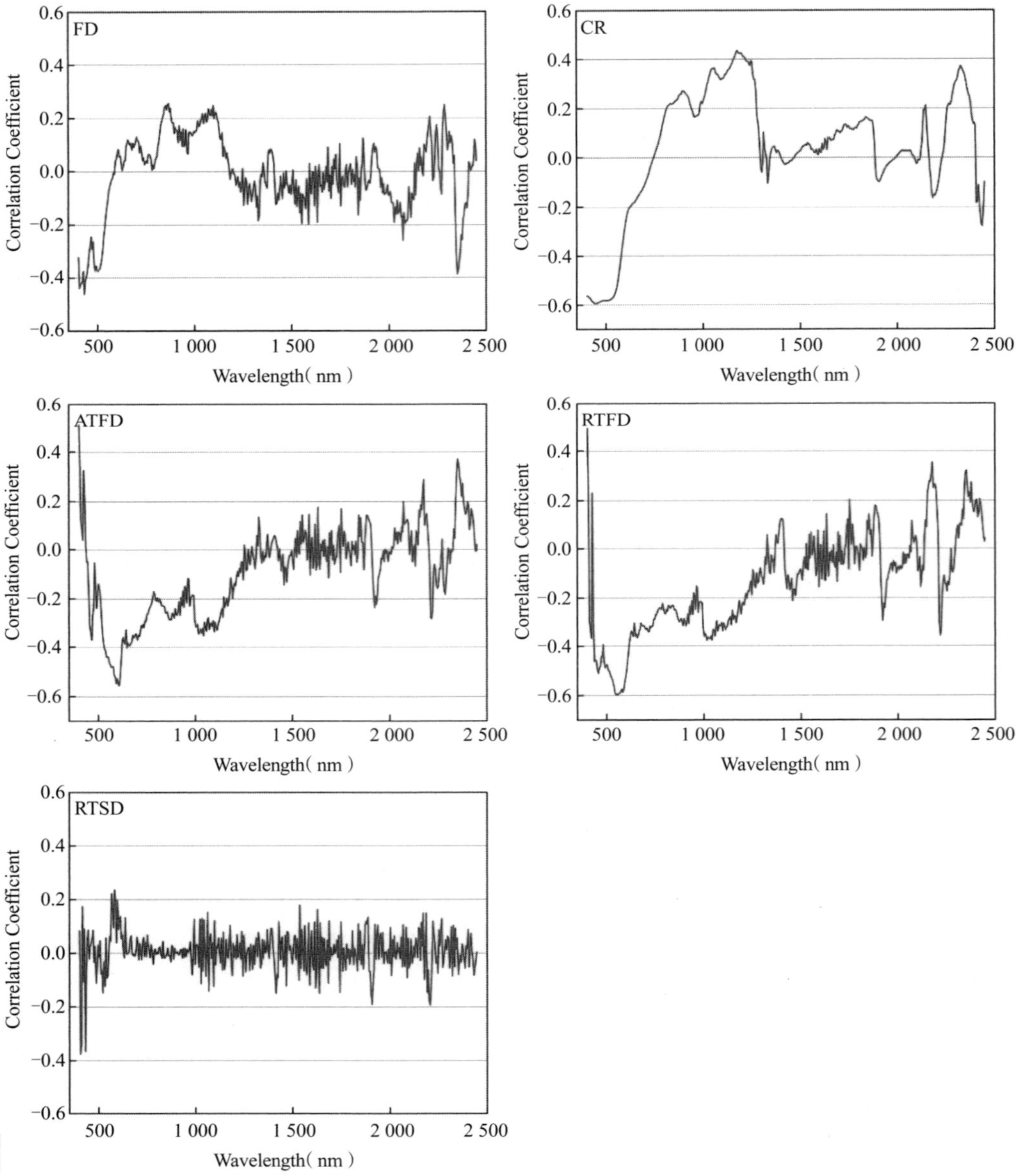

图 3.1.13　光谱反射率与 As 含量相关关系

【步骤 2】敏感波段选取

选取 6 条对应不同 As 含量的光谱曲线,根据光谱差异确定特征区域,并结合相关性分析结果选取敏感波段(图 3.1.14)。

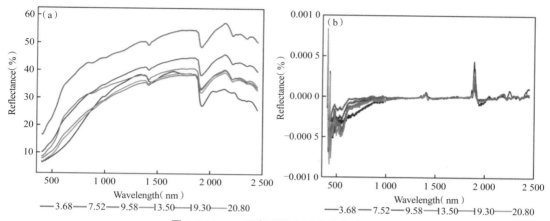

图 3.1.14　As 元素不同含量光谱曲线图
(a)原始光谱　(b)倒数一阶微分变换光谱

对比 6 条原始光谱与倒数一阶微分变换后的光谱曲线,发现 400~900 nm、2 100~2 350 nm 范围受铁氧化物、黏土矿物以及金属碳酸盐影响,光谱差异最为明显,1 100 nm、1 700 nm 附近受有机质影响,在原始光谱中存在微弱吸收,因此结合相关性分析结果,选取 465 nm、581 nm、645 nm、656 nm、777 nm、803 nm、858 nm、874 nm、889 nm、1 029 nm、1 060 nm、1 587 nm、1 754 nm、2 118 nm、2 215 nm、2 350 nm 作为敏感波段。

(三)建立偏最小二乘回归模型

【步骤 1】训练集与验证集划分

为消除邻近土壤样本对地理相关性的影响,将 As 含量进行排序,每隔三个样本取一个作为验证样本,最后选取了 88 个样本构成训练集, 30 个样本构成验证集,分别将训练集样本和验证集样本所对应的特征光谱反射率与 As 含量整理到 Excel 表格中(表 3.1.3),分别命名为 AsPLSR 和 AsYZ。

表 3.1.3　As 元素含量训练集与验证集划分(mg·kg⁻¹)

元素	数据集	最小值	最大值	均值	标准差	样本个数
As	训练集	3.68	20.80	11.41	2.90	88
	验证集	6.73	19.30	11.57	2.78	30

【步骤 2】偏最小二乘回归模型建立

建立文件夹“MATLAB_As”,将 AsPLSR 表格放在文件夹内,将【当前目录窗口】改变为“E:/3.1/experiment /MATLAB_AS”(图 3.1.15)。

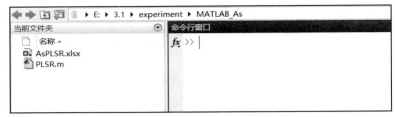

图 3.1.15 当前目录窗口

在 MATLAB 软件的【主页】—【新建脚本】处编写偏最小二乘回归模型代码(代码见文件"偏最小二乘建模代码.docx"),并将脚本保存到 MATLAB_As 文件夹中,命名为"PLSR.m"(图 3.1.16)。

图 3.1.16 MATLAB 脚本

点击【编辑器】—【运行】(图 3.1.17),运算结束后,预测的 As 含量及偏最小二乘模型系数分别在工作区中的 x 以及 sol 文件中(图 3.1.18)。

模型结果如下:

$$Y=9.71-8\,635.94*X_{465}-20\,353.45*X_{581}+8\,208.64*X_{645}+11\,362.01*X_{656}+19\,747.08*X_{777}+$$
$$27\,326.52*X_{803}+1\,071.86*X_{858}-15\,229.43*X_{874}-53\,499.19*X_{889}-34\,342.10*X_{1029}-$$
$$22\,202.75*X_{1060}+294\,960.65*X_{1587}+259\,616.34*X_{1754}+166\,200.09*X_{2118}+$$
$$34\,349.70*X_{2215}+174\,940.39*X_{2350}$$

图 3.1.17 功能区【运行】

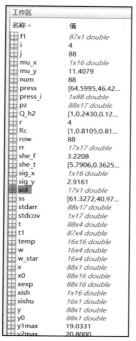

图 3.1.18　工作区的输出结果

【步骤 3】偏最小二乘回归模型评价检验

采用决定系数、预测均方根误差以及相对分析误差对偏最小二乘建模结果进行评价。

（1）决定系数（R^2）：对模型精度具有直接的解释意义，取值范围在 0 至 1 区间内，R^2 越趋近于 1，表明实测值与预测值拟合效果越好，模型精度越高；反之，R^2 越趋近于 0，表明实测值与预测值拟合效果越差，建模结果不理想，决定系数计算公式如下：

$$R^2 = 1 - \frac{\sum_{i=1}^{n}(\hat{y}-y)^2}{\sum_{i=1}^{n}(y-\bar{y})^2} \tag{3.1.5}$$

式中：y 为土壤重金属实测值；$\hat{y}$ 为预测值；$\bar{y}$ 为实测值的平均值；n 为样本个数。

（2）均方根误差（RMSEP）：用于评价模型的整体效果，考虑了目标元素实际含量值与预测值间的偏差；一般，均方根误差越小，表示模型效果越好，其计算公式如下：

$$RMSEP = \sqrt{\frac{\sum_{i=1}^{n}(\hat{y}-y)^2}{n}} \tag{3.1.6}$$

式中：y 为化学分析值；$\hat{y}$ 为偏最小二乘回归模型预测值；n 为样本个数。

（3）相对分析误差（RPD）：表示回归模型预测数据标准差与均方根误差的比值，能够有效判断模型的适用能力；当 $RPD \leqslant 1.4$ 时，模型无法实现对样品的有效预测；当 $1.4 < RPD < 2$ 时，模型可对样品进行粗略预测；$RPD \geqslant 2$ 时，模型具有极好的预测能力，RPD 的计算公式如下：

$$RPD = SD/RMSEP \tag{3.1.7}$$

式中：SD 表示数据集的标准差；$RMSEP$ 表示数据集的均方根误差。

As 元素训练集模型的 $R^2 = 0.66$；$RMSEP$ 较低，为 $1.70\ \text{mg}\cdot\text{kg}^{-1}$；$RPD = 1.71$，说明模型具有

较好的预测能力,可以对土壤中 As 的含量进行有效预测(图 3.1.19)。验证集的 R^2=0.52,*RMSEP* 较小,为 1.98 mg·kg^{-1},模型效果依然较好,说明该模型适合对研究区域 As 元素含量进行反演(图 3.1.19)。

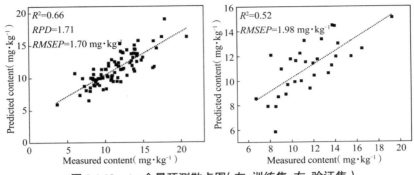

图 3.1.19　As 含量预测散点图(左:训练集;右:验证集)

(四)反距离权重插值分析

【步骤 1】进行反距离权重插值分析

在 ArcGIS 中,打开【ArcToolbox】—【Spatial Analyst】—【插值分析】—【反距离权重法】(IDW),在"输入点要素"中选择"samplepoint"(该矢量数据中已经插入各样点的 As 实测值及预测值数据,亦可自行插入修改数据),设置【Z 值字段】、【输出栅格】和【输出像无大小(可选)】(图 3.1.20),分别得到土壤实测含量和预测含量的空间插值制图(图 3.1.21)。

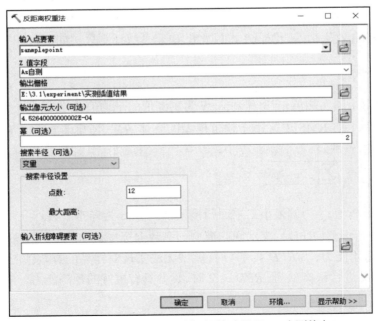

图 3.1.20　"反距离权重法"对话框(显示 As 实测值)

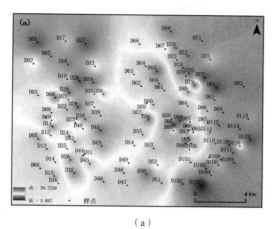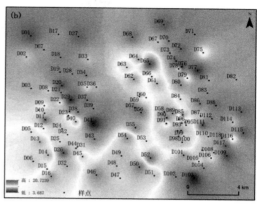

（a） （b）

图 3.1.21 反距离权重法插值结果

（a）实测含量插值 （b）预测含量插值

3.2　土壤重金属污染空间插值

> 一树衰残委泥土,双枝荣耀植天庭。　　——白居易《杨柳枝二首》

【实验目的】

利用 ArcGIS 软件,运用不同空间插值算法对土壤重金属含量数据进行空间插值,并对比分析其插值精度,绘制土壤重金属污染空间分布专题图。

【实验意义】

随着工农业的快速发展,土壤重金属污染已经成为威胁区域生态系统健康的重要因素。目前,土壤重金属已经成为地理科学、土壤学和环境科学的研究热点之一,其水平是评价区域环境质量的重要指标。土壤中的重金属元素不会因自然退化过程发生迁移和降解,而是有可能在土壤中长时间积累。因此,有必要进行土壤重金属污染的来源识别和环境风险研究,为土壤重金属污染的控制和治理提供科学依据。

以地理信息科学为基础的空间插值技术是研究重金属元素在土壤中空间分布的常用方法,其原理是利用采样点或采样区的测量值模拟并得到未知点或区域的预测值。在 ArcGIS 软件中,分别在空间分析工具箱、3D 分析工具箱、Geostatistical Analyst 工具箱和地统计向导对话框中提供了空间插值工具。尽管不同工具箱中的空间插值工具在类型上重叠度较高,但这些空间插值工具在使用方式上有不同的定位。其中,空间分析工具箱主要提供了常用的确定性插值工具集和可配置基本参数的克里金(Kriging)插值工具集,能够满足对空间插值具有基本需求的应用场景;3D 分析工具箱中的插值工具集与空间分析工具箱中的插值工具集类似,不同之处在于能够直接识别三维点数据中的 Z 值,而不需要提供用于空间插值的字段列;Geostatistical Analyst 工具箱中的插值工具提供了更多的克里金插值模型,相比之前的两个工具箱中的插值工具,这些插值方法工具增加了更多的可配置参数,并支持插值结果以地统计图的形式输出,便于交互式地进行探索性数据分析;地统计向导则适用于一些有较高要求的空间插值,可以实现交互式探索性数据分析操作,在空间插值过程中调整各种参数,使空间插值结果精度更高。本实验通过反距离权重法和克里金法这两种典型空间插值方法展示应用空间分析工具箱和地统计向导进行空间插值的基本操作,并通过测试集进行空间插值精度验证。

【知识点】

1. 了解空间插值的原理和方法;

2. 熟练掌握应用 ArcGIS 软件进行反距离权重法和克里金法的空间插值操作;

3. 掌握应用 ArcGIS 软件空间分析工具箱、地统计分析扩展模块等操作;

4. 理解应用 ArcGIS 软件区分独立子集进行精度验证的思想和交叉验证法的原理;

5. 理解应用 Excel 软件进行数据相关性分析的过程。

【实验数据】

将从均匀分布在某工厂周边的若干个采样点采集的数据,包含采样点地理位置与 8 种土壤重金属和类金属(Cd、Cr、Cu、Pb、Zn、As、Hg、Mn)的含量,命名为 data.xls。

【实验软件】

ArcGIS 10.8、Excel 2016。

【思维导图】

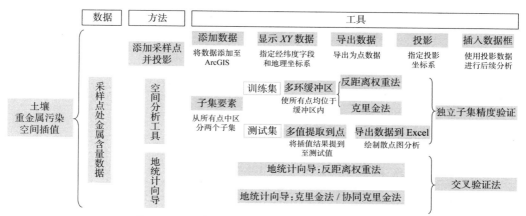

图 3.2.1　土壤重金属污染空间插值实验思维导图

【实验步骤】

(一)数据预处理

【步骤 1】添加数据

从任务栏点击【添加数据】,查找到 "data.xls" 中 "Sheet1",点击【添加】,则表格成功添加至文件中(图 3.2.3)。

图 3.2.3　【添加数据】选项

【步骤 2】显示采样点

将表格添加至文件中后,可以查看属性表,以了解每个采样点的位置数据及重金属污染物含量,但无法直观地看到点的位置,故需要显示采样点。

右击"Sheet1",选择【显示 XY 数据】(图 3.2.4)。在"显示 *XY* 数据"对话框中,【X 字段】选择"经度",【Y 字段】选择"纬度",依次然后点击【编辑】(图 3.2.5),选择【地理坐标系】—【World】—【WGS 1984】,点击【确定】,此时所有采样点均出现。

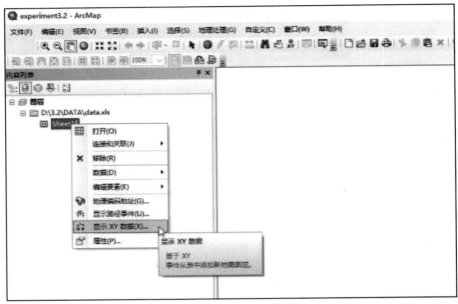

图 3.2.4 显示采样点的 *XY* 数据

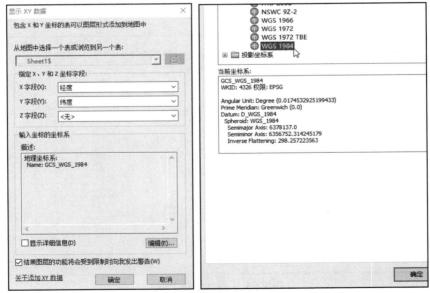

图 3.2.5 显示 XY 数据对话框及地理坐标系选取

【步骤 3】将采样点导出为矢量数据

右击"Sheet1$ 个事件"点击【数据】—【导出数据】(图 3.2.6),设置输出文件保存路径并将文件命名为"data",【保存类型】选择"Shapefile"(SHP 格式)(图 3.2.7)。

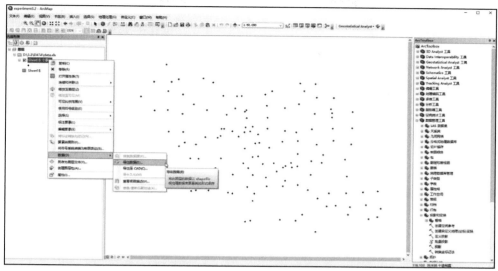

图 3.2.6　【导出数据】选项

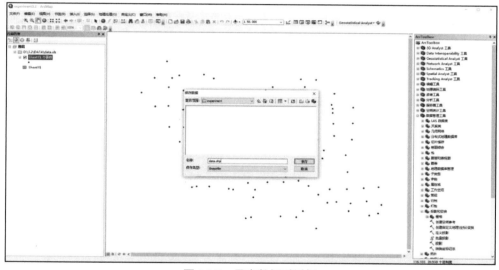

图 3.2.7　导出数据对话框

【步骤 4】投影变换

为了便于空间插值后栅格数据的显示,需要事先对原始采样点矢量数据进行投影变换。

打开【数据管理工具】—【投影和变换】—【投影】(Project),【输入数据集或要素类】选择上步导出的 "data.shp" ,【输出数据集或要素类】命名为 "data_Project.shp" (图 3.2.8)。点击【输出坐标系】图标,再点击【新建】—【投影坐标系】(图 3.2.9),【名称】命为 "newproject" ,【投影名称】选择 "Albers" , 参数【Central_Meridian】设置为 105, 参数【Standard_Parallel_1】设置为 25, 参数【Standard_Parallel_2】设置为 47,【地理坐标系】无须更改,点击【确定】(图 3.2.10)。最终在【投影】对话框中点击【确定】,执行投影变换操作。

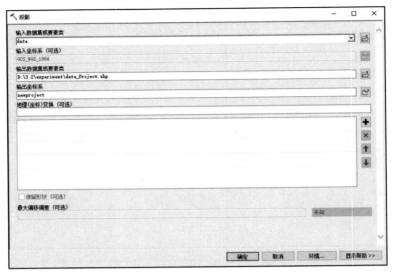

图 3.2.8　"投影"对话框

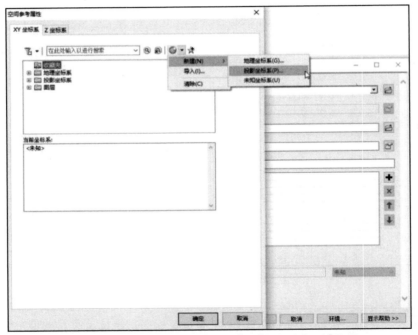

图 3.2.9　【输出坐标系】—【新建】—【投影坐标系】选项

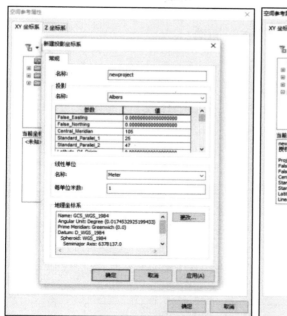

图 3.2.10　新建投影坐标系相关参数设置

【步骤 5】新建数据框

　　从任务栏点击【插入】—【数据框】,则"新建数据库"出现在"内容列表"中,将上步投影得到的"data_Project.shp"添加至此数据框中（图 3.2.11 ）。

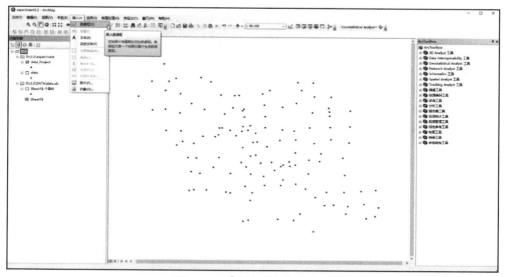

图 3.2.11　【插入数据框】选项

　　至此,数据预处理部分结束。下面将使用不同的方法进行空间插值。

（二）使用空间分析工具箱中的工具进行空间插值

【步骤 1】从点数据中区分不同的要素类子集

使用空间分析工具箱中的工具进行空间插值后，将运用独立的数据集验证法进行精度验证，主要包括以下过程：一是将数据集随机分成训练集与测试集两部分；二是用训练集数据进行空间插值；三是比对测试集上测量值与空间插值所得到数据的值。因而，此实验首先需要将所有点数据分为两个要素类子集。

打开【地统计工具】—【工具】—【子集要素】（Subset Features）；在"子集要素"对话框中，【输入要素】选择"data_Project"，【输出训练要素类】命名为"data_training.shp"，【输出测试要素类】命名为"data_testing.shp"，设置【训练要素子集的大小】为"75"，设置【子集大小单位】为"PERCENTAGE_OF_INPUT"，则设置输出训练要素子集数量是所有点数据的 75%（图 3.2.12）。

用不同的颜色表示训练要素类和测试要素类，训练集共有 99 个点，测试集共有 31 个点（图 3.2.13）。

图 3.2.12　【子集要素】对话框

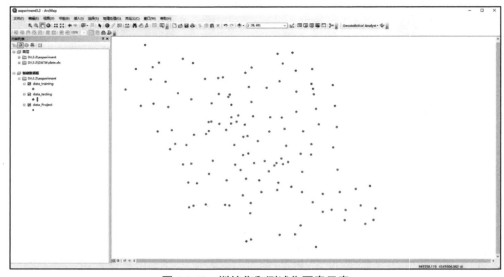

图 3.2.13　训练集和测试集要素示意

【步骤2】建立缓冲区

由于将 data_Project 分为了两个要素子集,训练要素类 data_training 少于 data_Project,如果直接使用训练要素类 data_training 进行空间插值,则测试要素类 data_testing 点处很有可能没有插值栅格,所以需要对训练要素类 data_training 建立缓冲区,将所有点均包含在内。

打开【分析工具】—【邻域分析】—【多环缓冲区】(Multiple Ring Buffer);在对话框中的【输入要素】中选择"data_training",【输出要素类】设置为"data_training2.shp",【距离】添加1,【缓冲区单位】选择"Kilometers",【字段名】为"distance",点击【确定】(图3.2.14)。

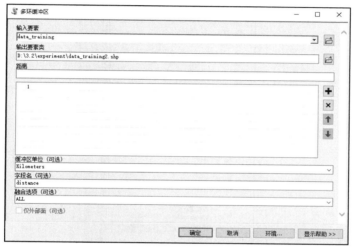

图3.2.14 "多环缓冲区"对话框

结果显示,建立的缓冲区 data_training2.shp 将所有点均包含在其范围内(图3.2.15)。

图3.2.15 缓冲区示意

【步骤3】使用反距离权重法进行空间插值

反距离权重（Inverse Distance Weighted，IDW）插值法基于相近相似的原理，即两个物体离得越近，性质就越相似，反之，离得越远则相似性越小 IDW 插值法以插值点与样点间的距离为权重进行加权平均，离插值点越近的样点被赋予的权重越大。因而，反距离权重法有一个重要的特征，即所有预测值都介于已知的最大值和最小值之间，其权重按距离的幂次衰减。

打开【空间分析工具】—【插值分析】—【反距离权重法】（IDW），右击【批处理】（图3.2.16）。

图 3.2.16 【空间分析工具】—【插值分析】—【反距离权重法】工具

在"反距离权重法"对话框中，【输入点要素】一列均为训练要素类 data_training，【Z 值字段】一列依次为本实验涉及的 8 种重金属和类金属污染物，依次为【输出栅格】列命名，其余默认，然后点击该对话框右下角的【环境设置】；在"环境设置"面板中将【处理范围】选择为【步骤2】建立的缓冲区 data_training2，点击【确定】，进行空间插值（图3.2.17）。

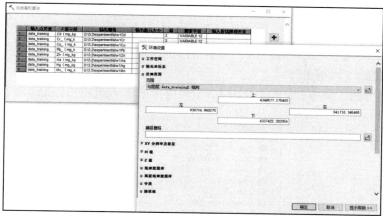

图 3.2.17　"反距离权重法"对话框及其"环境设置"对话框

采样地土壤中 8 种重金属和类金属污染物的反距离权重法空间插值结果如图 3.2.18 所示。

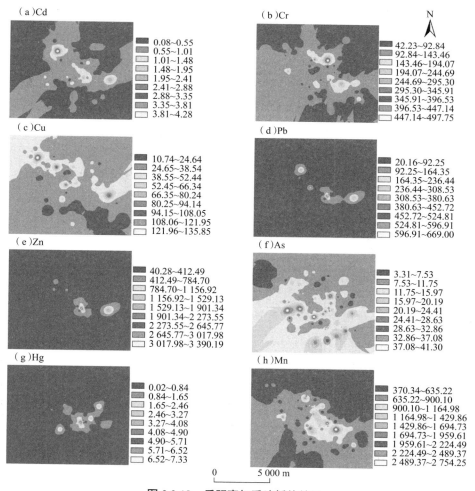

图 3.2.18　反距离权重法插值结果

【步骤 4】使用克里金法进行空间插值

克里金(Kriging)插值法是以变异函数理论和结构分析为基础的,在有限区域内对区域化变量进行无偏最优估计的一种方法。克里金插值法假定采样点之间的距离或方向可以用于说明表面变化的空间相关性。

打开【空间分析工具】—【插值分析】—【克里金法】,右键点击【批处理】(图 3.2.19)。

图 3.2.19 【空间分析工具】—【插值分析】—【克里金法】工具

在"克里金法"对话框中,【输入点要素】一列均为训练要素类 data_training,【Z 值字段】一列依次为本实验涉及的 8 种重金属和类金属污染物,依次为【输出栅格】列的要素命名,【半变异函数属性】一列均输入"Spherical",其余默认;然后点击对话框右下角的【环境设置】,在"环境设置"面板的【处理范围】选择缓冲区"data_training2",点击【确定】,进行空间插值(图 3.2.20)。

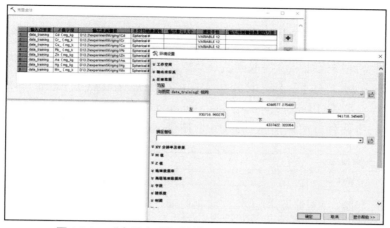

图 3.2.20　"克里金法"对话框及其"环境设置"对话框

采样地土壤中的 8 种重金属和类金属污染物的克里金法空间插值结果如图 3.2.21 所示。

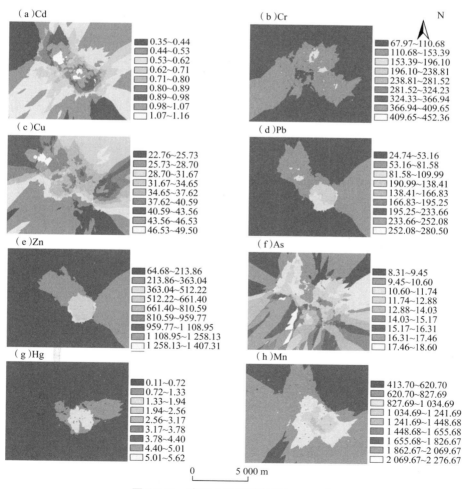

图 3.2.21　克里金法插值结果（mg/kg）

（三）使用空间分析工具箱中的工具进行空间插值的精度验证

【步骤1】将空间插值结果值提取到测试集

打开【空间分析工具】—【提取分析】—【多值提取至点】（Extract Multi Values To Points），在【输入点要素】中选择测试集"data_testing"，在【输入栅格】中选择模块（二）【步骤3】和【步骤4】中两种方法插值得到的16个栅格文件（图3.2.22）。

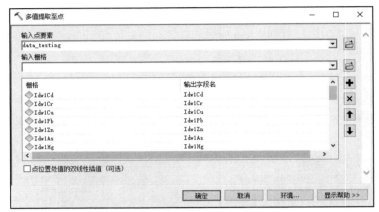

图3.2.22　"多值提取到点"对话框

【步骤2】将属性表导出为文本文件

右击"data_testing"点击【打开属性表】，在属性表左上方的下拉列表中选择【导出】（图3.2.23）；在"导出数据"对话框中，将输出表命名为"testing_output.txt"（图3.2.24）。

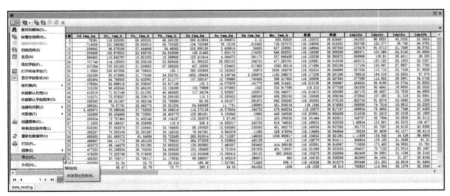

图3.2.23　属性表【导出】选项

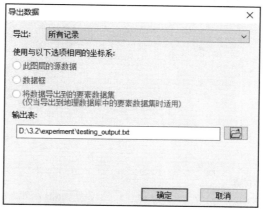

图 3.2.24 "导出数据"对话框

【步骤 3】在 Excel 中打开数据并制图

在 Excel 中打开【步骤 2】输出的 testing_output.txt,【分隔符号】选择"逗号";打开文本文件后将之另存为 XLSX 格式文件。依次制作两种插值方法得到的 8 种重金属和类金属污染物含量的散点图(图 3.2.25)。

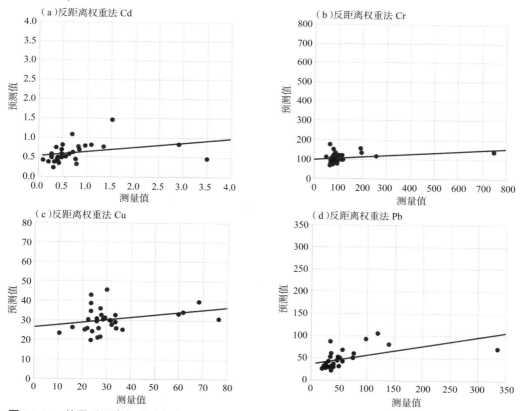

图 3.2.25 使用反距离权重法与克里金法得到的土壤重金属和类金属污染物空间插值的测量值与预测值对比

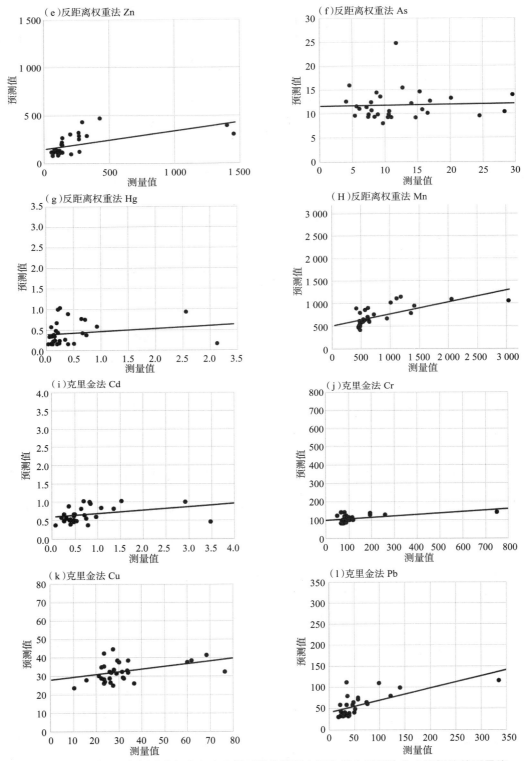

图 3.2.25 使用反距离权重法与克里金法得到的土壤重金属和类金属污染物空间插值的测量值与预测值对比（续）

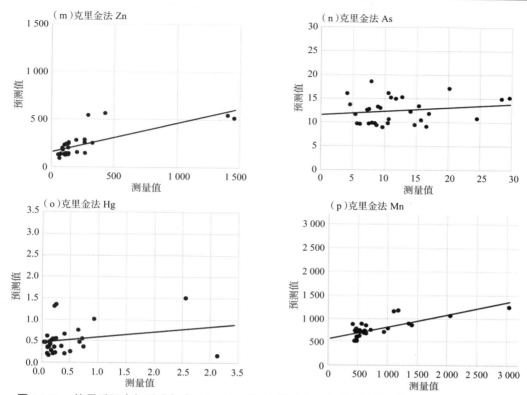

图 3.2.25　使用反距离权重法与克里金法得到的土壤重金属和类金属污染物空间插值的测量值与预测值对比（续）

（四）使用地统计向导的空间插值

【步骤 1】调用扩展模块

从任务栏点击【自定义】—【扩展模块】；在“扩展模块”对话框中，将“Geostatistical Analyst”前方的方框打勾，开启该模块使用权限（图 3.2.26）。

从任务栏点击【自定义】—【工具条】，为【Geostatistical Analyst】打勾，调用并打开“Geostatistical Analyst”对话框（图 3.2.27）。

【步骤 2】使用地统计向导中的反距离权重法进行空间插值

点击【Geostatistical Analyst】工具条下拉列表中的【地统计向导】（图 3.2.28）。

在出现的“地统计向导：反距离权重法”对话框中，【确定性方法】一栏选择“反距离权重法”；【输入数据】的【源数据集】选择“data_Project”，【数据字段】选择“Cd（mg/kg）”。点击【下一步】（图 3.2.29）。

进入“地统计向导 – 反距离权重法 步骤 2”对话框，无须任何操作，继续点击【下一步】（图 3.2.30）。

进入“地统计向导 – 反距离权重法 步骤 3”对话框，可以看到使用反距离权重法插值得到的交叉验证图及误差。交叉验证图可以了解插值模型对未知位置的值所做预测的准确程度，“已测量”为测量值，“已预测”为通过周围的点预测当前点的值，“错误”为二者差值，点击【完成】（图 3.2.31）。

在弹出的"方法报告"面板中，点击【确定】，显示空间插值的结果（图 3.2.32）。

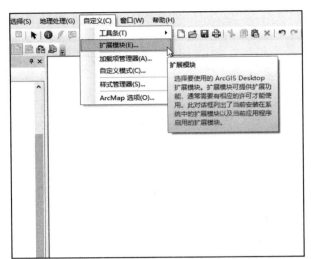

图 3.2.26　【扩展模块】选项及设置

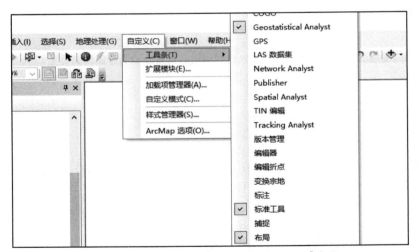

图 3.2.27　【工具条】【Geostatistical Analyst】选项

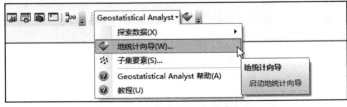

图 3.2.28　【地统计向导】选项

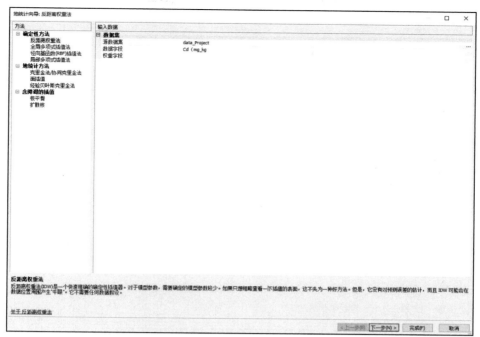

图 3.2.29　"地统计向导:反距离权重法"对话框

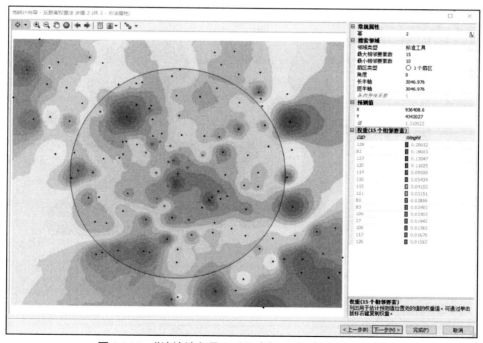

图 3.2.30　"地统计向导－反距离权重法 步骤 2"对话框

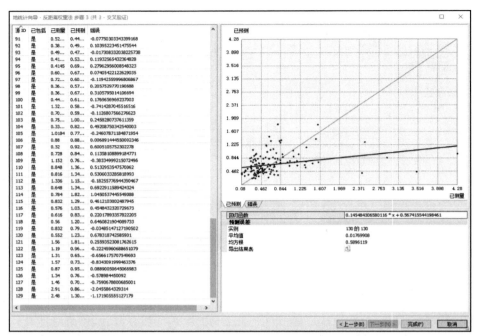

图 3.2.31 "地统计向导－反距离权重法 步骤 3"对话框

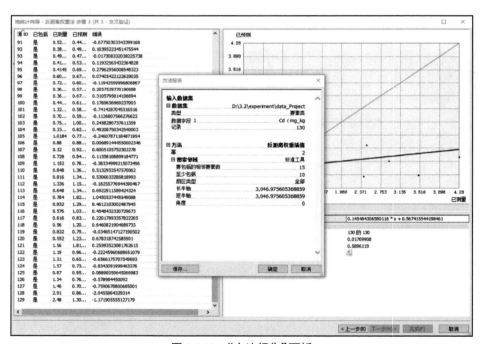

图 3.2.32 "方法报告"面板

用同样的方法依次对另外 7 种重金属和类金属污染物进行反距离权重法插值,结果如图 3.2.33 所示。

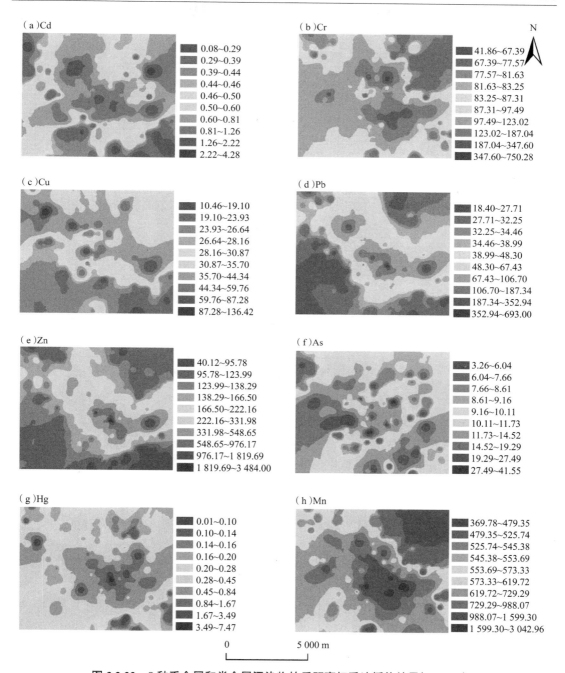

图 3.2.33 8种重金属和类金属污染物的反距离权重法插值结果(mg/kg)

【步骤 3 】使用地统计向导中的克里金法进行空间插值

点击【 Geostatistical Analyst 】工具条下拉列表中的【地统计向导】。在出现的对话框中，【地统计方法】一栏选择"克里金法 / 协同克里金法"【数据集】的【源数据集】选择 "data_ Project"，【数据字段】选择 "Cd(mg/kg)"；点击【下一步】(图 3.2.34)。

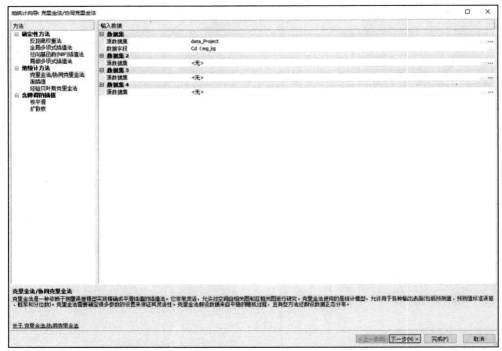

图 3.2.34 "地统计向导:克里金法 / 协同克里金法"对话框

进入"地统计向导 – 克里金法 步骤 2"对话框,在左侧【克里金法类型】点击"简单",【输出表面类型】点击"预测",点击【下一步】(图 3.2.35)。

进入"地统计向导 – 克里金法 步骤 3"对话框,无须任何操作,继续点击【下一步】(图 3.2.36)。

进入"地统计向导 – 克里金法 步骤 4"对话框,在【模型 #1】栏中【类型】选择"球面函数",点击【常规】栏中【优化模型】旁图标,继续点击【下一步】(图 3.2.37)。

进入"地统计向导 – 克里金法 步骤 5"对话框,无须任何操作,继续点击【下一步】(图 3.2.38)。

进入"地统计向导 – 克里金法 步骤 6"对话框,可以看到使用克里金法插值的误差,点击【完成】(图 3.2.39)。

弹出"方法报告"对话框,点击【确定】,插值的结果显示在"方法报告"面板,如图 3.2.40所示。

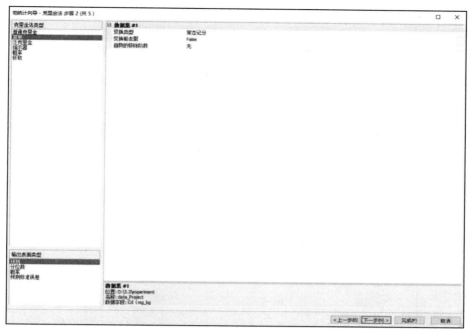

图 3.2.35 "地统计向导－克里金法／协同克里金法 步骤 2"对话框

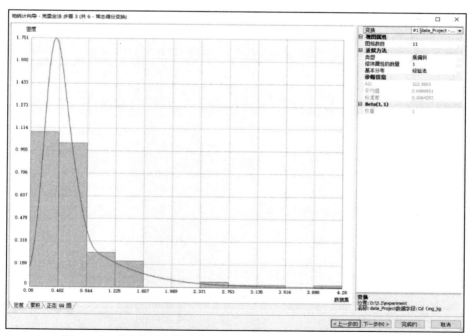

图 3.2.36 "地统计向导－克里金法／协同克里金法 步骤 3"对话框

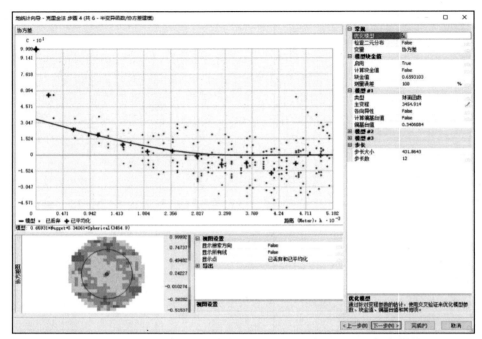

图 3.2.37 "地统计向导－克里金法／协同克里金法 步骤 4"对话框

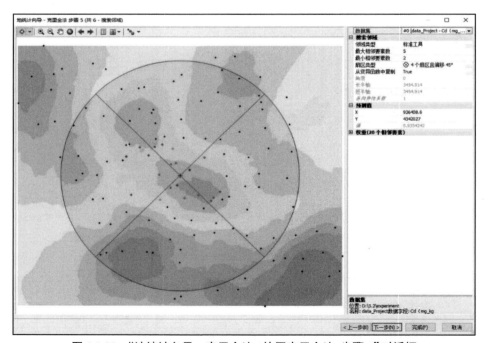

图 3.2.38 "地统计向导－克里金法／协同克里金法 步骤 5"对话框

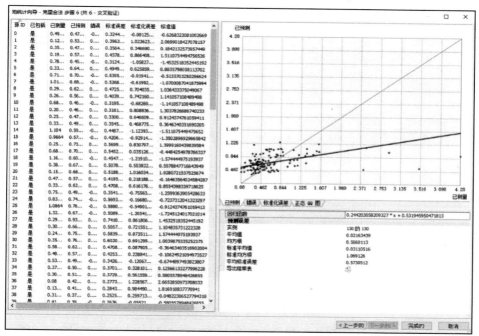

图 3.2.39　"地统计向导－克里金法 / 协同克里金法　步骤 6"对话框

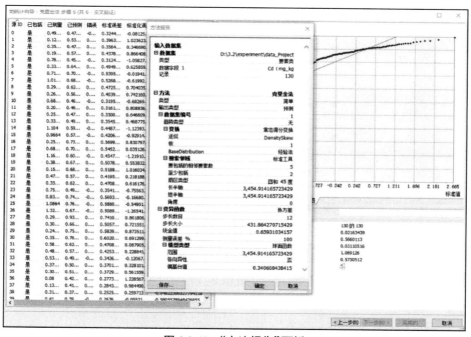

图 3.2.40　"方法报告"面板

用同样的方法依次对另外 7 种重金属和类金属污染物进行克里金法插值,结果如图 3.2.41 所示。

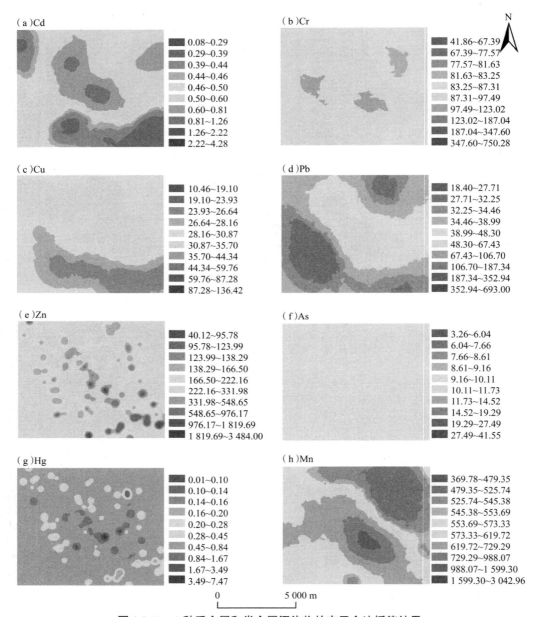

图 3.2.41　8 种重金属和类金属污染物的克里金法插值结果

（五）使用地统计向导进行空间插值的精度验证

【步骤 1】整理结果

地统计向导的最后一个步骤中显示交叉验证图,即为每个点的真实观测值与插值预测值散点图。在 Geostatistical Analyst 中,交叉验证会将一个点排除在外,使用其余点预测该位置的值;然后将排除的点重新添加至数据集中,再移除另外一个点。对数据集中所有样本执行此操作,并提供可比较的预测值和已知值对比评估模型的性能。

整理所有插值方法中的交叉验证图结果,如图 3.2.42 所示。

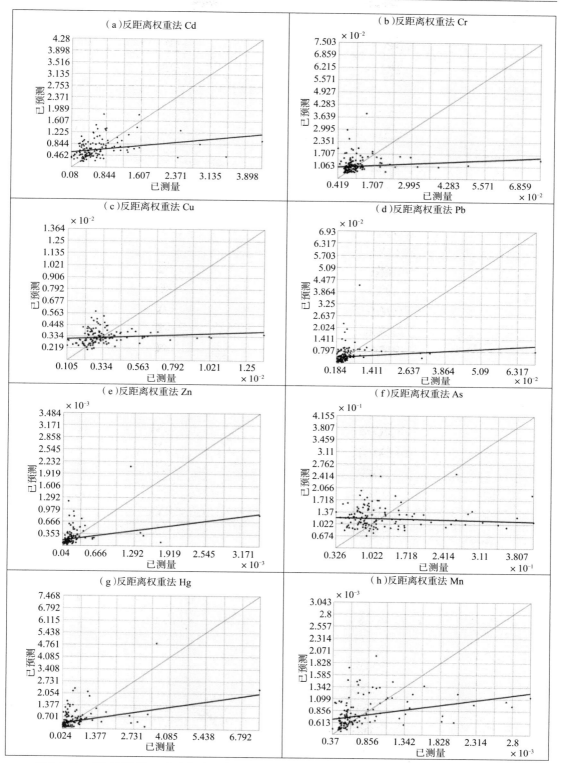

图 3.2.42　使用反距离权重法与克里金法得到的土壤重金属和类金属污染物空间插值的测量值与预测值对比

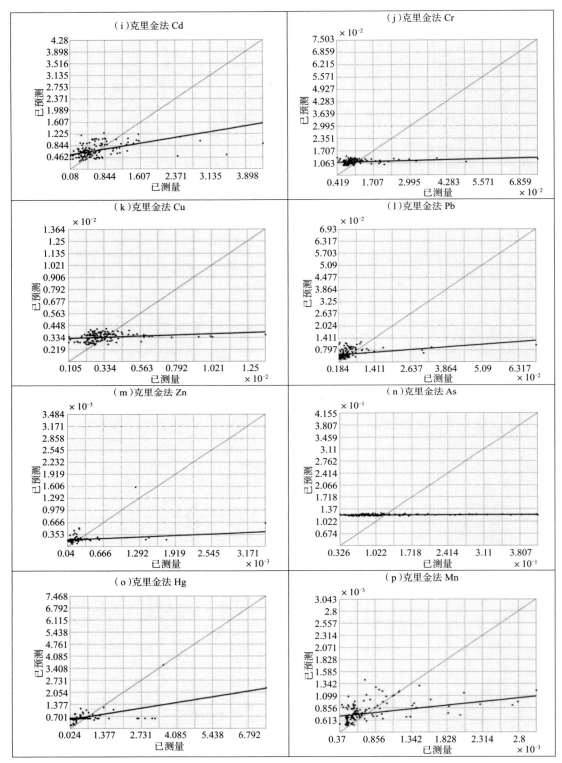

图 3.2.42　使用反距离权重法与克里金法得到的土壤重金属和类金属污染物空间插值的测量值与预测值对比（续）

　　需要说明的是,在真实案例研究过程中,当污染物数据呈正态分布时,往往能够实现最优的空间插值效果。建议先对污染物数据进行正态分布检验,当样点数据符合正态分布时,则可以进行空间插值;当样点数据不符合正态分布时,则需对其进行对数变换而后再进行空间插值。得到空间插值结果后,对栅格数据进行对数变换的逆运算,最终实现对污染物的有效空间插值分析。

3.3　水土保持功能重要性评价

> 原隰既平,泉流既清。　　——《诗经·小雅·黍苗》

【实验目的】

通过生态系统类型、植被覆盖度和地形特征等自然因子,利用 ArcGIS 软件对研究区的水土保持功能进行重要性评价。

【实验意义】

水土保持是指生态系统(如森林、草地等)通过其结构与过程,减少由水蚀导致土壤侵蚀的作用,是生态系统能够提供的重要调节服务之一。水土保持功能主要与气候、土壤、地形和植被有关。水土保持功能重要性评价,作为基于国土空间规划"双评价"(资源环境承载能力评价和国土空间开发适宜性评价)的重要组成部分,是生态系统服务功能重要性评价的关键环节。

水土保持功能重要性评价是指通过生态系统类型、植被覆盖度和地形特征的差异,评价生态系统土壤保持功能的相对重要程度。一般来说,森林、灌丛、草地生态系统的水土保持功能相对较强,植被覆盖度越高、坡度越大的区域,水土保持功能重要性越高。将坡度不小于 25°(华北、东北地区可适当降低)且植被覆盖度不小于 80% 的森林、灌丛和草地确定为水土保持极重要区;在此范围外,将坡度不小于 15° 且植被覆盖度不小于 60% 的森林、灌丛和草地确定为水土保持重要区。不同地区可对分级标准进行适当调整,同时结合水土保持相关规划和专项成果,对结果进行适当修正。通常,水土保持功能重要性评价分级见表 3.3.1。

表 3.3.1　水土保持功能重要性评价等级

坡度 ＼ 植被	≥ 80% 的森林、灌丛和草地	60%~80% 的森林、灌丛和草地	0~60% 的森林、灌丛和草地	0~100% 的其他生态系统(除去森林、灌丛和草地)
≥ 25°	5(极重要)	3(重要)	1(一般)	1(一般)
15°~25°	3(重要)	3(重要)	1(一般)	1(一般)
<15°	1(一般)	1(一般)	1(一般)	1(一般)

【知识点】

1. 了解水土保持功能重要性评价的意义和过程;

2. 熟练掌握应用 ArcGIS 软件进行数据格式转换、表面分析、栅格计算器等操作;

3. 掌握应用 ArcGIS 软件进行数据属性表查询等操作;

4. 理解 ArcGIS 软件中 Con() 函数的原理和嵌套应用技巧。

【实验数据】

1. 将植被覆盖度栅格数据命名为 vegcov.tif,空间分辨率为 30 m。

2. 将高程栅格数据命名为 DEM.tif,空间分辨率为 30 m。

3. 将生态系统分类矢量数据命名为 ecosystemtype.shp。

4. 将广州市行政边界矢量数据命名为 guangzhou.shp。

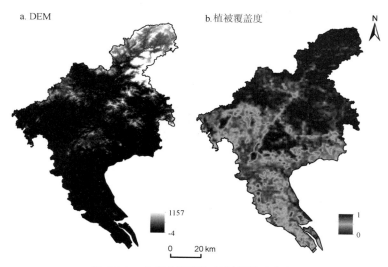

图 3.3.1　广州市高程与植被覆盖度数据

【实验软件】

ArcGIS 10.8。

【思维导图】

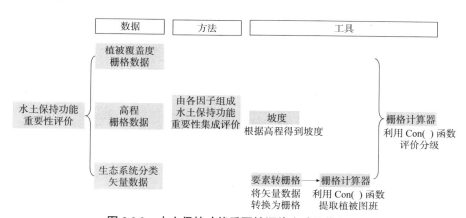

图 3.3.2　水土保持功能重要性评价实验思维导图

【实验步骤】

【步骤 1】利用高程数据生成坡度

打开【3D Analyst 工具】—【栅格表面】—【坡度】(Slope)，输入高程数据 "DEM.tif" 并将【输出测量单位(可选)】设置为 "DEGREE"，即可得到坡度数据(图 3.3.3)。

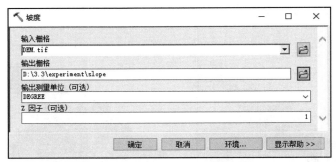

图 3.3.3　"坡度"对话框

【步骤 2】查询生态系统分类编码

右击生态系统分类矢量数据"ecosystemtype.shp"点击【打开属性表】观察属性表,发现所有非植被的"Value"字段均为 0,而所有植被的"Value"字段均为非 0,从而确认后续分析过程中根据"Value"字段提取植被的规则。

【步骤 3】将生态系统分类矢量数据转换为栅格数据

打开【转换工具】—【转为栅格】—【要素转栅格】(Feature To Raster),【输入要素】选择"ecosystemtype"(生态系统类型),【字段】设置为"Value",在【输出栅格】中为输出文件命名,并将"输出像元大小(可选)"设置为上一步输出的坡度数据(图 3.3.4)。

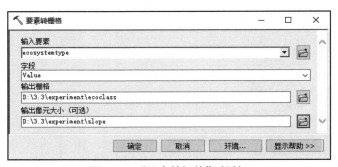

图 3.3.4　"要素转栅格"对话框

【步骤 4】提取植被图斑

打开【空间分析工具】—【地图代数】—【栅格计算器】(Raster Calculator);在"栅格计算器"对话框中,输入公式"Con("ecoclass",1,0)"即可将"Value"值非 0 的所有植被赋值为"1",其余用地继续赋值为"0",生成新的栅格数据"vegetation"(图 3.3.5)。

Con()函数基本语句为:Con(条件语句,真语句,假语句)。执行过程为:如果满足条件,"条件语句"为真,执行"真语句";反之则执行"假语句"。三处语句均可以为表达式、布尔语句、值、嵌套条件语句。

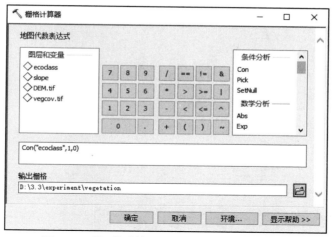

图 3.3.5　"栅格计算器"对话框(提取植被图斑)

【步骤 5】按照水土保持功能重要性评价分级阈值标准进行评价分级

打开【空间分析工具】—【地图代数】—【栅格计算器】(Raster Calculator);在"栅格计算器"对话框中,输入代数表达式"Con(("slope"≥25)&("vegcov.tif"≥0.8)&("vegetation"==1),5,Con(("slope"≥15)&("vegcov.tif"≥0.6)&("vegetation"==1),3,1))"。此代数表达式的含义为:当栅格同时满足("坡度"≥25)且("植被覆盖度"≥0.8)且("生态系统分类栅格"="植被")时,赋值为 5;在其余不满足前述条件的栅格中,满足("坡度"≥15)且("植被覆盖度"≥0.6)且("生态系统分类栅格"="植被")时,赋值为 3;剩余所有栅格赋值为 1。为输出栅格数据命名后,点击【确定】,完成水土保持功能重要性分级(图 3.3.6)。

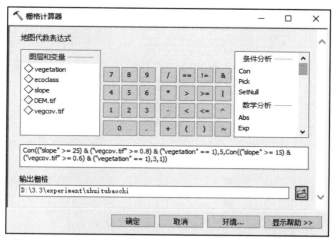

图 3.3.6　"栅格计算器"对话框(水土保持功能重要性分级)

广州市大部分地区水土保持功能重要性处于一般重要的水平,且大部分为南部区域,重要和极重要区域多分布于广州市北部(图 3.3.7)。

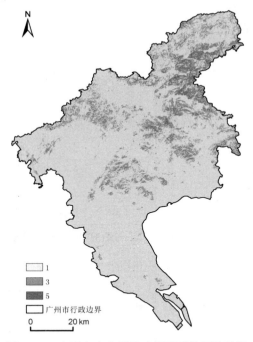

图 3.3.7　广州市水土保持功能重要性评价结果

第四章 固体废弃物实验

4.1 基于 CALPUFF 模式的垃圾填埋场人群暴露风险评估

> 锦里烟尘外,江村八九家。 ——杜甫《为农》

【实验目的】

基于 CALPUFF 模式系统输出的 2020 年 1 月环渤海地区垃圾填埋场空气污染物空间分布数据,利用 ArcGIS 软件评估垃圾填埋场空气污染物所造成的人体致癌风险和非致癌风险,最终绘制人群暴露风险专题图。

【实验意义】

CALPUFF 模型是美国国家环保局(USEPA)长期支持开发的法规导则模型,由西格玛研究公司(Sigma Research Corporation)开发,2008 年被纳入我国大气导则推荐模型目录。该模型是三维非稳态拉格朗日扩散模式系统,可处理随时空变化而变化的复杂三维气象条件和周期性变化污染源参数,相较于高斯烟羽模式适用范围更广泛。

通过 CALPUFF 模型模拟环渤海地区垃圾填埋场空气污染物扩散状况,定量评估垃圾填埋场所排放的空气污染物对于人体潜在的健康风险,绘制垃圾填埋场空气污染人群暴露风险专题图,对于减少固体废弃物处置对人体健康风险以及加速固体废弃物管理的决策和技术进步具有一定的意义。

【知识点】

1. 了解垃圾填埋场人群暴露风险评估原理和过程;

2. 熟练掌握应用 ArcGIS 软件进行数据格式转换、投影、栅格计算器等操作;

3. 掌握应用 ArcGIS 软件进行专题图绘制等操作;

4. 理解应用 ArcGIS 软件进行数据批处理的操作。

【实验数据】

1. 2020 年环渤海地区(包括北京、天津、河北、山东和辽宁 5 个省市)垃圾填埋场污染物排放清单来源于全国排污许可证管理信息平台(http://permit.mee.gov.cn/permitExt/defaults/default-index! getInformation.action)以及各地区政府官方网站。该清单涵盖 SO_2、NO_2、Hg、As、Cd、Cr、Cu、Mn、Ni、Pb、Sb、多氯二苯并二噁英类(PCDDFs)、甲苯、二甲苯、二氯甲烷、苯、氯乙烯、丙烯腈、乙苯、四氯乙烯、三氯乙烯、甲基乙基酮、硫化氢、己烷、NH_3 等 25 种空气污染物。基于不同污染物的特定空气扩散及沉降参数,通过非稳态拉格朗日烟团模型系统 CALPUFF 模拟后得到环渤海地区垃圾填埋场污染物浓度空间分布数据,数据文件为 ASC 格式。

2. 将环渤海地区边界矢量数据命名为边界.shp。

3. 将垃圾填埋场位置坐标数据命名为填埋场.xls。

【实验软件】

ArcGIS 10.8。

【思维导图】

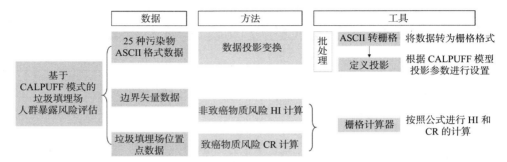

图 4.1.1　基于 CALPUFF 模式的垃圾填埋场人群暴露风险评估实验思维导图

【实验步骤】

（一）污染物数据投影设置

【步骤 1】将 ASCII 文件转换为栅格数据

定位至【转换工具】—【转为栅格】—【ASCII 转栅格】（ASCII To Raster）工具，将文件转为栅格数据。右键点击【ASCII 转栅格】，选择【批处理】（图 4.1.2），右键点击【输入 ASCII 栅格文件】处，选择【浏览】，依次将 25 种污染物数据填入。将【输出栅格】统一放置在 toraster 文件夹中，文件名为污染物名称，格式为 TIFF；【输出数据类型】为"FLOAT"（浮点型）；再点击【确定】（图 4.1.3）。

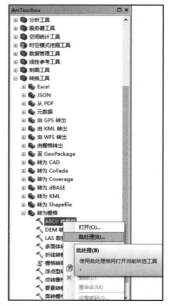

图 4.1.2　【ASCII 转栅格】—【批处理】

图 4.1.3　"ASCII 转栅格"对话框

【步骤 2】定义投影

定位至【数据管理工具】—【投影和变换】—【定义投影】（Define Projection）工具，右键点击并选择【批处理】（图 4.1.4）；在【输入数据集或要素类】列右键选择【浏览】，填入上步转换好的栅格数据（图 4.1.5）；在【坐标系】列右键选择【打开】，点击对话栏右侧按键（图 4.1.6）；选择【添加坐标系】—【新建】—【投影坐标系】（图 4.1.7）。CALPUFF 输出数据坐标系参数如图 4.1.8 所示，以其为标准新建投影坐标系，参数填写如图 4.1.9 所示；将新建的坐标系命名为"luc"，坐标系填充完毕后，点击【确定】。设置完成的投影坐标系如图 4.1.10 所示。

图 4.1.4　【定义投影】—【批处理】

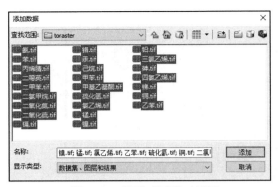

图 4.1.5 "添加数据"对话框

图 4.1.6 "定义投影"对话框

图 4.1.7 添加坐标系

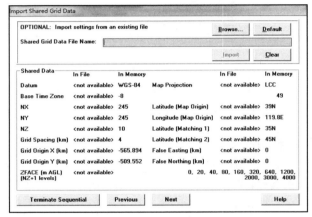

图 4.1.8 CALPUFF 输出数据坐标系参数框

图 4.1.9 "新建投影坐标系"对话框和参数设置

图 4.1.10　投影坐标系设置完成

（二）健康风险计算

利用栅格计算器对环渤海地区垃圾填埋场空气污染物的致癌风险（Carcinogenic Risk，CR）和非致癌风险的危险指数（Hazard Index，HI）进行计算，分别代表了由填埋厂排放的空气污染物导致的患癌症及其他疾病的概率。

按照美国环境环保署（USEPA）的化学物质分类，化学物质分为致癌物质与非致癌物质2类。非致癌物质的危害一般以参考浓度（Reference Concentration，RfC）值为衡量标准。暴露剂量（污染物浓度）C 和参考剂量的关系为 $HI=C/RfC$，判定标准为 1，如果 $HI>1$，则认为非致癌物质风险超过可接受水平。致癌物质一般以致癌斜率因子（Slope Factor，SF）为衡量标准，通常认为人体在低剂量暴露条件下，暴露剂量和人体致癌风险之间呈线性关系 $CR=C\times SF$，判定标准为 10^{-6}，如果 $CR>10^{-6}$，则认为致癌物质的风险超过可接受水平。

美国环保署开发的人体健康风险评价模型如下：

$$HI = \sum_{i=1}^{n} C_i / (RfC_i \times k) \tag{4.1.1}$$

$$CR = \sum_{i=1}^{n} C_i \times SF_i \tag{4.1.2}$$

式中：C_i 为污染物 i 的浓度，其中二噁英浓度单位为 ng/m^3，其余污染物浓度单位均为 $\mu g/m^3$；n 为污染物种类数；RfC_i 为吸入慢性参考浓度，单位为 mg/m^3；SF_i 为吸入斜率因子，单位为 $(\mu g/m^3)^{-1}$；k 是转换系数，按照不同污染物的浓度单位进行换算，确保得到的 HI 和 CR 为无单位指标。RfC 和 SF 的相应数据可在美国环保署（https://iris.epa.gov/AdvancedSearch/）以及美国加州环保署（https：//oehha.ca.gov/chemicals/）的网站查到，所提供的数据代表着不同污染物危害人体健康的参考浓度。

【步骤 1】栅格计算器计算

打开【空间分析工具】—【地图代数】—【栅格计算器】（Raster Calculator），输入环渤海地区垃圾填埋场空气污染物分布栅格数据（图 4.1.11）。计算 HI 的语句为：" 二氧化硫 "/（0.02*1 000）+" 二氧化氮 "/（0.04*1 000）+" 汞 "/（0.000 3*1 000）+" 镉 "/（0.000 02*1 000）+" 锑 "/（0.000 3*1 000）+" 砷 "/（0.000 015*1 000）+" 镍 "/（0.000 014*1 000）+" 铅 "/（0.000 5*1 000）+" 铬 "/（0.000 1*1 000）+" 锰 "/（0.000 05*1 000）+" 铜 "/（0.000 02*1 000）+" 二噁英 "/（2.69E-09*1 000 000）+" 甲苯 "/（5*1 000）+" 二甲苯 "/（0.1*1 000）+" 二氯甲烷 "/（0.6*1 000）+" 苯 "/（0.03*1 000）+" 氯乙烯 "/（0.1*1 000）+" 丙烯腈 "/（0.002*1 000）+" 乙苯 "/（1*1 000）+" 四氯乙烯 "/（0.04*1 000）+" 三氯乙烯 "/（0.002*1 000）+" 甲基乙基酮 "/（5*1 000）+" 硫化氢 "/（0.002*1 000）+" 己烷 "/（0.7*1 000）+" 氨 "/（0.6*1 000）。之后，设置输出栅格的文件输出路径与名称，文件名为 "HI.tif"。

同样的操作，计算 CR 的语句为：" 镉 "*0.001 8+" 锑 "*0.000 71+" 砷 "*0.001 5+" 镍 "*0.000 38+" 铅 "*0.000 012+" 铬 "*0.012+" 二噁英 "*33.81*0.001+" 二氯甲烷 "*0.000 000 01+" 苯 "*0.000 007 8+" 氯乙烯 "*0.000 008 8+" 丙烯腈 "*0.000 068+" 乙苯 "*0.000 002 5+" 四氯乙烯 "*0.000 000 26+" 三氯乙烯 "*0.000 002。之后，设置输出栅格的文件输出路径与名称，文件名为 "CR.tif"。

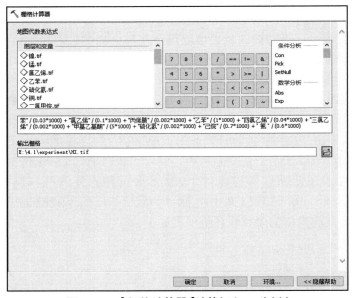

图 4.1.11　【栅格计算器】计算（以 HI 为例）

【步骤 2】健康风险参数符号化

在工具栏点击【文件】—【添加数据】—【添加 XY 数据】（图 4.1.12）；在"添加 XY 数据"对话框中，选择垃圾填埋场位置文件，【X 字段】选择"x_km1"，【Y 字段】选择"y_km1"，【输入坐标的坐标系】选择前述新建的 luc 坐标系，点击【确定】（图 4.1.13）。

图 4.1.12 【添加 XY 数据】选项

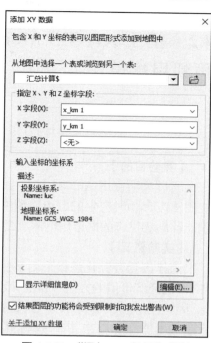

图 4.1.13 "添加 XY 数据"对话框

在工具栏点击【文件】—【添加数据】—【添加数据】,将环渤海地区边界数据加入地图,之后对 HI 和 CR 进行符号化处理,结果分别如图 4.1.14 和图 4.1.15 所示。

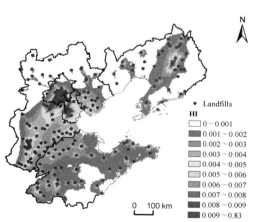

图 4.1.14 环渤海地区垃圾焚烧发电厂 HI
空间分布图

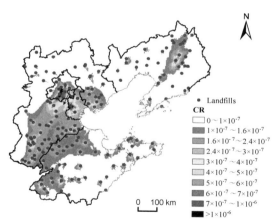

图 4.1.15 环渤海地区垃圾焚烧发电厂 CR
空间分布图

4.2　基于 ArcGIS ModelBuilder 的城市固体废物焚烧发电再利用建模

> 落红不是无情物，化作春泥更护花。　——龚自珍《己亥杂诗》

【实验目的】

通过灵活使用 ArcGIS 软件中的模型构建器（Model Builder），实现将垃圾处理厂在焚烧固体废弃物时产生的电力能源根据距离远近经多次分配供给附近城镇居民区用电，并识别能够满足供应的城市用电需求栅格及供应量。

【实验意义】

固体废物资源化是指采用某些技术从固体废物中回收物质和能源，加速物质和能源循环，再创经济价值的方法。目前，欧美许多工业发达地区已经实现了固体废物资源化。在我国，固体废物进入垃圾处理厂进行焚烧发电最常见的处理方式之一，而在这一过程中会产生大量的电能与热能，可供回收利用。本实验设计将某区域垃圾处理厂在焚烧处理固体废物时产生的电能供应给附近城镇居民使用，实现固体废物减量化、资源化、无害化，为深入推进循环经济发展，加快建立健全绿色、低碳、循环发展经济体系，助力实现碳达峰、碳中和目标提供基础。

【知识点】

1. 了解城市固体废弃物资源化的理念和过程；

2. 掌握应用 ArcGIS ModelBuilder 进行新建模型、编辑模型、运行模型等操作；

3. 熟练掌握应用 ArcGIS 软件进行数据格式转换、距离分析、提取分析、分区统计、栅格计算器等操作；

4. 理解应用 ArcGIS ModelBuilder 联合使用循环、反馈、前提条件等处理实际问题的逻辑，并能够以此实验为参照解决同类供需分配问题（图 4.2.1）。

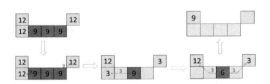

图 4.2.1　电力能源根据距离远近经多次分配供给概念图

【实验数据】

1. 将某区域行政边界矢量数据命名为 boundary.shp。

2. 将 2015 年该区域位于城镇居民区附近的大型城市垃圾处理厂矢量数据命名为 wastedplant_supply.shp。数据属性表中包含该垃圾处理厂每年焚烧固体废物产生的电量。

3. 将 2015 年该区域城镇居民区人口分布栅格数据命名为 urban_population.tif。数据的空间分辨率为 1 km，来源为中国科学院资源环境科学与数据中心的中国人口空间分布网格数据集（https://www.resdc.cn/Default.aspx）。

4. 将该区域的 DEM 数据命名为 DEM_2020.tif。该数据的空间分辨率为 1 km，来源为中国科学院资源环境科学与数据中心。

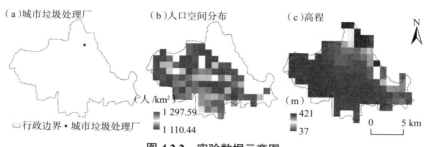

（a）城市垃圾处理厂　（b）人口空间分布　（c）高程

图 4.2.2　实验数据示意图
（a）城市垃圾处理厂　（b）人口空间分布　（c）高程

【实验软件】

ArcGIS 10.8。

【思维导图】

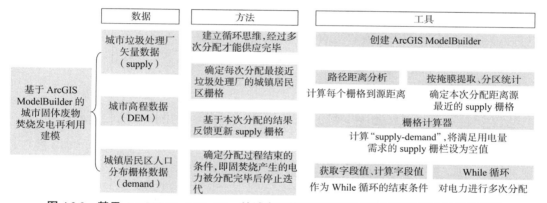

图 4.2.3　基于 ArcGIS ModelBuilder 的城市固体废物焚烧发电再利用建模实验思维导图

【实验步骤】

（一）数据预处理

【步骤 1】加载数据

打开 ArcGIS 软件，选择【添加数据】（图 4.2.4），分别加载 "boundary.shp" "DEM_2020.tif" "urban_population.tif" "wastedplant_supply.shp" 等矢量数据和栅格数据（图 4.2.5）。

图 4.2.4　添加数据

图 4.2.5　"添加数据"对话框

【步骤 2】计算城市居民的用电需求量

经查阅《中国统计年鉴 2015》，2015 年中国城镇居民的人均用电量约为 756 千瓦时 / 年。加载 "urban_population" 数据，打开【空间分析工具】—【地图代数】—【栅格计算器】（Raster Calculator）工具。输入表达式为 "urban_population" * 756，选择输出路径，在【输出栅格】中输入 "urban_demand"（图 4.2.6）。

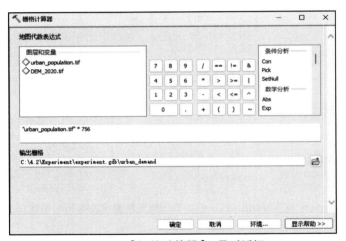

图 4.2.6　【栅格计算器】工具对话框

【步骤 3】垃圾处理厂点转栅格数据

加载城市垃圾处理厂矢量数据 "wastedplant_supply.shp"，打开【转换工具】—【转为栅格】—【点转栅格】（Point to Raster）工具；【输入要素】为 "wastedplant_supply.shp"，【值字段】为 "grid_code"，在【输出栅格数据集】中输入 "solidwaste_ras"，【像元大小】为 "1000"，其余默认（图 4.2.7）。

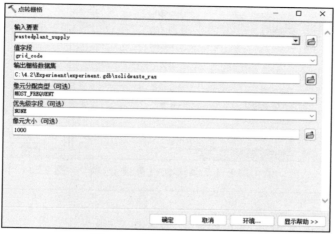

图 4.2.7 "点转栅格"对话框

点击对话框右下角【环境】,对于【处理范围】进行设置;在"环境设置"对话框中,【范围】选择 "boundary.shp"(与图层 boundary 相同)、【捕捉栅格】选择 "urban_population.tif",以保证新生成的栅格数据与其他数据一致(图 4.2.8)。

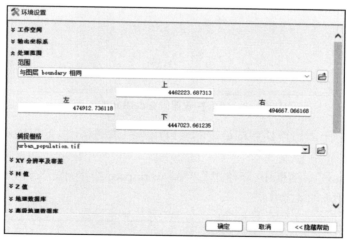

图 4.2.8 "环境设置"对话框

(二)建立模型构建器(Model Builder)

【步骤 1】新建模型

点击 "Experiment" 文件夹下的数据库文件 experiment.gdb(图 4.2.9),再右键点击该数据库,选择【新建】—【工具箱】(图 4.2.10);右键点击【工具箱】,选择【新建】—【模型】(图 4.2.11)。此时弹出的"模型"面板,即为 ArcGIS Toolbox 模型构建器(图 4.2.12)。

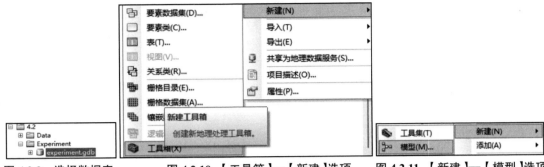

图 4.2.9　选择数据库　　　图 4.2.10　【工具箱】—【新建】选项　　　图 4.2.11　【新建】—【模型】选项

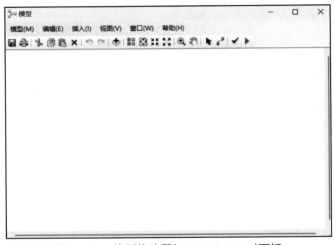

图 4.2.12　模型构建器(ModelBuilder)面板

【步骤 2】确定距离垃圾处理厂最近的城市用电需求栅格(以下仅展示第一次分配时的输出文件结果)

1. 在"workspace"对话框中,新建工作空间 workspace 变量,作为行内变量替换统改存储路径,方便后续操作(图 4.2.13)。

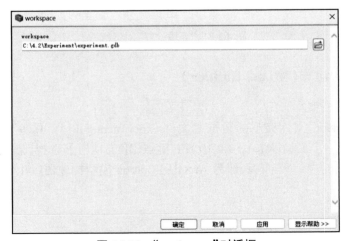

图 4.2.13　"workspace"对话框

2. 路径距离分配获得关键输出文件。

打开【Spatial Analyst 工具】—【距离】—【路径距离分配】(Path Distance Allocation)；将"路径距离分配"对话框拖入模型构建器。双击【路径距离分配】工具，【输入栅格数据或要素源数据】选择"solidwaste_ras"，【源字段】默认为"Value"，【输出分配栅格】命名为"allocation"，【输入表面栅格数据】选择"DEM_2020.tif"，【输出距离栅格数据】命名为"distance"。注意，如果不同栅格所在位置的运输成本不同，可在"输入成本栅格数据"处添加成本数据（图 4.2.14）。

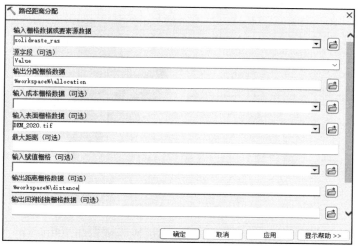

图 4.2.14　"路径距离分配"对话框

右键点击【路径距离分配】工具，点击【获取变量】—【从环境】—【处理范围】—【捕捉栅格】，设置【输入文件】为"urban_demand"（图 4.2.15）。

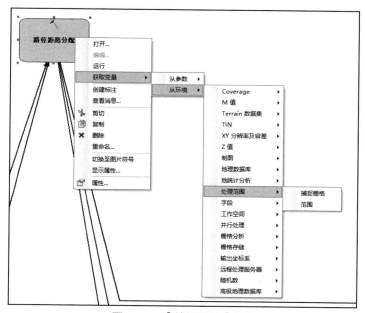

图 4.2.15　【捕捉栅格】选项

　　路径距离分析工具的派生数据有三种类型,分别为分配栅格、距离栅格和回溯栅格。

　　①分配栅格(allocation):栅格值为对应最近的源的值,能够识别出哪些城市用电需求栅格最接近该源(图 4.2.16a)。

　　②距离栅格(distance):栅格值为到达源的最小距离(图 4.2.16b)。

　　③回溯栅格:栅格值代表距离源最近的方向,本实验不涉及。

　　添加数据 boundary.shp,使用【连接】,将 boundary.shp 连接至路径距离分配,选择【环境】—【掩膜】,将区域行政边界作为后续空间分析范围。

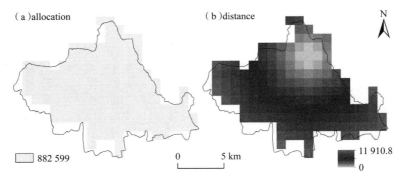

图 4.2.16　【路径距离分配】工具运行结果

(a)allocation　(b)distance

　　3. 打开【空间分析工具】—【提取分析】—【按掩膜提取】(Extract by Mask),仅保留存在城市用电需求的距离栅格。在"按掩膜提取"对话框中,【输入栅格】为"distance",【输入栅格数据或要素掩膜数据】为"urban_demand",将【输出栅格】命名为"extract_demand"(图 4.2.17)。

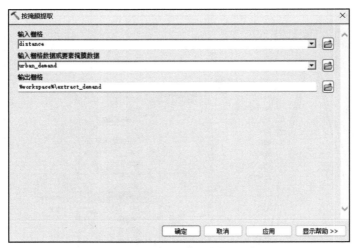

图 4.2.17　"按掩膜提取"对话框

　　4. 打开【空间分析工具】—【区域分析】—【分区统计】(Zonal Statistics),使输出文件的值为最接近源的城市用电需求栅格与该源之间的最小距离。在"分区统计"对话框中,【输入栅格数据或要素区域数据】为"allocation",【区域字段】为"VALUE",【输入赋值栅格】为"extract_demand",【输出栅格】命名为"mini_distance",【统计类型】为"MINIMUM"（最小值）（图 4.2.18）。

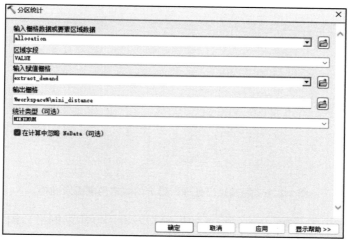

图 **4.2.18** "分区统计"对话框

5.【空间分析工具】—【地图代数】—【栅格计算器】(Raster Calculator)（图 4.2.19）,确定最接近源的城市用电需求栅格。在"栅格计算器"对话框中,输入表达式：Con("%mini_distance%"=="%distance%", "%urban_demand%"),"输出栅格"为"mini_demand"（图4.2.20）。

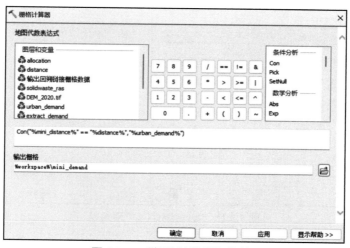

图 **4.2.19** "栅格计算器"对话框

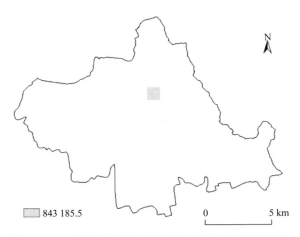

图 4.2.20　距离垃圾处理厂最近的城市用电需求栅格

【步骤 3】进行电力分配,并更新输入的供给与城市用电需求栅格数据

1. 在"分区统计(2)"对话框中,把最接近源的需求量应用于该源所在栅格。【输入栅格数据或要素区域数据】为"allocation",【区域字段】为"VALUE",【输入赋值栅格】为"mini_demand",【输出栅格】命名为"demand_to_supply",【统计类型】不重要(本实验选择"SUM")(图 4.2.21)。

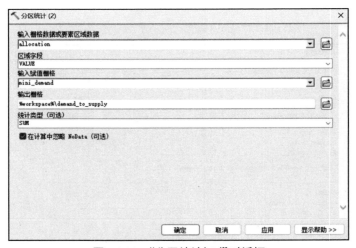

图 4.2.21　"分区统计(2)"对话框

2. 在"栅格计算器(2)"对话框中,将电力分配给最接近垃圾处理厂的城市用电需求栅格。将此步骤的输出文件命名为"iteration"(图 4.2.22)。输入表达式为 Con("%demand_to_supply%","%solidwaste_ras%"-"%demand_to_supply%","%solidwaste_ras%")。

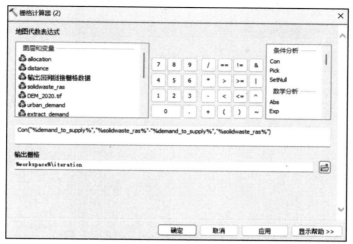

图 4.2.22 "栅格计算器(2)"对话框

3. 在"栅格计算器(3)"对话框中,更新供给栅格数据。如果更新后供给小于或等于 0(即电力全部分配完毕),则将供给栅格设置为空值,以此保证 While 循环能顺利终止。将此步骤的输出文件命名为"supply_new"(图 4.2.23)。输入表达式为 Int(SetNull("%iteration%" <=0,"%iteration%"))。

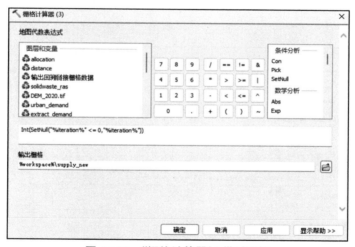

图 4.2.23 "栅格计算器(3)"对话框

4. 更新城市用电需求栅格数据。

(1)在"分区统计(3)"对话框中,将"iteration"的值应用于城市用电需求栅格所在位置,包括参与本次电力分配的城市用电需求栅格所在位置。【输入栅格数据或要素区域数据】为"allocation",【区域字段】为"VALUE",【输入赋值栅格】为"iteration",将【输出栅格】命名为"iteration_to_demand","统计类型"不重要(本实验选择"SUM")(图 4.2.24)。

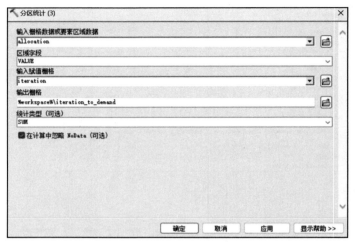

图 4.2.24   "分区统计（3）"对话框

（2）在"栅格计算器（4）"对话框中，对于参与电力分配且需求得到满足的城市用电需求栅格，将其设置为空值；对于参与电力分配，但 While 循环结束时仍未得到满足的城市用电需求栅格，新的栅格值应该与第（1）步的输出值相反。将此步骤的输出文件命名为"demand_new0"（图 4.2.25）。输入表达式为 Con(("%iteration_to_demand%"<=0) & "%mini_demand%",(-"%iteration_to_demand%"), SetNull(("%iteration_to_demand%">0)&"%mini_demand%", "%urban_demand%"))。

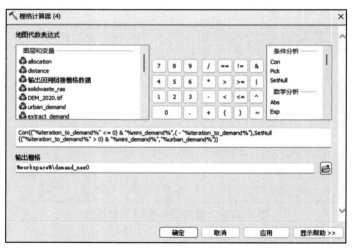

图 4.2.25   "栅格计算器（4）"对话框

（3）在"栅格计算器（5）"对话框中，对于未参与电力分配的城市用电需求栅格，保留初始的需求量。此步骤将输出文件命名为"demand_new"（图 4.2.26）。输入表达式为 Con(IsNull("%mini_demand%"),"%urban_demand%","%demand_new0%")。

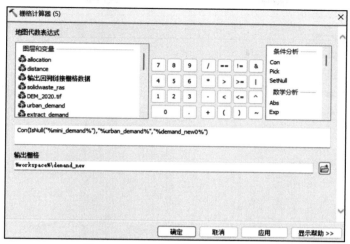

图 4.2.26　"栅格计算器(5)"对话框

5. 打开【数据管理工具】—【栅格】—【栅格数据集】—【复制栅格】(Copy Raster)。在"复制栅格"对话框中,输入栅格为"demand_new",输出文件命名为"demand%n%"。其中,应用行内变量替换 %n% 标记每次迭代派生的城市用电需求数据,便于在 while 循环结束后检查(图 4.2.27)。

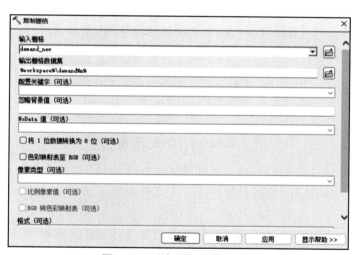

图 4.2.27　"复制栅格"对话框

6. 在"复制栅格(2)"对话中,"输入栅格"为"supply_new",输出文件为"supply%n%"。同理,每次迭代派生的供给数据也被标记(图 4.2.28)。

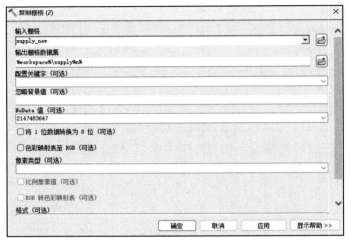

图 4.2.28 "复制栅格（2）"对话框

【步骤 4】在模型中进行【反馈】更新供给与城市用电需求栅格数据

1. 使用【连接】将 "supply%n%" 作为反馈连接至 "solidwaste_ras"，目的是下一次循环时将其作为新的供应数据（图 4.2.29）。

2. 使用【连接】将 "demand%n%" 作为反馈连接至 "urban_demand"，目的是下一次循环时将其作为新的城市用电需求数据。

此外，可使用【连接】将部分输入数据和派生数据作为"前提条件"连接至某些工具，保证模型顺利运行。

图 4.2.29 【连接】选项

【步骤 5】创建 While 循环，并设置循环的结束条件

While 循环结束的条件：垃圾处理厂电力全部分配完毕，即更新后的供给栅格数据为空值。设置方式如下。

（1）打开【Spatial Analyst 工具】—【提取分析】—【值提取至点】（Extract Value to Point），获取更新后的供应量。【输入点要素】为 "wastedplant_supply.shp"，【输入栅格】为 "supply_new"，将【输出点要素】命名为 "Extract_supply"（图 4.2.30）。

（2）点击"模型构建器"菜单栏的【插入】—【仅模型工具】—【获取字段值】（Get Field Value）（图 4.2.31）。在"获取字段值"对话框中，【输入表】为 "Extract_supply"，【字段】为 "RASTERVALU"，【数据类型】为"任意值"，【空值】为 0（图 4.2.32）。

（3）点击"模型构建器"菜单栏的【插入】—【仅模型工具】—【计算值】（Calculate Value）（图 4.2.33）在"计算值"对话框中，在【表达式】中输入 "% 值 %>0"，并将结果的【数据类型】转换为"布尔型"（如果值大于 0，则将该值为 TRUE，否则为 FALSE）。【计算值】的派生数据为 "output_value"（图 4.2.34）。

（4）点击"模型构建器"菜单栏的【插入】—【迭代器】—【While】（图 4.2.35）。在

"while 循环"对话框中,【输入值】为"output_value",【如果输入为以下内容则继续】设置为"TRUE",点击【确定】运行模型(图 4.2.36)。

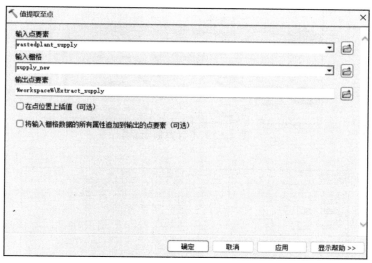

图 4.2.30 "值提取至点"对话框

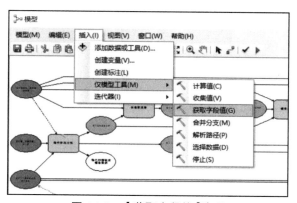

图 4.2.31 【获取字段值】选项

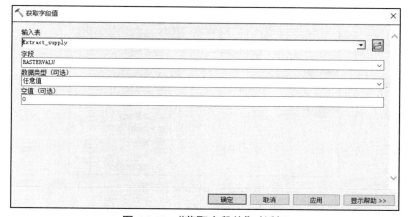

图 4.2.32 "获取字段值"对话框

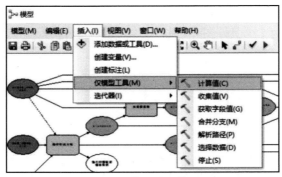

图 4.2.33　【计算值】选项

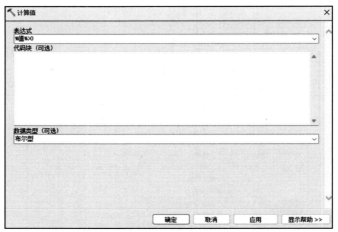

图 4.2.34　"计算值"对话框

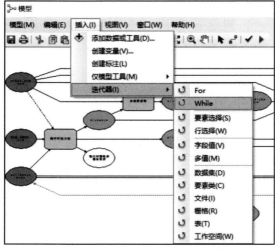

图 4.2.35　【While】选项

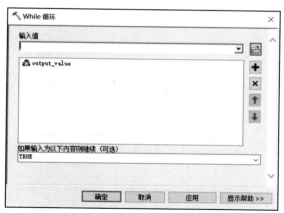

图 4.2.36 "While 循环"对话框

验证并运行模型,"While 循环"结束后,添加数据文件"demand57"。该数据表示模型运行 58 次后,由于电力供应完毕,未获得电力供给的城市用电需求栅格如图 4.2.37 所示。

图 4.2.37 数据文件"demand57"

本实验所构建的完整模型如图 4.2.38。

图 4.2.38 扫码查看模型构建器

【步骤 6】识别获得电力供给的城市用电需求栅格和供应量

1. 打开【空间分析工具】—【地图代数】—【栅格计算器】(Raster Calculator)。在"栅格计算器"对话框中,输入表达式 Con(IsNull("demand57"),"urban_demand","urban_demand"-"demand57"),将【输出栅格】命名为"supply"(图 4.2.39)。

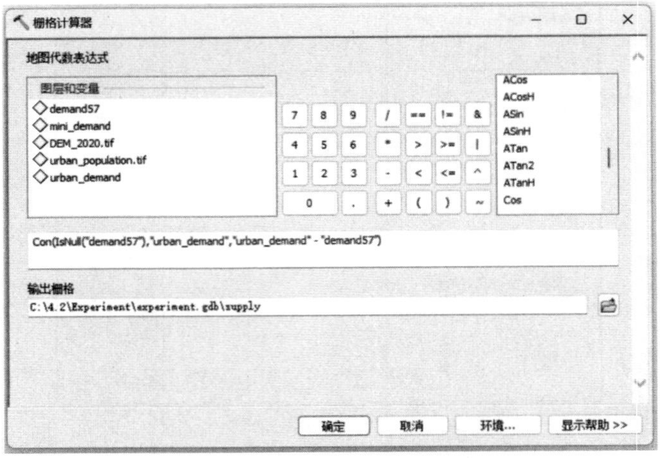

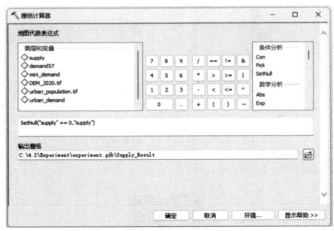

图 4.2.39 "栅格计算器"对话框(1)

2. 打开【空间分析工具】—【地图代数】—【栅格计算器】(Raster Calculator)。在"栅格计算器"对话框中,输入表达式 SetNull("supply" == 0,"supply")(图 4.2.40),将【输出栅格】文件命名为"Supply_Result",点击【确定】即得到已供应的城市用电需求栅格(图 4.2.41)。

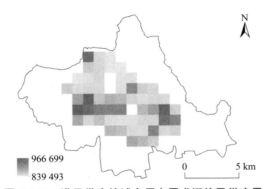

图 4.2.40 "栅格计算器"对话框(2)

图 4.2.41 满足供应的城市用电需求栅格及供应量

第五章 物理环境实验

5.1 校园噪声监测与评价

> 打起黄莺儿,莫教枝上啼。啼时惊妾梦,不得到辽西。 ——金昌绪《春怨》

【实验目的】

基于校园噪声监测数据,通过 ArcGIS 软件绘制校园地图并实现校园噪声监测与评价。

【实验意义】

一般来说,凡是人们不需要的,厌烦并干扰正常生活、工作和休息的声音被称为噪声。具体来说,环境噪声是指在工业生产、建筑施工交通运输和社会生活中所产生的、干扰周围生活、环境的声音。噪声污染对人、动物、仪器仪表以及建筑物均构成危害。随着工业和社会经济的发展,噪声污染已经成为当今世界的主要污染源之一,环境中几乎到处充斥着建筑施工、汽车鸣笛、人声喧哗等噪声,对人们的工作、学习和生活产生了极大的影响。校园是人群较为集中的区域,也是需要进行噪声控制的区域,因此本实验开展校园噪声监测与评价。

【知识点】

1. 了解校园噪声监测和评价的原理和过程;

2. 熟练掌握应用 ArcGIS 软件进行遥感影像地理配准、矢量化等操作;

3. 熟练掌握应用 ArcGIS 软件进行属性表连接、创建渔网、裁剪等操作;

4. 掌握应用 ArcGIS 软件进行空间插值、等值线、等值面等操作;

5. 掌握应用 ArcGIS 软件进行专题图绘制等操作。

【实验数据】

1. 将某大学遥感影像数据命名为 school.tif。

2. 将校园遥感影像地理配准特征点坐标数据命名为 Coordinates.xls。

3. 将 2022 年 5 月 6 日对某大学的 47 个监测点进行噪声监测的的实测数据命名为 NoiseData.xlsx。将 2022 年 5 月 6 日对某大学 47 个监测点的噪声等效声级、等效连续声级、噪声污染级数据命名为 NoiseData1.xlsx。

4. 某大学的矢量数据涉及道路、功能区、河流及湖泊、教学楼、食堂、宿舍、体育场和地块等 8 种校园用地类型。依次将上述用地类型的矢量数据分别命名为道路.shp、功能区.shp、河流及湖泊.shp、教学楼.shp、食堂.shp、宿舍.shp、体育场.shp 和地块.shp。

【实验软件】

ArcGIS 10.8、Excel 2016。

【思维导图】

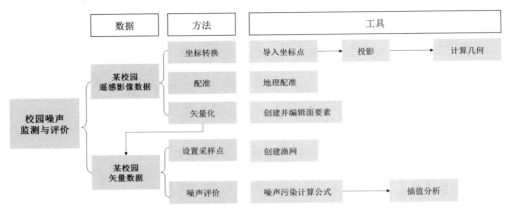

图 5.1.1　校园噪声监测与评价实验思维导图

【实验步骤】

（一）遥感影像地理配准与校园地图矢量化

【步骤 1】遥感影像地理配准

将根据 GPS 定位所得到校园特征点坐标"Coordinates.xls"，添加至 ArcGIS 软件并添加坐标系。具体操作步骤为，单击【文件】—【添加数据】—【添加 XY 数据】（图 5.1.2）。在打开的"添加 XY 数据"对话框中，选择"Coordinates.xls"表格文件，【X 字段】设为"X"，【Y 字段】为"Y"，地理坐标系选择"GCS_WGS_1984"（图 5.1.3）。

图 5.1.2　【添加数据】选项

右键单击新生成的数据，选择【导出数据】，将文件命名为"coordinates"并导入地图（图5.1.4）。

在 ArcGIS 软件中加载待配准的校园地图文件"school.tif"。右键单击 ArcGIS 工具栏在遥感影像上方的空白处，选择【地理配准】（图 5.1.5）—再点击【适应显示范围】（图5.1.6）。按照图 5.1.7 所示，选择【添加控制点】工具，在待配准遥感影像"school.tif"上选择一个点,再点击对应"coordinates.shp"中的点。如图 5.1.8 所示对应关系,依次配准 14 个点坐标。

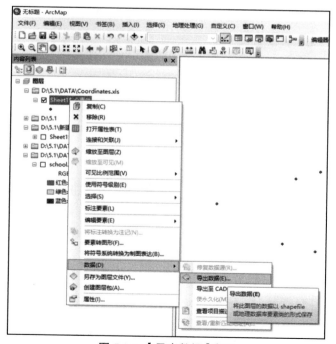

图 5.1.3　"添加 XY 数据"对话框

图 5.1.4　【导出数据】选项

图 5.1.5 【地理配准】工具

图 5.1.6 【适应显示范围】工具

图 5.1.7 【添加控制点】工具

图 5.1.8　添加控制点结果

点击【查看链接表】工具,可查看链接表。在"链接"面板勾选【自动校正】,"变换"选择【三阶多项式】(图 5.1.9)。再点击【校正】(图 5.1.10),在"另存为"对话框中,将配准结果命名为"schoolGeoreferencing.tif"(图 5.1.11)。

图 5.1.9　【查看链接表】工具

注意,在实际地理配准过程中,应充分调查研究区并选择适当的特征点。本实验所提供数据是为展示地理配准过程。

对配准后的 TIFF 文件进行投影变换,使其转为投影坐标系。打开【数据管理工具】—【投影和变换】—【栅格】—【投影栅格】(Project Raster)工具;【输入栅格】选择"school-Georeferencing.tif",【输出坐标系】选择"WGS_1984_Web_Mercator_Auxiliary_Sphere",【输出栅格数据集】命名为"schoolGeoreferencing_Project.tif"（图 5.1.12）。

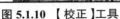

图 5.1.10　【校正】工具

图 5.1.11　"另存为"对话框

图 5.1.12　"投影栅格"对话框

【步骤 2】校园地图矢量化

在目录中新建需要存放矢量数据的文件夹。右键选择【新建】—【Shapefiles】（图 5.1.13）。在"创建新 shapefile"对话框中，根据需要，命名并选择要素类型，此处【要素类型】选择"面"，点击【编辑】，使用与文件"schoolGeoreferencing_Project.tif"一致的地理坐标系与投影坐标系（图 5.1.14）。

图 5.1.13 【Shapefile】工具

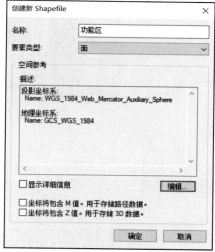

图 5.1.14 "创建新 Shapefile"对话框

右键点击新建的面要素"功能区.shp",选择【编辑要素】—【开始编辑】(图 5.1.15)。在编辑器中,选择创建要素,之后运用折线等工具基于配准后的栅格文件"schoolGeoreferencing_Project.tif"进行要素绘制(图 5.1.16)。完成要素绘制后,点击【完成草图】,即可依次绘制需要的矢量数据(图 5.1.17)。

图 5.1.15 【编辑要素】工具

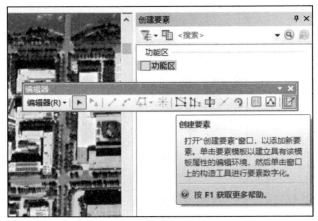

图 5.1.16　【创建要素】工具

注意,在进行实际矢量化过程前,应对研究区充分调研,确定目标地物分类体系。本实验将校园分为"道路""功能区""河流及湖泊""教学楼""食堂""宿舍""体育场"和"地块"等 8 种类型并建立了 8 个要素类。实验数据中提供了矢量化的要素类,供读者对比和后续操作。

图 5.1.17　【完成草图】工具

(二)采样点设置

【步骤 1】采用网格法设置采样点

打开【数据管理工具】—【常规】—【合并】(Merge),添加"道路""功能区""河流及湖泊""教学楼""食堂""宿舍""体育场"和"地块"等 8 个矢量数据集,进行合并,命名为"area.shp"(图 5.1.18)。

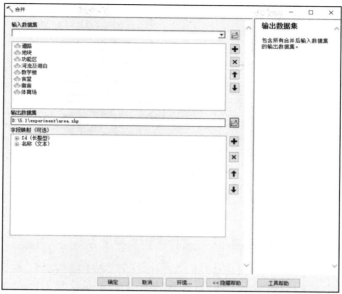

图 5.1.18　"合并"对话框

　　打开【数据管理工具】—【采样】—【创建渔网】(Create Fishnet)，在【模板范围】栏中输入"与图层 area 相同"，【像元宽度】与【像元高度】根据研究区大小均设置为"300"，【几何类型】选择"POLYGON"（图 5.1.19）。点击【确定】，在研究区内创建 300 m × 300 m 的渔网，并输出面要素，同时生成网格中心点数据（图 5.1.20）。

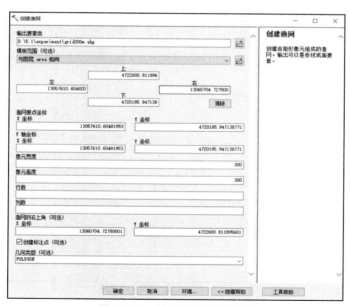

图 5.1.19　"创建渔网"对话框

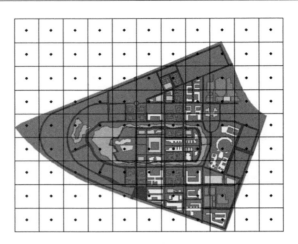

图 5.1.20　"创建渔网"结果

在工具栏中,点击【选择】—【按位置选择】,打开"按位置选择"对话框。在【目标图层】中选择以上输出的研究区网格采样点,【源图层】选择"area",【目标图层要素的空间选择方法】选择"与源图层要素相交",点击【应用】。此时,与研究区相交的采样点会高亮显示,再右键点击【导出数据】,将输出数据命名为"points47"(图 5.1.21)。

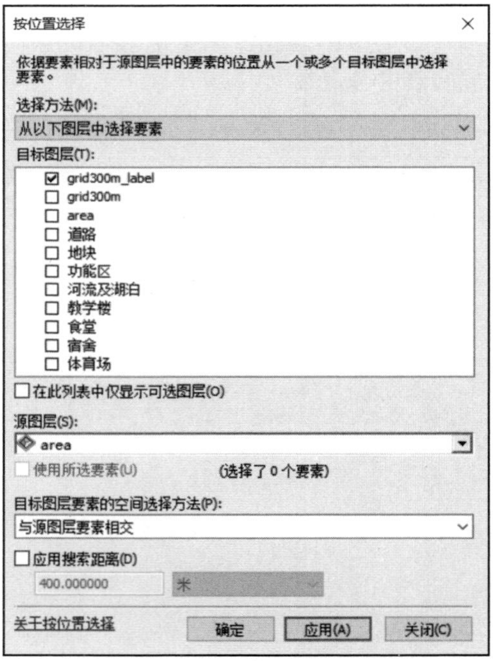

图 5.1.21　"按位置选择"对话框

经过该步骤,得到研究区内的 47 个监测点(图 5.1.22)。后续在这 47 个监测点,开展噪声监测。

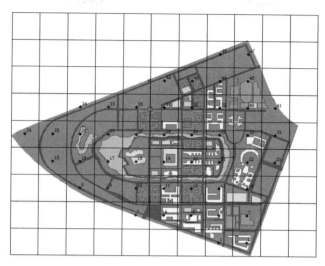

图 5.1.22 按位置选择结果

（三）噪声监测数据记录与处理

监测时间为 2022 年 5 月 6 日，17：00 至 19：30，该时段包括晚间下课高峰期、晚间食堂就餐高峰期、晚间上课高峰期三个时段。每个采样点每次采样时间共记录 100 个连续观测值，具体数据见 "NoiseData.xlsx"。

【步骤 1】等效连续声级计算

在声场内的一定点位上，在某一段时间内连续暴露的不同 A 声级变化，用能量按时间平均的方法以 A 声级表示该段时间内的噪声大小。这个声级称为等效连续 A 声级，简称等效声级，单位为 dB（A）。如果数据符合正态分布，可近似计算：

$$L_{eq} \approx L_{50} + d^2/60 \tag{5.1.1}$$

$$d = L_{10} - L_{90} \tag{5.1.2}$$

式中：L_{10}、L_{50}、L_{90} 为累积百分声级，也称统计噪声级；

L_{10} 表示在取样时间内 10% 的时间超过的噪声级，相当于噪声平均峰值；

L_{50} 表示在取样时间内 50% 的时间超过的噪声级，相当于噪声平均值；

L_{90} 表示在取样时间内 90% 的时间超过的噪声级，相当于噪声背景值。

计算过程如下（以采样点 1 为例）：

（1）将采样点 1 的 100 个噪声测量数据由大到小进行排序；

（2）累计数分别为 90、50、10 处的分贝值分别为 L_{90}、L_{50}、L_{10}，此处为 49.5 dB、52.7 dB 和 55.9 dB；

（3）按公式（5.1.1）和公式（5.1.2）计算等效连续声级。

$$d = L_{10} - L_{90} = 55.9 - 49.5 = 6.5（dB）$$

$$L_{eq} = 52.7 + 6.5^2/60 = 53.4（dB）$$

【步骤 2】噪声污染级计算

许多非稳态噪声的实践表明，变化的噪声所引起人的烦恼程度要大于等能量的稳态噪声,且噪声暴露的变化率与平均强度有关。经实验证明,在等效声级基础上,加上一项表示噪声变化幅度的量,更能反映实际污染程度。若噪声服从正态分布,则:

$$L_{np}=L_{eq}+d \tag{5.1.3}$$

计算过程如下(以采样点 1 为例):

$$L_{np}=L_{eq}+d=53.4+6.5=59.9(\text{dB})$$

依次计算 47 个采样点的等效连续声级和噪声污染级。

(四)噪声评价

【步骤 1】数据连接和准备

右键点击"points47",即研究区监测点数据,点击【连接和关联】—【连接】(图 5.1.23)。

打开"连接数据"对话框,选择【某一表的属性】;"选择该图层中连接将基于的字段"选择"points",即对应的 1~47 个监测点的标号;【选择要连接到此图层的表,或者从磁盘加载表】选择"NoiseData1.xlsx",再选择"Sheet1$";【选择此表中要作为连接基础的字段】选择"监测点"(图 5.1.24),即将(三)中计算出的数据与监测点图层连接(图 5.1.25)。

图 5.1.23　【连接】选项

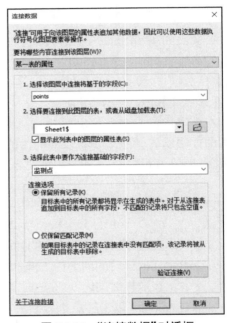

图 5.1.24　"连接数据"对话框

FID	Shape*	Id	points	监测点	d	Leq	Lnp
0	点	0	1	1	6.456474	53.434506	59.89098
1	点	0	2	2	5.528049	51.433698	56.961748
2	点	0	3	3	5.517837	46.638296	52.156133
3	点	0	4	4	3.1126	51.844803	54.957403
4	点	0	5	5	4.778032	55.061479	59.839511
5	点	0	6	6	5.29449	54.145982	59.440472
6	点	0	7	7	5.289311	55.705125	60.974436
7	点	0	8	8	2.916259	43.937184	48.853443
8	点	0	9	9	3.589528	45.139209	48.728737
9	点	0	10	10	4.958348	51.868727	56.827075
10	点	0	11	11	6.154736	52.947854	59.10259
11	点	0	12	12	6.592629	53.948986	60.541615
12	点	0	13	13	7.019088	52.664719	59.683817
13	点	0	14	14	5.403076	53.351872	58.754949
14	点	0	15	15	2.904294	43.170096	46.074391
15	点	0	16	16	2.798038	44.0143	46.800337
16	点	0	17	17	3.040681	45.782978	48.82366
17	点	0	18	18	4.010736	47.310181	51.320916
18	点	0	19	19	3.786549	50.398873	54.185422
19	点	0	20	20	5.961459	54.235376	60.216836
20	点	0	21	21	5.476568	53.294509	58.771077
21	点	0	22	22	4.497694	53.880692	58.378396
22	点	0	23	23	8.206604	46.951124	55.157729
23	点	0	24	24	2.764034	42.083695	44.847729
24	点	0	25	25	3.657972	43.500608	47.15858
25	点	0	26	26	3.176888	44.434937	47.611825
26	点	0	27	27	3.036776	45.045237	48.082012
27	点	0	28	28	4.665905	51.739339	56.405144
28	点	0	29	29	6.338033	60.168579	66.506612
29	点	0	30	30	4.880843	52.935016	57.815959
30	点	0	31	31	6.252542	55.407886	61.660427
31	点	0	32	32	5.027612	53.058032	58.085644
32	点	0	33	33	4.773719	47.256005	52.029723
33	点	0	34	34	3.045493	44.229187	47.274681
34	点	0	35	35	2.881055	45.161863	48.042918
35	点	0	36	36	4.823235	51.650914	56.47415
36	点	0	37	37	4.90262	52.610597	57.513217
37	点	0	38	38	4.984524	56.064503	61.049027
38	点	0	39	39	5.361322	54.541057	59.902379
39	点	0	40	40	5.086512	55.221345	60.307857
40	点	0	41	41	4.250204	50.86692	55.117124
41	点	0	42	42	4.557118	50.163818	54.720937
42	点	0	43	43	5.726081	56.307293	62.033374
43	点	0	44	44	7.499148	53.317474	60.816622
44	点	0	45	45	5.604115	56.200966	61.804981
45	点	0	46	46	2.915522	43.737167	46.652699
46	点	0	47	47	6.953089	46.674116	53.627205

图 5.1.25 连接数据结果

【步骤 2】监测点数据空间插值

在后续插值以及处理的过程中,可能会因为栅格分辨率的问题无法完全填充需要的等值线范围,所以先对要求的等值线范围做一个缓冲,生成一个比研究区稍大的范围,便于后期裁剪。这里用到图形缓冲工具。

打开【分析工具】—【邻域分析】—【图形缓冲】(Buffer),在【输入要素】栏中输入"areadissolve"(研究区范围),【线性单位】设置为【150】米,【连接类型】选择"ROUND",将【输出要素类】命名为"areabuffer.shp"(图 5.1.26)。

打开【Spatial Analyst Tools】—【插值分析】—【克里金法】(Kriging),【输入点要素】选择"points47",【Z 值字段】选择"Leq"(图 5.1.27)。点击下方的【环境…】,打开【环境设置】,将【处理范围】设置【与图层 areabuffer 相同】。输出命名为"KrigingLeq"(图 5.1.28)。该步骤得到等效连续声级插值结果(图 5.1.29)。

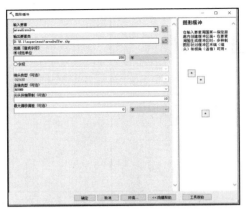

图 5.1.26 "图形缓冲"对话框

图 5.1.27 "克里金法"对话框

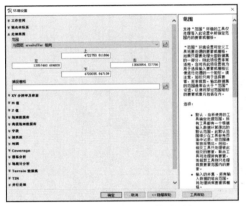

图 5.1.28 "环境设置"对话框

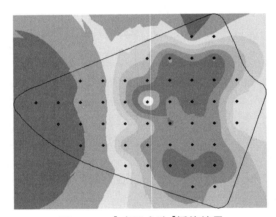

图 5.1.29 【克里金法】插值结果

【步骤 3】生成等值线和等值面

打开【Spatial Analyst Tools】—【表面分析】—【等值线】(Contour),【输入栅格】输入 "KrigingLeq",【等值线间距】输入"1",【等值线类型】选择"CONTOUR",【输出要素类】为 "Leqisoline.shp"(图 5.1.30)。此时,得到等效连续声级等值线图,如图 5.1.31 所示。

图 5.1.30 "等值线"对话框

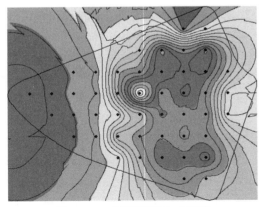

图 5.1.31 "等值线"生成结果

打开【Spatial Analyst Tools】—【表面分析】—【等值线】(Contour)，再输入"Kriging-Leq"，【等值线间距】输入"1"，【等值线类型】选择"CONTOUR-POLYGON"，【输出要素类】为"Leqisosurfaces.shp"（图5.1.32）。

图 5.1.32　"等值面"对话框

【步骤4】平滑等值线和等值面

直接生成的等值线是折线，为视觉美观建议进行处理平滑。

打开【Cartography Tools】—【制图综合】—【平滑线】(SmoothLine)，在【输入要素】中输入"Leqisoline"，【平滑算法】选择"PAEK"，【处理拓扑错误】选择"RESOLVE-ERRORS"，【输出要素类】为"Leqisoline_SmoothLine.shp"（图5.1.33）。输出图"Leqisoline_Smooth-Line"如图5.1.34所示。使用与"平滑等值线"操作一样的参数进行平滑等值面操作，【输出要素类】为"Leqisosurfaces_SmoothPolygon.shp"（图5.1.35）。

图 5.1.33　"平滑线"对话框

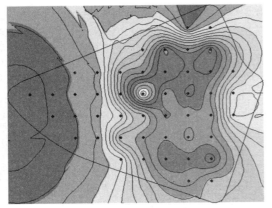

图 5.1.34　"平滑线"生成结果

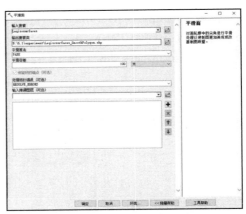

图 5.1.35　"平滑面"对话框

【步骤 5】裁剪等值线和等值面

平滑之后,等值线和等值面的数据已经满足出图的要求,再用研究区范围分别进行裁剪。

打开【Spatial Analysis Tools】—【提取分析】—【裁剪】(Clip),在【输入要素】中输入"Leqisosurfaces_SmoothPolygon",【裁剪区域】选择"areadissolve"。使用同样方式裁剪等值线(图 5.1.36)。

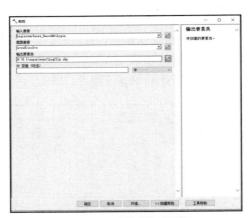

图 5.1.36　"裁剪"对话框

【步骤 6】制作等效连续噪声级和噪声污染等级专题图

据噪声监测点数据,将等效连续噪声级分为五种类型:环境噪声质量等级好(42~47 dB),环境噪声质量等级较好(48~50 dB),环境噪声质量等级轻度污染(51~53 dB),环境噪声质量等级中度污染(54~56 dB),环境噪声质量等级重度污染(57~60 dB)。

右键点击裁剪后的"Leqisosurfaces",查看图层属性中的【符号系统】,根据分级标准划分等级(图 5.1.37),生成等效连续噪声级分级结果(图 5.1.38)。根据等效连续噪声级的五种类型,划分裁剪后的"Leq 等值线",结果如图 5.1.39 所示。

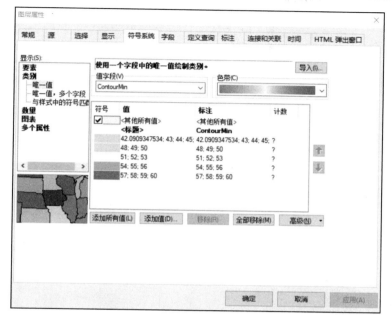

图 5.1.37 "符号系统"对话框

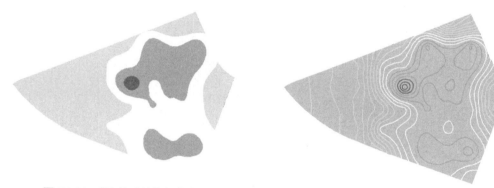

图 5.1.38 "符号系统"生成结果　　　　　图 5.1.39 等值线划分效果

同理,噪声污染级的数据的处理与上述步骤一致。对噪声污染级监测数据,进行空间插值、等值线、等值面等数据处理过程,并将噪声污染等级分为五种类型:环境噪声质量等级好(44~49 dB),环境噪声质量等级较好(50~53 dB),环境噪声质量等级轻度污染(54~57 dB),环境噪声质量等级中度污染(58~61 dB),环境噪声质量等级重度污染(62~66 dB)。

最后添加图例、比例尺、指北针等,完成专题图制作,实现校园噪声监测和评价可视化(图 5.1.40 和图 5.1.41)。

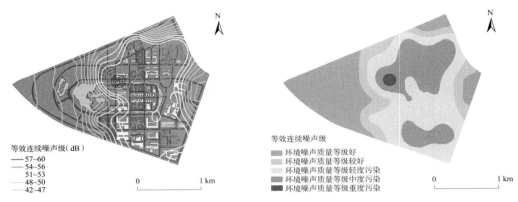

等效连续噪声级(dB)
—— 57~60
—— 54~56
51~53
—— 48~50
—— 42~47

等效连续噪声级
■ 环境噪声质量等级好
■ 环境噪声质量等级较好
■ 环境噪声质量等级轻度污染
■ 环境噪声质量等级中度污染
■ 环境噪声质量等级重度污染

图 5.1.40　噪声污染等效连续声级专题图

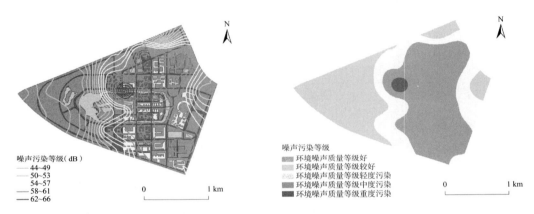

噪声污染等级(dB)
—— 44~49
—— 50~53
54~57
—— 58~61
—— 62~66

噪声污染等级
■ 环境噪声质量等级好
■ 环境噪声质量等级较好
■ 环境噪声质量等级轻度污染
■ 环境噪声质量等级中度污染
■ 环境噪声质量等级重度污染

图 5.1.41　噪声污染等级专题图

5.2 日照遮蔽分析

日出东南隅,照我秦氏楼。 ——汉乐府《陌上桑》

【实验目的】

通过日照遮蔽分析算法,利用 ArcGIS 软件提取城市建筑物阴影范围,通过空间关系判别建筑物是否被遮挡。

【实验意义】

伴随城市化逐渐加速,城市用地资源逐渐紧张,城市建筑开发强度以及建筑密度逐渐增大,"地少人多"的现况和大众对于持续改善居住条件需求之间的矛盾逐渐突显。在影响居住环境的因素中,日照时间和日照质量对建筑规划和设计至关重要。随着数字城市的建设,在海量高空间分辨率城市建筑数据支持下,应用 GIS 三维空间分析方法可以快速识别不符合建筑日照规范的建筑,可为城市规划与设计提供技术支持。

【知识点】

1. 了解日照遮蔽分析算法的原理和计算过程;

2. 熟练掌握应用 ArcGIS 软件进行数据属性表、数据格式转换、数据选择等操作;

3. 掌握应用 ArcGIS 软件进行坡向、山体阴影的栅格计算等操作。

【实验数据】

某地包含建筑物楼层的建筑及小区地块矢量数据,属性表中含有楼层(floor)字段信息(图 5.2.1)。将该矢量数据命名为 buildings.shp。

图 5.2.1 建筑及小区地块矢量数据

【实验软件】

ArcGIS 10.8。

【思维导图】

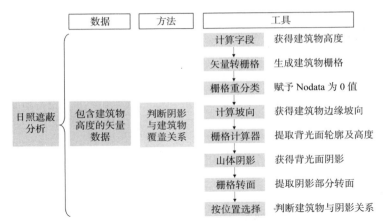

图 5.2.2　日照遮蔽分析实验思维导图

【实验步骤】

(一)提取建筑高度数据

【步骤 1】添加字段

打开【ArcToolbox】—【数据管理工具】—【添加字段】(Add Field)工具,在研究区建筑矢量数据属性表中添加一列建筑物高度数据。【输入表】为"buildings",【字段名】为"height",【字段类型】为"LONG",点击【确定】(图 5.2.3)。

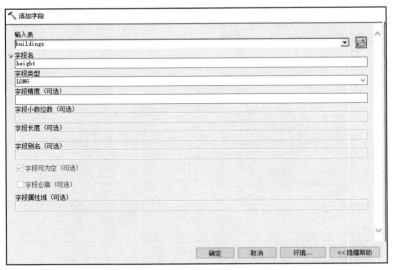

图 5.2.3　"添加字段"对话框

【步骤 2】计算字段

打开【数据管理工具】—【字段】—【计算字段】(Calculate Field)工具,计算出建筑物高度数据。通常默认每层楼高度为 3 m。【输入表】为"buildings",【字段名】为"height",【表达式】为"[floors]*3",点击【确定】(图 5.2.4)。

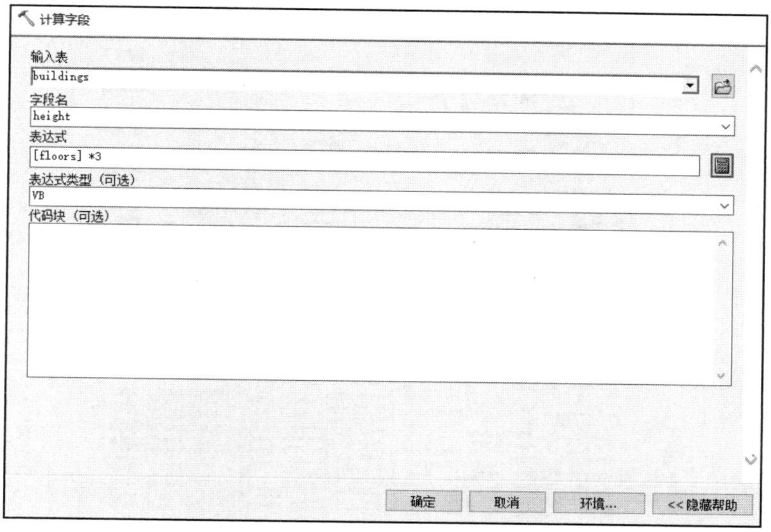

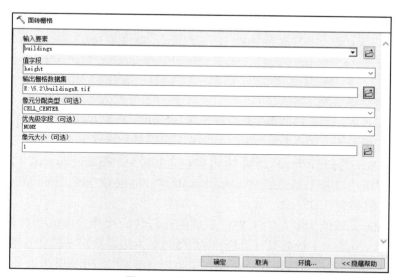

图 5.2.4 "计算字段"对话框

【步骤3】矢量数据转栅格数据

打开【转换工具】—【转为栅格】—【面转栅格】(Polygon To Raster)工具,将研究区建筑矢量数据转换为栅格数据格式。【输入要素】为"buildings",【值字段】选择"height",将【输出栅格数据集】命名为"buildingsR.tif",将输出的【像元大小】设置为"1"(m),点击【确定】(图 5.2.5)。(注意:像元大小根据实际情况确定)

图 5.2.5 "面转栅格"对话框

在所得到的栅格数据中,"高度"表示建筑物高度,NoData(像元值)为"128"(图 5.2.6)。该栅格数据集的列数和行数分别为 1 377 和 1 154,像元大小为 1 m × 1 m(图 5.2.7)。

图 5.2.6　面转栅格结果图

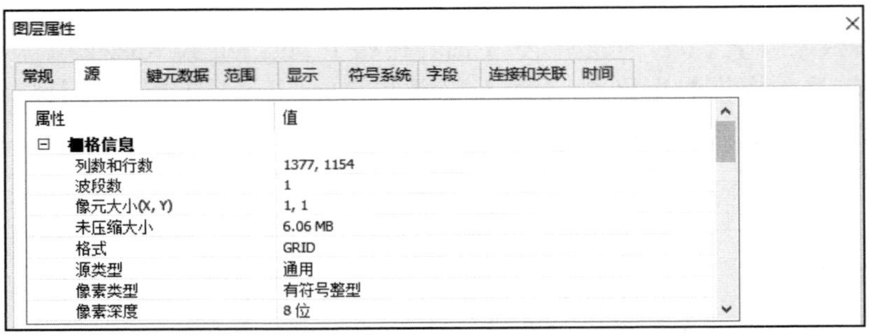

图 5.2.7　在"图层属性"对话框中查看面转栅格结果

【步骤 4】栅格重分类

打开【Spatial Analyst 工具】—【重分类】—【重分类】(Reclassify)。【输入栅格】为 "buildingsR"；【重分类字段】选择 "VALUE"；在【重分类】框的【新值】处填入相应的旧值数字，注意将 NoData 的值改为 "0"；将【输出栅格】命名为 "buildreclass.tif"（图 5.2.8）。（此外，还可以使用栅格计算器输入公式 Con(IsNull("buildingsR")=1,0,"buildingsR")，也可以实现将 NoData 值赋为 0。）

这里给 NoData 赋值为 0 是为了进行后续的计算坡向操作。坡度计算使用邻域分析，有多种计算方法，但是为了计算某一个栅格的坡向，至少需要知道 x 轴和 y 轴 4 个方向上的相邻像元的高程值。建筑物边缘在后续操作中也要计算坡向，但如果边缘外面的值是 "NoData"，则无法计算建筑物边缘的坡向，因此必须进行此操作。处理后的数据如图 5.2.9 所示。

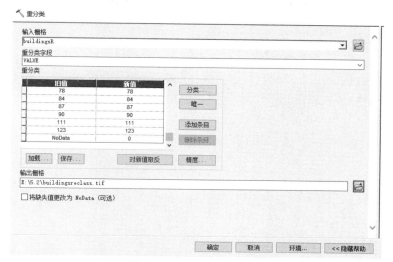

图 5.2.8 "重分类"对话框

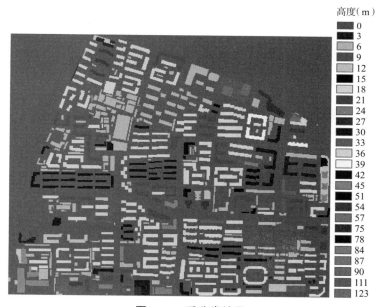

图 5.2.9 重分类结果

（二）计算建筑物背光面高度

【步骤 1】计算坡向

打开【Spatial Analyst Tools】—【表面分析】—【坡向】(Aspect)。【输入栅格】为"buildreclass.tif"，将【输出栅格】命名为"aspect.tif"（图 5.2.10）。计算结果如图 5.2.11 所示。

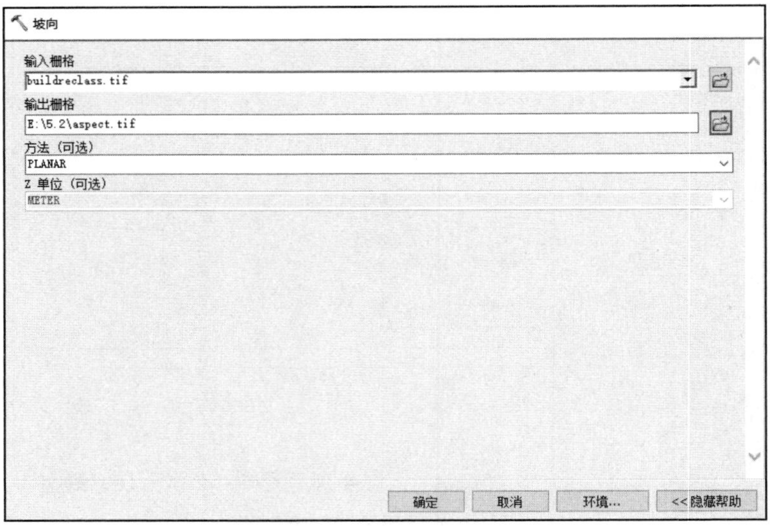

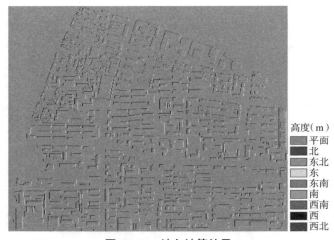

图 5.2.10 "坡向"对话框

图 5.2.11 坡向计算结果

【步骤 2】提取建筑物背光面轮廓

本步骤计算在 12∶00 时刻太阳方位角在 180° 时建筑物的背光面轮廓,此时建筑物阴影方向应该为 0°~90° 和 270°~360°。

打开【Spatial Analyst Tools】—【地图代数】—【栅格计算器】(Raster Calculator)。输入判断语句为: (("aspect" >= 0) & ("aspect" <= 90)) | (("aspect" >= 270) & ("aspect" <= 360)) (图 5.2.12)。将得到的建筑物背光面轮廓命名为"buildback.tif",结果如图 5.2.13 所示。利用【打开属性表】选项(图 5.2.14),可查找背光面轮廓。结果显示,图 5.2.14 中建筑物背光面轮廓的像元素为 98 622 个,其值为 1(图 5.2.15)。

图 5.2.12　"栅格计算器"对话框(提取轮廓)

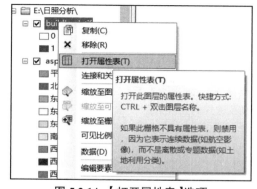

图 5.2.13　建筑背光面轮廓提取结果

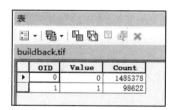

图 5.2.14　【打开属性表】选项　　　　　　图 5.2.15　"表"工具框

【步骤 3】提取建筑物背光面的高度数据

打开【Spatial Analyst Tools 】—【地图代数 】—【栅格计算器 】(Raster Calculator)。在"栅格计算器"对话框中,输入语句为 : "buildback.tif"*"buildreclass.tif",将【输出栅格 】命名为"DEM.tif"(图 5.2.16)。建筑物背光面高度数据的提取结果如图 5.2.17 所示。

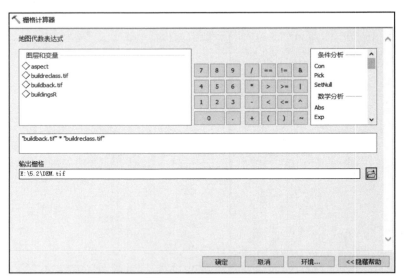

图 5.2.16 "栅格计算器"对话框(提取高度)

图 5.2.17 建筑物背光面高度数据的提取结果

(三)进行建筑物遮蔽判断

【步骤 1】计算建筑物阴影

打开【Spatial Analyst Tools 】—【表面分析 】—【山体阴影 】(Hillshade)。【输入栅格 】

选择"DEM.tif",【方位角】为"180"（北半球当地时间 12:00 太阳方位角均为 180°),【高度】为"27.45"（高度根据具体数据确定,本实验中当地 12:00 太阳高度为 27.45°),选中【模拟阴影】,将【输出栅格】命名为"shade.tif"（图 5.2.18）。输出建筑物阴影结果如图 5.2.19 所示。

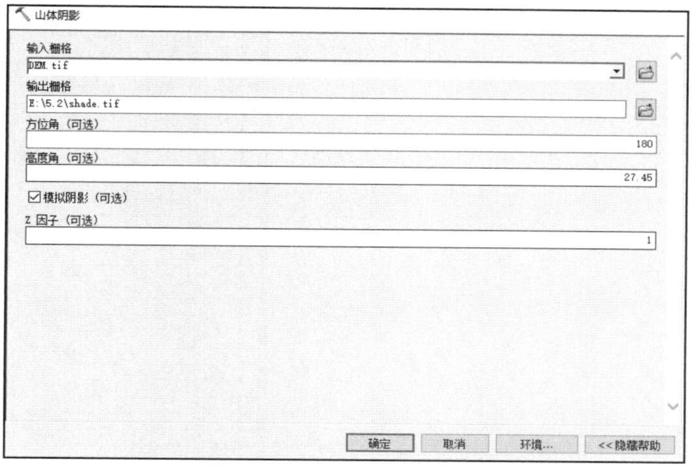

图 5.2.18 "山体阴影"对话框

在结果图上叠加建筑物的黄色轮廓,可以发现有些建筑物轮廓内有黑色阴影,即为被遮挡的建筑。

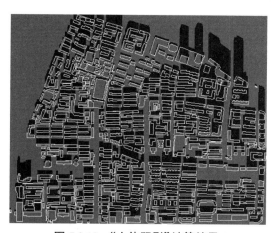

图 5.2.19 "山体阴影"计算结果

【步骤 2】栅格转面

右键选中"shade.tif"图层,选择【打开属性表】（图 5.2.20）。【Value】值为 0 的像元即为阴影部分,因此单击这一行,使其高亮（图 5.2.21）。

打开【转换工具】—【由栅格转出】—【栅格转面】（Raster To Polygon）工具。将【输入栅格】中选择阴影数据"shade.tif",【字段】选择"Value",选中【简化面】,将【输出面要素】命名为"Mshade.shp"（图 5.2.22）。输出结果如图 5.2.23 所示。

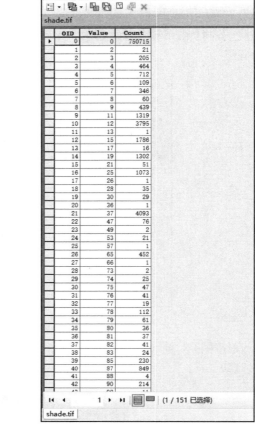

OID	Value	Count
0	0	750715
1	2	21
2	3	205
3	4	464
4	5	712
5	6	109
6	7	346
7	8	60
8	9	439
9	11	1319
10	12	3795
11	13	1
12	15	1786
13	17	16
14	19	1302
15	21	51
16	25	1073
17	26	1
18	28	35
19	30	29
20	36	1
21	37	4093
22	47	76
23	49	2
24	53	21
25	57	1
26	65	452
27	66	1
28	73	2
29	74	25
30	75	47
31	76	41
32	77	19
33	78	112
34	79	61
35	80	36
36	81	37
37	82	41
38	83	24
39	85	230
40	87	849
41	88	4
42	90	214

图 5.2.20 【打开属性表】选项

图 5.2.21 选择阴影部分的数据

图 5.2.22 "栅格转面"对话框

图 5.2.23　栅格转面结果

【步骤 3】判断建筑物与阴影的覆盖关系

点击菜单栏的【选择】选项卡,在下拉菜单中点击【按位置选择】工具(图 5.2.24)。【选择方法】为"从以下图层中选择要素",【目标图层】选择原始建筑物矢量数据"buildings",【源图层】选择处理好的阴影数据"Mshade",【目标图层要素的空间选择方法】选择"质心在源图层要素内",点击【确定】(图 5.2.25)。

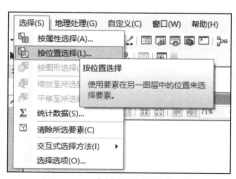

图 5.2.24　【按位置选择】工具

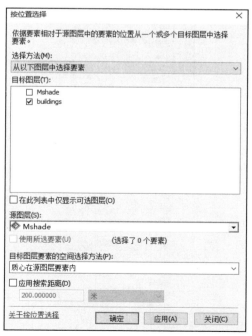

图 5.2.25　"按位置选择"对话框

按位置选择结果如图 5.2.26 所示,高亮显示的部分即为能被阴影覆盖的建筑物。

　　此时,右键点击原始建筑物矢量图层"buildings",选择【数据】—【导出数据】(图5.2.27),以便导出所选要素,即高亮部分。【导出】选择"所选要素",将【输出要素类】命名为"inconformity.shp"(图5.2.28)。而后,将导出的数据与原始建筑物矢量图层"buildings"叠加显示,并进行符号化处理,即可得到相应的建筑物日照遮蔽专题图,如图5.2.29所示。

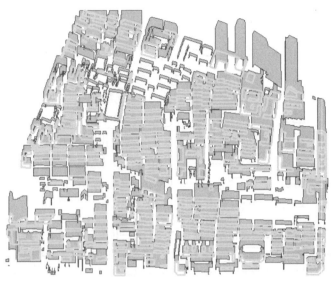

图 5.2.26　按位置选择结果

图 5.2.27　【导出数据】工具

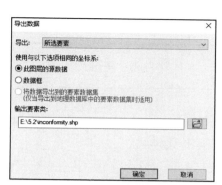

图 5.2.28　"导出数据"对话框

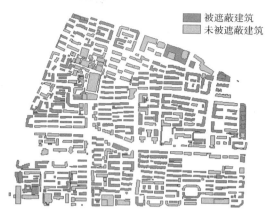

图 5.2.29　建筑物日照遮蔽分析结果

5.3　城市热岛斑块空间扩张模式识别

> 城市尚余三伏热，秋光先到野人家。　　——陆游《秋怀》

【实验目的】

通过搭建 ArcGIS ModelBuilder 模型，综合运用空间分析工具及 Python 脚本工具，定量识别 2005—2020 年北京市夏季昼夜城市热岛斑块空间扩张模式。

【实验意义】

城市热岛（Urban Heat Island，UHI）效应是指由于城市建筑及人类活动引起热量在城市空间范围内积聚，导致城郊间温差显著的现象。城市热岛效应引发了一系列生态环境变化，影响区域气候、生物多样性、植被物候、空气和水环境质量，甚至影响人类疾病发病率和死亡率。当城市热岛效应与全球气候变化相互作用时，其对人类社会和自然环境影响的强度会进一步增加。因此，城市热环境调控对改善人居环境质量尤为重要，同时也是实现"碳达峰"和"碳中和"目标的重要手段。准确识别城市热岛斑块是适应和减缓全球气候变化的前提。通过定量化分析新增城市热岛斑块和原有城市热岛斑块的空间拓扑关系，识别城市热岛斑块的空间扩张模式，便于研究城市热岛斑块扩张类型及其特点，对城市热环境改善措施的提出至关重要。

【知识点】

1. 了解城市热岛斑块空间扩张模式识别的原理和计算过程；

2. 熟练掌握应用 ArcGIS 软件进行查询数据属性、数据格式转换、字段计算等操作；

3. 熟练掌握应用 ArcGIS 软件进行栅格计算、重分类、提取分析等操作；

4. 应用 ArcGIS ModelBuilder 实现数据处理和分析的方法；

5. 熟悉应用 Python 脚本实现数据处理和分析的方法。

【实验数据】

1. 北京市 2005 年和 2020 年夏季昼夜地表温度数据，来源为 Aqua 中分辨率成像光谱仪（MODIS）2005 年和 2020 年夏季 8 天合成地表温度产品（MYD11A2）；过境时间为当地时间 01：30 和 13：30（https://lpdaac.usgs.gov/products/myd11a2v061/）；空间分辨率为 1 km；数据名称分别为 A2005day.tif、A2005night.tif、A2020day.tif、A2020night.tif，如图 5.3.1 所示。

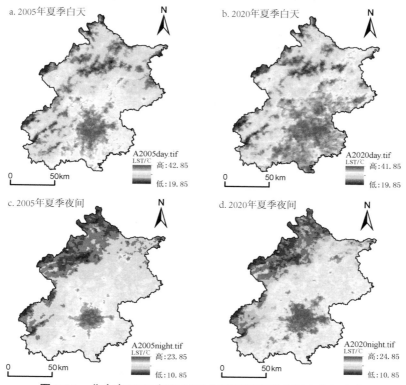

图 5.3.1　北京市 2005 年和 2020 年夏季昼夜地表温度空间分布

【实验软件】

ArcGIS 10.8。

【思维导图】

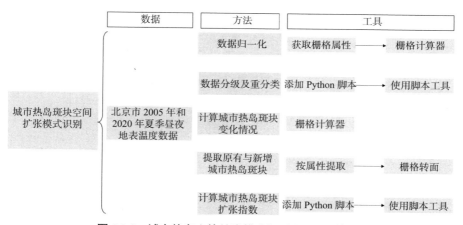

图 5.3.2　城市热岛斑块扩张模式识别实验思维导图

【实验步骤】

图 5.3.3 扫码查看城市热岛斑块扩张模式识别 ModelBuilder 示意图

注意,本实验因涉及脚本对指定文件夹中指定数据文件的调用,请读者在操作时严格按照教程要求设置文件保存路径和文件名。

【步骤 1】创建 ArcGIS ModelBuilder

通过创建 ArcGIS ModelBuilder,为本实验构建整体的模型框架。右键点击实验文件夹,选择【工具箱】—【新建】—【模型】(图 5.3.4),加载 A2005day.tif 和 A2020day.tif(图 5.3.5)。

图 5.3.4 新建【模型】

图 5.3.5 扫码查看模型图

【步骤 2】数据归一化

根据归一化公式,通过【获取栅格属性】(Get Raster Properties)工具分别获取 2005 年和 2020 年夏季白天(夜间)北京市地表温度的最大值与最小值,然后通过【栅格计算器】(Raster Calculator)完成数据归一化操作。归一化公式如下:

$$T_n = \frac{T_s - T_{min}}{T_{max} - T_{min}} \tag{5.3.1}$$

式中: T_n 为某一像元地表温度的归一化值; T_s 是该像元的实际地表温度值; T_{max} 和 T_{min} 分别

为某一时刻该区域地表温度的最大值和最小值。

　　获取数据最大值与最小值。打开【数据管理工具】—【栅格】—【栅格属性】—【获取栅格属性】(Get Raster Properties),将工具拖入模型,打开【获取栅格属性】工具。【输入栅格】选择"A2020day.tif",【属性类型】选择"MINIMUM"(最小值)(图5.3.6)。用相同的操作分别获取A2020day.tif的最大值,A2005day.tif的最小值和最大值。

　　栅格计算器进行归一化。打开【空间分析工具】—【地图代数】—【栅格计算器】(Raster Calculator)。在"栅格计算器"中,输入对数据A2020day.tif进行归一化的公式:("%A2020day.tif%"-float(%MIN(2)%))/(float(%MAX(2)%)-float(%MIN(2)%)),设置输出栅格的路径与名称(图5.3.7)。此处,将归一化后的文件命名为"A2020day1.tif"(图5.3.8)。用同样的操作,对数据A2005day.tif进行归一化的操作设置。

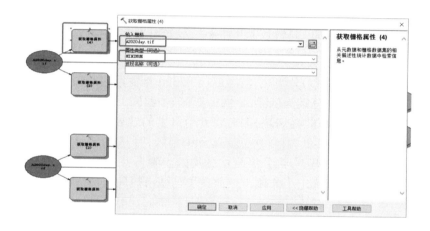

图5.3.6　用【获取栅格属性】工具获取最大值和最小值

图5.3.7　扫码查看模型中的归一化部分

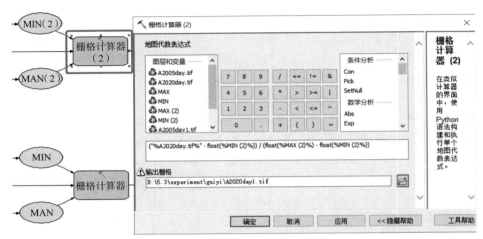

图 5.3.8　模型中"栅格计算器"对话框（归一化设置）

【步骤 3】地表温度分级及重分类

根据均值－标准差（STD）分级法，将 2005 和 2020 年夏季白天（夜间）北京市地表温度数据分为 5 个级别，1 至 5 分别为低温区、次低温区、中温区、次高温区和高温区。本实验将次高温区和高温区视为城市热岛斑块，因此将 5 个级别的地表温度区域再重分类为 0 和 1。0 表示非城市热岛斑块，包括低温区、次低温区和中温区，1 表示城市热岛斑块，包括次高温区和高温区。在 Python 代码中，将分级与重分类的步骤合并，最后生成的文件为包含像元值为 0 和 1 的栅格文件，即确定了非城市热岛斑块与城市热岛斑块（图 5.3.9）。

表 5.3.1　地表温度等级区间分级标准

地表温度等级	分级标准	分级等级	重分类等级
低温	$T_n < T_{mean} - STD$	1	0
次低温	$T_{mean} - STD \leqslant T_n < T_{mean} - 0.5STD$	2	0
中温	$T_{mean} - 0.5STD \leqslant T_n < T_{mean} + 0.5STD$	3	0
次高温	$T_{mean} + 0.5STD \leqslant T_n < T_{mean} + STD$	4	1
高温	$T_n \geqslant T_{mean} + STD$	5	1

注：T_{mean} 为某一时刻研究区域所有像元温度归一化后的平均值，T_n 为某像元的归一化地表温度值，STD 为标准差。

图 5.3.9　扫码查看模型中的地表温度分级及重分类部分

在【步骤 1】中创建的【工具箱】中添加 Python 脚本。【工具箱】—【添加】—【脚本】（Add Script）（图 5.3.10）。

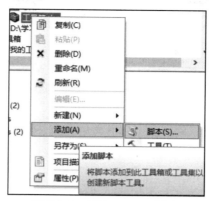

图 5.3.10　添加 Python 脚本

在"添加脚本"对话框中,设置脚本工具的【名称】【标签】,勾选【存储相对路径名(不是绝对路径)】,其余保持默认,点击【下一页】(图 5.3.11)。勾选【执行脚本时显示命令窗口】,【脚本文件】选择"Reclass.py",点击【下一页】(图 5.3.12)。

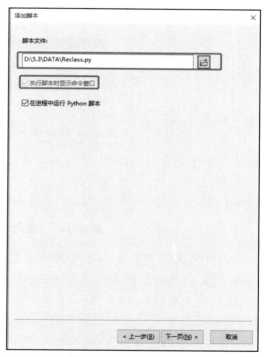

图 5.3.11　设置脚本名称和标签　　　　**图 5.3.12　加载脚本文件**

设置【显示名称】【数据类型】和【参数属性】;根据 Python 脚本中的参数(图 5.3.13),分别设置【显示名称】【数据类型】为"文件夹"或"栅格图层";将 newRaster 在【参数属性】中的【方向】设置为【Output】(输出),其余三个参数对应的参数属性保持默认设置(图 5.3.14)。

```
env.workspace = arcpy.GetParameterAsText(0)
rasterList = arcpy.ListRasters("*")

inRaster = os.path.split(env.workspace)[1]
outworkspace = arcpy.GetParameterAsText(2)#space
newRaster = arcpy.GetParameterAsText(3)
for raster in rasterList:
```

图 5.3.13   Python 脚本中对应的参数部分

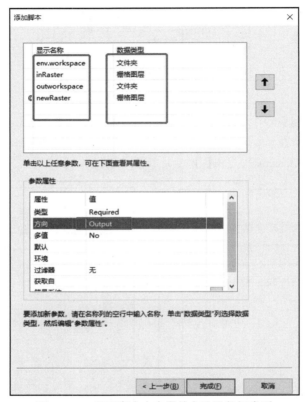

图 5.3.14   设置脚本中变量的名称及数据类型

  设置完成后,把【工具箱】中刚刚设置好的 Reclass 脚本工具拖入模型。打开【Reclass】脚本工具,连接相应的文件夹与栅格图层,输出栅格的文件名需要与原有栅格的文件名一致,此处为 A2020day1.tif(图 5.3.15)。注:需要提前建立相应的文件夹,如 guiyi、classify 等。相同地,对 2005 年的数据进行该操作,输出栅格的文件名为 A2005day1.tif。

  此步骤生成了北京市 2005 年和 2020 年夏季白天非城市热岛斑块(像元值为 0)和城市热岛斑块(像元值为 1)的栅格数据。

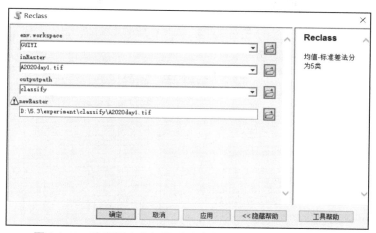

图 5.3.15　地表温度分级及重分类脚本工具在模型中的设置

【步骤4】提取新增城市热岛斑块及原有城市热岛斑块

区分好城市热岛斑块与非城市热岛斑块之后,需要找到2005—2020年期间新增的城市热岛斑块,即找出2005年不是城市热岛斑块(像元值为0),而在2020年变成了城市热岛斑块(像元值为1)的部分。先计算2005—2020年期间的城市热岛斑块变化情况的栅格数据,再提取出新增的城市热岛斑块(图5.3.16)。

图 5.3.16　扫码查看模型中计算2005—2020年城市热岛斑块变化情况部分

打开【空间分析工具】—【地图代数】—【栅格计算器】(Raster Calculator)。输入计算公式:"%A2020day1.tif(2)%"-"%A2005day1.tif(2)%",输出栅格使用系统默认的路径与名称(图5.3.17)。计算得到2005—2020年城市热岛斑块情况变化的栅格数据,像元的值为1,0或-1。1代表新增的城市热岛斑块(即2005年不是城市热岛斑块,2020年是城市热岛斑块),0代表2005和2020年都是城市热岛斑块或者都不是城市热岛斑块,-1代表缩减的城市热岛斑块(即2005年是城市热岛斑块,2020年不是城市热岛斑块)。

需要将新增的城市热岛斑块部分以及原有的城市热岛斑块部分(栅格像元值为1的区域)提取出来进行下一步计算(图5.3.18)。

使用【按属性提取】工具进行城市热岛区域的提取。在工具箱中,选择【空间分析】—【提取分析】—【按属性提取】(Extract By Attributes)找到该工具并拖入模型。打开该工具,对新增的城市热岛斑块数据进行相应的参数设置,【Where 子句】设置为"Value=1",在【输出栅格】中将新增的城市热岛斑块命名为"A0520day.tif"(图5.3.19)。同样地,对2005年的数据进行该操作,在【输出栅格】中将原有的城市热岛斑块命名为"A2005day3".tif。

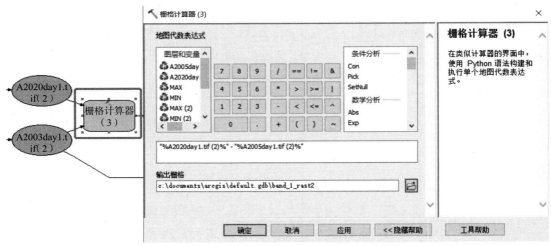

图 5.3.17　计算 2005—2020 年城市热岛斑块变化情况

图 5.3.18　扫码查看模型中提取新增的城市热岛斑块及原有的城市热岛斑块部分

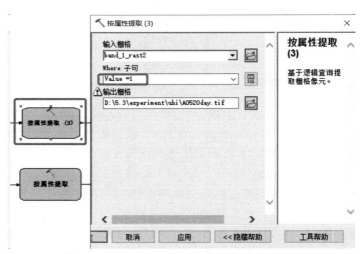

图 5.3.19　按属性提取城市热岛斑块参数设置

【步骤 5】栅格转面

在计算城市热岛斑块扩张模式时,需要的数据为矢量数据,因此需要将【步骤 4】中的北京市新增的城市热岛斑块栅格数据(A0520day.tif)和原有的城市热岛斑块栅格数据(A2005day3.tif)转为面数据(图 5.3.20)。

图 5.3.20　扫码查看模型中栅格数据转面数据部分

在工具箱中，选择【转换工具】—【由栅格转出】—【栅格转面】（Raster To Polygon），将该工具拖入模型中。打开工具，设置相应参数，【输入栅格】为"A0520day.tif"，【字段】为"Value"，在【输出面要素】中选择相应的文件夹并设置文件名为"A0520day4.shp"，取消勾选【简化面】（图 5.3.21）。注：提前建好的文件夹为"polygon"。相同地，对 2005 年的数据也进行栅格转面操作，将输出的面要素命名为"A2005day4.shp"。

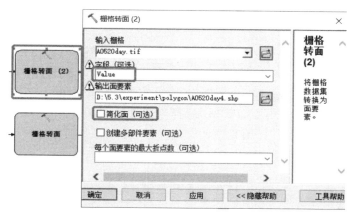

图 5.3.21　【栅格转面】工具对话框

【步骤 6】确定城市热岛斑块扩张模式

在分别提取了北京市新增的城市热岛斑块（A0520day4.shp）和原有的城市热岛斑块（A2005day4.shp）后，通过构建城市热岛斑块扩张指数（Urban heat island expansion index，UHIEI）来识别飞地型、边缘型和填充型城市热岛斑块扩张模式（图 5.3.22）。城市热岛斑块扩张指数以新增城市热岛斑块特定距离（本实验中定义为 1 m）的缓冲区为统计单元，统计缓冲区与原有城市热岛斑块重叠的面积和未重叠的面积，再依据阈值来判断新增城市热岛斑块扩张类型，计算公式如下：

$$UHIEI = \frac{UHI_0}{UHI_0 + UHI_c} \times 100\%　\hspace{2cm}（5.3.2）$$

式中：UHI_0 是新增城市热岛斑块缓冲区内与原有城市热岛斑块的重叠面积；UHI_c 是新增城市热岛斑块缓冲区内未与原有城市热岛斑块重叠的面积。$UHIEI$ 的取值范围为 0~100。当 $UHIEI=0$ 时，新增城市热岛斑块呈飞地型扩张（图 5.3.22c）；当 $0<UHIEI \leqslant 50$ 时，新增城市热岛斑块呈边缘型扩张（图 5.3.22b）；当 $50<UHIEI \leqslant 100$ 时，新增城市热岛斑块呈填充型扩张（图 5.3.22a）。

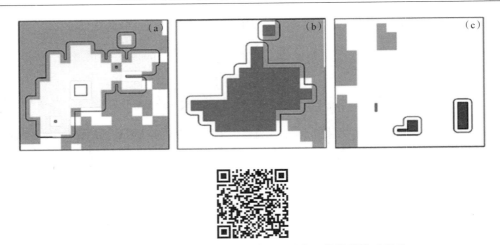

图 5.3.22　扫码查看模型中计算城市热岛斑块扩张模式部分

将上述公式编成 Python 脚本工具 LEI（本实验已制作好该工具，可直接使用），拖入模型，设置相应的参数。在"LEI"对话框中，工作空间【Workspace】选择【步骤 5】中面数据所在的文件夹"polygon"，【Origin FeatureClass】（原城市热岛面数据）选择"A2005day4.shp"，【NewFeatureClass】（新城市热岛面数据）选择"A0520day4.shp"，【Buffer distance】（缓冲距离）设置为"1"，再点击【确定】（图 5.3.23）。

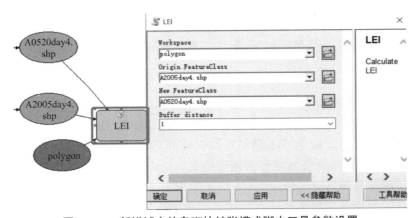

图 5.3.23　新增城市热岛斑块扩张模式脚本工具参数设置

计算结束后，打开 A0520day4.shp 的属性表查看计算结果，城市热岛斑块扩张模式指数保存在字段列"LEI"中（图 5.3.24）。

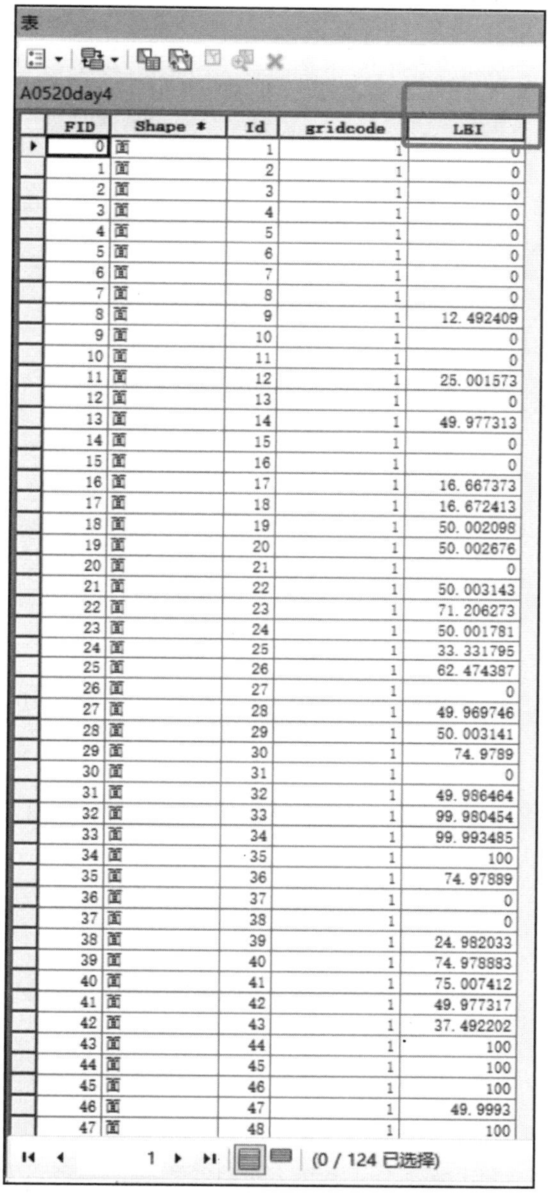

FID	Shape *	Id	gridcode	LBI
0	面	1	1	0
1	面	2	1	0
2	面	3	1	0
3	面	4	1	0
4	面	5	1	0
5	面	6	1	0
6	面	7	1	0
7	面	8	1	0
8	面	9	1	12.492409
9	面	10	1	0
10	面	11	1	0
11	面	12	1	25.001573
12	面	13	1	0
13	面	14	1	49.977313
14	面	15	1	0
15	面	16	1	0
16	面	17	1	16.667373
17	面	18	1	16.672413
18	面	19	1	50.002098
19	面	20	1	50.002676
20	面	21	1	0
21	面	22	1	50.003143
22	面	23	1	71.206273
23	面	24	1	50.001781
24	面	25	1	33.331795
25	面	26	1	62.474387
26	面	27	1	0
27	面	28	1	49.969746
28	面	29	1	50.003141
29	面	30	1	74.9789
30	面	31	1	0
31	面	32	1	49.986464
32	面	33	1	99.980454
33	面	34	1	99.993485
34	面	35	1	100
35	面	36	1	74.97889
36	面	37	1	0
37	面	38	1	0
38	面	39	1	24.982033
39	面	40	1	74.978883
40	面	41	1	75.007412
41	面	42	1	49.977317
42	面	43	1	37.492202
43	面	44	1	100
44	面	45	1	100
45	面	46	1	100
46	面	47	1	49.9993
47	面	48	1	100

图 5.3.24　城市热岛斑块扩张指数计算结果

最终，对北京市城市热岛斑块扩张模式计算结果进行可视化展示，如图 5.3.25 所示。

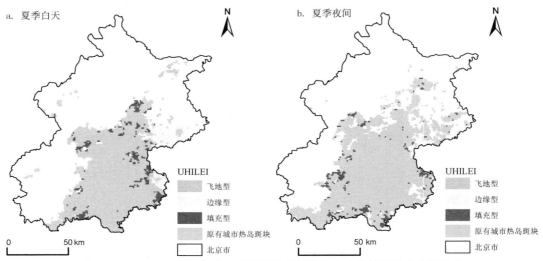

图 5.3.25　2005—2020 年北京市夏季昼夜城市热岛斑块扩张模式空间分布

第六章　生态环境实验

6.1　生态脆弱性评价

> 轮台九月风夜吼,一川碎石大如斗,随风满地石乱走。
>
> ——岑参《走马川行奉送封大夫出师西征》

【实验目的】

根据生态脆弱性评价方法,使用所需的各类基础数据,如基础地理信息数据、土地利用现状及年度调查监测数据、气象观测数据、遥感影像、地表参数、生态系统类型与空间分布数据等,计算生态脆弱性各单项评价等级,最终完成生态脆弱性评价。

【实验意义】

生态脆弱性是指生态系统对人类活动反应的敏感程度,用来表征发生生态失衡与生态环境问题的可能性大小,主要包括水土流失脆弱性、土地沙化脆弱性、石漠化脆弱性等。评价水土流失、土地沙化、石漠化等脆弱性,取各项结果的最高等级作为生态脆弱性等级,并进一步将生态脆弱性依次划分为一般脆弱、脆弱和极脆弱 3 个等级。

生态脆弱性评价是国土空间规划双评价的重要组成部分,生态保护红线划定即以其为依据。科学和严谨的生态脆弱性评价,有利于生态环境分区管控,因地制宜地保护和恢复水土流失、土地沙化、石漠化等生态环境敏感脆弱的区域。

【知识点】

1. 了解生态脆弱性的评价原理和计算过程;

2. 熟练掌握应用 ArcGIS 软件进行数据属性表连接等操作;

3. 熟练掌握应用 ArcGIS 软件进行栅格计算、重分类、提取分析、空间插值等操作;

4. 掌握应用 ArcGIS 软件进行邻域分析、局部分析等操作;

5. 了解应用 Excel 软件使用数据透视表的方法。

【实验数据】

1. 将广州市行政边界矢量数据命名为 guangzhou.shp。

2. 土壤质地空间分布栅格数据分为 sand(砂土)、silt(粉砂土)、clay(黏土)三大类,数值以百分比表示。将上述三大类数据分别命名为 sand.tif、silt.tif、clay.tif。

3. 将高程栅格数据命名为 DEM.tif。

4. 将植被覆盖度栅格数据命名为 vegcov.tif。

5. 将年平均降水量栅格数据命名为 precipitation.tif。

6. 将广州市气象站点矢量数据命名为 gzstation.shp。

7. 将广州市气象站点逐日数据命名为 stationdata.xlsx。其中,包含区站号、观测月、观测日、平均气温、日累计降水量、风速等数据。

8.将碳酸岩出露面积比例栅格数据命名为 t_caco3.tif。

部分实验基础数据见图 6.1.1。

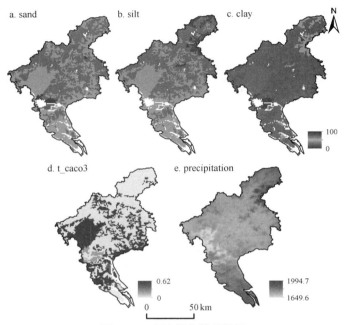

图 6.1.1　实验部分基础数据

（a）砂土百分比含量　（b）粉砂土百分比含量　（c）黏土百分比含量　（d）碳酸岩出露面积比例　（e）年降水量

【实验软件】

ArcGIS 10.8、Excel 2016。

【思维导图】

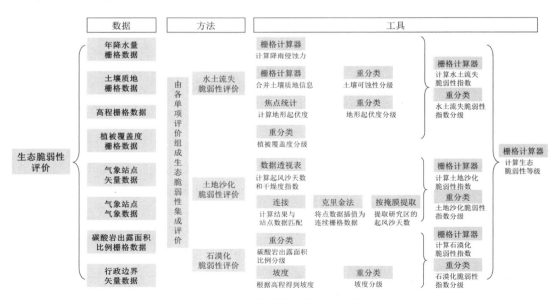

图 6.1.2　生态脆弱性评价实验思维导图

【实验步骤】

（一）单项评价之水土流失脆弱性评价

根据土壤侵蚀发生的动力条件，水土流失类型主要有水力侵蚀和风力侵蚀。以风力侵蚀为主带来的水土流失的脆弱性将在土地沙化脆弱性评价中进行评估。水土流失脆弱性指数计算公式如下：

$$SS = \sqrt[4]{R \times K \times LS \times C}$$ 　　　　（6.1.1）

式中：SS 为水土流失脆弱性指数；R 为年降雨侵蚀力因子；K 为土壤可蚀性因子；LS 为地形起伏度因子；C 为植被覆盖因子。

各因子的赋值方法见表 6.1.1。

表 6.1.1　水土流失脆弱性评价因子分级赋值

评价因子	极脆弱	脆弱	一般脆弱
年降雨侵蚀力因子 R（MJ·mm·hm^{-2}·h^{-1}·a^{-1}）	>600	100~600	<100
土壤可蚀性因子 K	砂粉土、粉土	面砂土、壤土、砂壤土、粉黏土、壤黏土	石砂、沙、粗砂土、细砂土、黏土
地形起伏度因子 LS	>300	50~300	0~50
植被覆盖因子 C	≤0.2	0.2~0.6	≥0.6
分级赋值	5	3	1

【步骤 1】利用年降水量数据计算降雨侵蚀力

降雨侵蚀力是指降雨引发土壤侵蚀的潜在能力，由年降雨侵蚀力因子表征。当获得年降水量数据时，降雨侵蚀力因子的计算公式如下：

$$R = 0.053 \times P^{1.655}$$ 　　　　（6.1.2）

式中：P 为年降水量（mm）；R 为年降雨侵蚀力因子（MJ·mm·hm^{-2}·h^{-1}·a^{-1}）。

打开【空间分析工具】—【地图代数】—【栅格计算器】（Raster Calculator）。输入公式 Power("precipitation.tif"，1.655) * 0.053，计算年降雨侵蚀力因子（图 6.1.3）。所得结果显示，研究区的 R 值均高于 600，故因子直接赋值为 5，无需分级。

图 6.1.3　计算年降雨侵蚀力因子

【步骤 2】通过编码组合合并土壤质地信息

打开【空间分析工具】—【地图代数】—【栅格计算器】(Raster Calculator)。通过重编码的思路判断土壤可蚀性,输入公式 "silt" * 10 000+"sand"*100+"clay",生成新的栅格数据 "soil"(图 6.1.4)。新栅格数据将同时包含 silt(粉砂土)、sand(砂土)与 clay(黏土)的土壤属性信息。

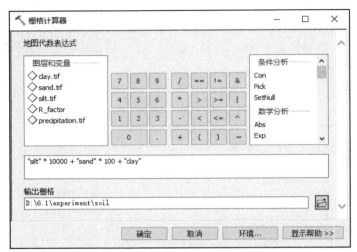

图 6.1.4　合并土壤属性信息

【步骤 3】对不同的土壤质地进行土壤可蚀性分级赋值

打开【空间分析工具】—【重分类】—【重分类】(Reclassify)(图 6.1.5)。根据表 6.1.2 中的土壤属性信息对土壤可蚀性进行分级赋值。

表 6.1.2　土壤可蚀性分级(t·hm²·h/(hm²·MJ·mm))

土壤属性	silt	sand	clay	赋值
石砂		>80		1
沙		>90		
粗砂土		70~90		
细砂土		60~70		
粘土			>40	
面砂土		50~60		3
壤土	<40	<20		
砂壤土	<40	20~50		
粉黏土			30~35	
壤黏土			35~40	
砂粉土	≥40	20~50	<30	5
粉土	≥40	<20		

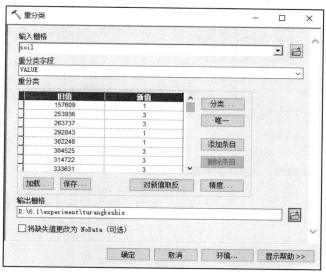

图 6.1.5 土壤可蚀性分级

【步骤4】计算地形起伏度

打开【空间分析工具】—【邻域分析】—【焦点统计】（Focal Statistics）。【输入栅格】选择当地高程数据"DEM.tif"（本实验的高程数据栅格尺寸为30 m×30 m），【邻域设置】中半径设为"15"，【统计类型】选择"RANGE"，即计算邻域内像元的范围（最大值和最小值之差）（图 6.1.6）。注意，半径设置主要基于以下原则：邻域范围通常采用20 hm² 左右，50 m×50 m 栅格面积为0.25 hm²，20 hm² 范围意味着需要覆盖80×（20÷0.25）个栅格单元，开方后约为横、纵各9个。同理，30 m×30 m 栅格需要覆盖222.22×（20÷0.09）个栅格单元，开方后约为15个。

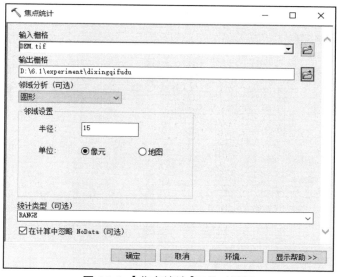

图 6.1.6 【焦点统计】工具对话框

【步骤 5】对地形起伏度分级赋值

打开【空间分析工具】—【重分类】—【重分类】(Reclassify)(图 6.1.7)，根据表 6.1.1 中的地形起伏度数值范围分级赋值。

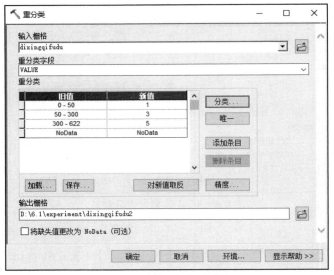

图 6.1.7　地形起伏度分级

【步骤 6】对植被覆盖度分级赋值

打开【空间分析工具】—【重分类】—【重分类】(Reclassify)(图 6.1.8)，根据表 6.1.1 中的植被覆盖度数值范围分级赋值。

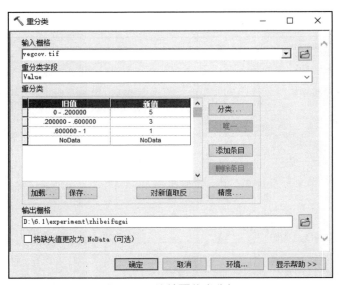

图 6.1.8　植被覆盖度分级

【步骤 7】计算水土流失脆弱性指数并分级赋值

打开【空间分析工具】—【地图代数】—【栅格计算器】(Raster Calculator)。在"栅格计算器"中,输入公式 Power(5*"turangkeshix"*"dixingqifudu2"*"zhibeifugai",0.25),生成水土流失脆弱性指数栅格数据(图6.1.9)。

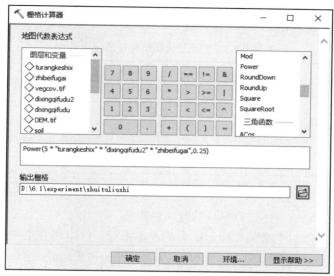

图 6.1.9　计算水土流失脆弱性指数

打开【空间分析工具】—【重分类】—【重分类】(Reclassify),对计算结果分级赋值。在"重分类"对话框中,设置旧值为"1-2""2-4"和"4-5",对应的新值为"1""3"和"5"(图6.1.10);点击【确定】,得到广州市水土流失脆弱性指数评价结果。

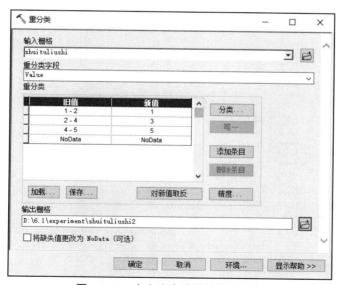

图 6.1.10　水土流失脆弱性指数分级

(二)单项评价之土地沙化脆弱性评价

土地沙化脆弱性指数的计算公式如下:

$$D = \sqrt[4]{I \times W \times K \times C} \qquad\qquad (6.1.3)$$

式中：D 为土地沙化脆弱性指数；I 为干燥度指数；W 为起风沙天数；K 为土壤可蚀性因子；C 为植被覆盖因子。

各因子的赋值见表 6.1.3。

表 6.1.3　土地沙化脆弱性评价分级

评价因子	极脆弱	脆弱	一般脆弱
干燥度指数因子 I	$\geqslant 16$	1.5~16	$\leqslant 1.5$
起风沙天数因子 $W(d)$	$\geqslant 30$	10~30	$\leqslant 10$
土壤可蚀性因子 K	砂粉土、粉土	面砂土、壤土、砂壤土、粉黏土、壤黏土	石砂、沙、粗砂土、细砂土、黏土
植被覆盖因子 C	$\leqslant 0.2$	0.2~0.6	$\geqslant 0.6$
分级赋值	5	3	1

【步骤 1】利用气象站点逐日数据计算起风沙天数

风力强度是反映风对土壤颗粒搬运能力的重要指标。已有研究资料表明，砂质壤土、壤质砂土和固定风砂土的起动风速分别为 6.0 m/s、6.6 m/s 和 5.1 m/s，建议选用冬春季节大于 6 m/s 起沙风天数指标评估土地沙化脆弱性。

使用 Excel 软件打开【stationdata.xlsx】，点击【插入】—【数据透视表】—【表格和区域】，选择整个数据区域，使数据透视表放置于"新工作表"，点击【确定】（图 6.1.11）。

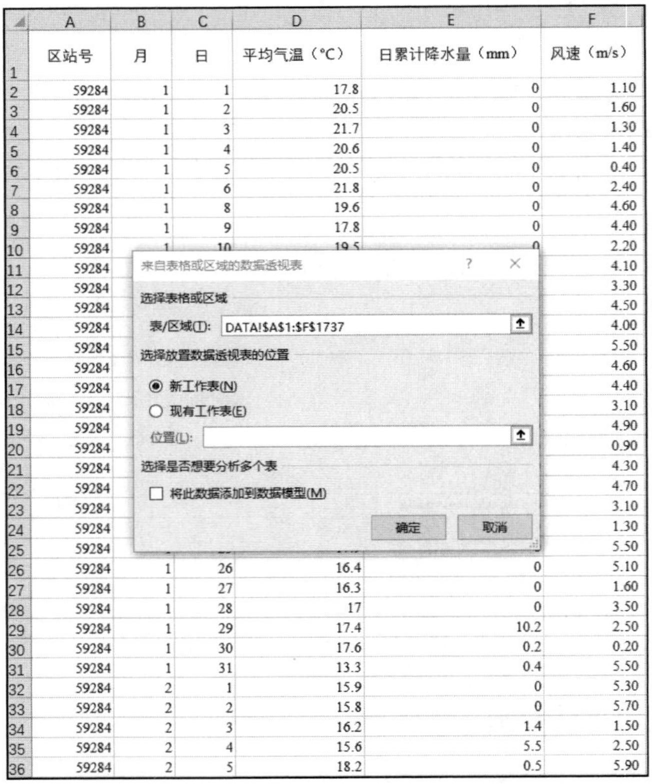

图 6.1.11　【来自表格或区域的数据透视表】对话框

设置数据透视表字段。将【区站号】拖动至"行",将【日】拖动至"值";点击【值字段设置】,将【计算类型】设置为"计数"并点击【确定】;将【月】和【风速】拖动至"筛选";设置【月】的筛选项为1、2、3、4、5、12(冬季为12、1、2月,春季为3、4、5月);设置【风速】的筛选项为"≥6",即可计算出起风沙天数。将"数据透视表"的计算结果复制并粘贴至表内其他区域,更改字段列名分别为"区站号"与"起风沙天数"(图6.1.12)。

图6.1.12 【数据透视表字段】对话框与【数据透视表】结果

【步骤2】利用气象站点逐日数据计算干燥度指数

干燥度指数表征一个地区干湿程度,反映了某地、某时水分的收入和支出状况。采用修正的谢良尼诺夫公式计算干燥度指数,公式如下:

$$I = 0.16 \times \frac{\text{全年} \geqslant 10\,℃\text{的气温}}{\text{全年} \geqslant 10\,℃\text{期间的降水量}} \qquad (6.1.4)$$

如前述步骤,点击【插入】—【数据透视表】—【表格和区域】,选择整个数据区域,使数据透视表放置于"新工作表",点击【确定】(图6.1.13)。

设置数据透视表字段。将【区站号】拖动至"行",将【平均气温】和【日累计降水量】拖动至"值",【值字段设置】默认为"求和项",将【平均气温】拖动至"筛选",设置【平均气温】的筛选项为"≥10",即可计算出"全年≥10℃的积温"与"全年≥10℃期间的降水量"(图6.1.13)。

图 6.1.13 【数据透视表字段】对话框(计算干燥度)

将"数据透视表"的结果复制并粘贴至表内其他区域,更改字段列名分别为"区站号""气温"与"降水量",添加字段"干燥度指数"并输入公式,令表格自动填充进行计算。另存该 Excel 文件为 XLS 格式,文件命名为"stationresults.xls"(图 6.1.14)。

	A	B	C	D	E	F	G	H
1	平均气温 (℃) (多项)				区站号	气温	降水量	干燥度指数
2					59284	8019.2	1949.9	0.65801939
3	行标签	求和项:平均气温 (℃)	求和项:日累计降水量 (mm)		59285	7437.2	1783	0.66738755
4	59284	8019.2	1949.9		59287	6981.5	1662.3	0.6719846
5	59285	7437.2	1783		59294	8080.7	1697.5	0.76165655
6	59287	6981.5	1662.3		59481	8164.5	1266.5	1.03144098
7	59294	8080.7	1697.5					
8	59481	8164.5	1266.5					
9	总计	38683.1	8359.2					

图 6.1.14 干燥度指数与起风沙天数分析结果

根据土地沙化脆弱性评价分级表(表 6.1.3),该省份所有站点的干燥度指数均不大于 1.5,则不需要插值即可判断研究区干燥度指数赋值为 1。

【步骤 3】将起风沙天数计算结果与站点数据连接

添加图层"gzstation.shp",右键点击【连接和关联】—【连接】。【选择该图层中连接将基于的字段】设置为"stationid";【选择要连接到此图层的表,或者从磁盘加载表】选择上步的"stationresults.xls"中的"Sheet1";【选择此表中要作为连接基础的字段】为"区站号",点击【确定】(图 6.1.15)。

至此,计算出的数据根据相同的站点名与 ArcGIS 中的气象站点数据相连接。右键点击"gzstation.shp",选择【打开属性表】即可看到添加连接的数据。

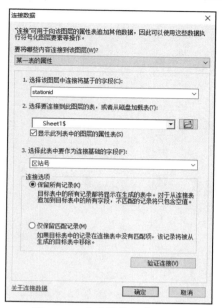

图 6.1.15 【连接数据】对话框

【步骤 4】将站点的起风沙天数数据空间插值为栅格数据

打开【空间分析工具】—【插值分析】—【克里金法】（Kriging）。【输入点要素】设置为"gzstation"，【Z 值字段】设置为"Sheet1$.起风沙天数"，点击【环境…】；在弹出的对话框中，【处理范围】选择广州市行政边界矢量数据 guangzhou.shp（图 6.1.16）。

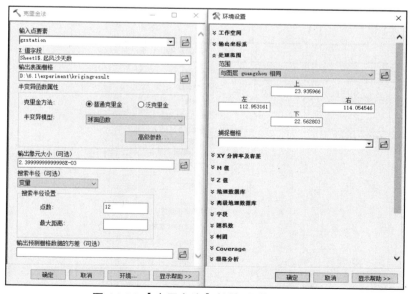

图 6.1.16 【克里金法】对话框及其环境设置

空间插值结果如图 6.1.17 所示。

注意，本实验的研究区为广州市，如果仅使用广州市的气象站点进行计算与空间插值，点数量过少，实际研究中建议使用更大范围的数据进行计算与空间插值。

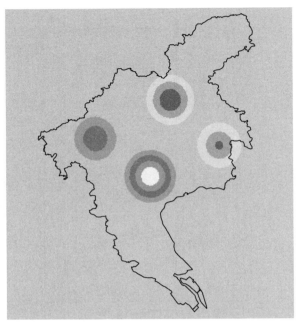

图 6.1.17　起风沙天数数据克里金法插值结果

【步骤 5】提取研究区起风沙天数栅格数据

打开【空间分析工具】—【提取分析】—【按掩膜提取】(Extract By Mask)。【输入栅格】设置为上步刚刚得到的插值结果,【输入栅格数据或要素掩膜数据】设置为"guangzhou",点击【环境…】;在弹出的对话框中,【栅格分析】的【像元大小】与上步插值结果的尺度相同(图 6.1.18)。

图 6.1.18　【按掩膜提取】对话框及其环境设置

【步骤 6】起风沙天数分级赋值

打开【空间分析工具】—【重分类】—【重分类】(Reclassify),对起风沙天数计算及插值结果分级赋值(图 6.1.19)。

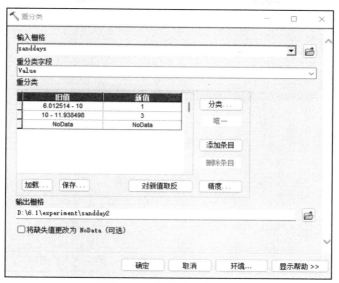

图 6.1.19　起风沙天数分级

【步骤 7】计算土地沙化脆弱性指数并分级赋值

打开【空间分析工具】—【地图代数】—【栅格计算器】(Raster Calculator)，输入公式 Power(1 * "sanddays2" * "turangkeshix" * "zhibeifugai",0.25)，生成土地沙化脆弱性指数栅格数据（图 6.1.20）。

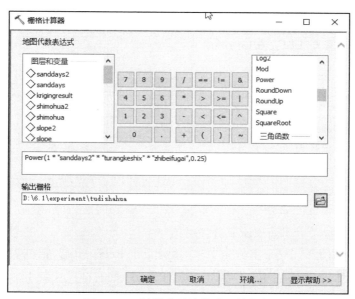

图 6.1.20　计算土地沙化脆弱性指数

打开【空间分析工具】—【重分类】—【重分类】(Reclassify)，对计算结果分级赋值。由于本实验土地沙化脆弱性指数分布在 1~4，故只涉及前两种分类（图 6.1.21）。最终，得到广州市土地沙化脆弱性指数评价结果。

图 6.1.21　土地沙化脆弱性指数分级

（三）单项评价之石漠化脆弱性评价

石漠化脆弱性评价是为了识别容易产生石漠化的区域,评估石漠化对人类活动的敏感程度。石漠化脆弱性指数的计算公式如下:

$$S = \sqrt[3]{D \times P \times C} \tag{6.1.5}$$

式中:S 为石漠化脆弱性指数;D 为碳酸岩出露面积比率;P 为地形坡度(°);C 为植被覆盖因子。各因子的赋值方法如表 6.1.4 所示。

表 6.1.4　石漠化脆弱性评价分级

评价因子	极脆弱	脆弱	一般脆弱
碳酸岩出露面积比率 D	$\geqslant 0.7$	$0.3 \sim 0.7$	$\leqslant 0.3$
地形坡度 P(°)	$\geqslant 25°$	$8° \sim 25°$	$\leqslant 8°$
植被覆盖度因子 C	$\leqslant 0.2$	$0.2 \sim 0.6$	$\geqslant 0.6$
分级赋值	5	3	1

【步骤 1】对碳酸岩出露面积比例分级赋值

打开【空间分析工具】—【重分类】—【重分类】(Reclassify),根据表 6.1.4 中的碳酸岩出露面积比率范围分级赋值(图 6.1.22)。

【步骤 2】计算坡度

打开【3D Analyst 工具】—【栅格表面】—【坡度】(Slope),输入高程数据 "DEM.tif" 并设置【输出测量单位】为 "DEGREE",点击【确定】得到坡度数据(图 6.1.23)。

【步骤 3】对坡度分级赋值

打开【空间分析工具】—【重分类】—【重分类】(Reclassify),根据表 6.1.4 中的坡度数值范围分级赋值(图 6.1.24)。

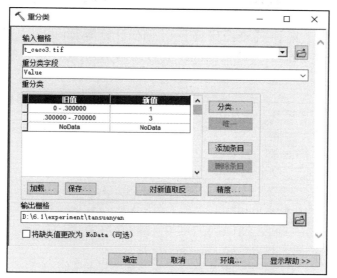

图 6.1.22　"重分类"对话框（碳酸岩出露面积比率分级）

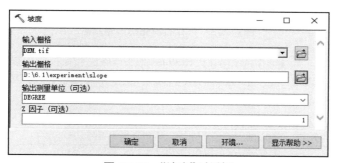

图 6.1.23　"坡度"对话框

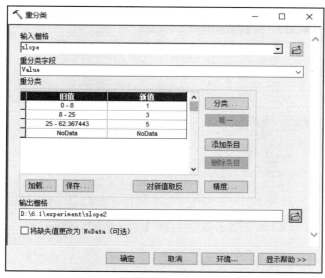

图 6.1.24　"重分类"对话框（坡度分级）

【步骤 4】计算石漠化脆弱性指数

打开【空间分析工具】—【地图代数】—【栅格计算器】(Raster Calculator),输入公式 Power("tansuanyan" * "slope2" * "zhibeifugai",0.333 333 3),生成石漠化脆弱性指数栅格数据(图 6.1.25)。

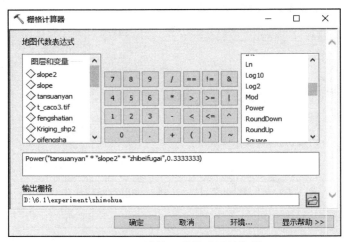

图 6.1.25　计算石漠化脆弱性指数

打开【空间分析工具】—【重分类】(Reclassify),对计算结果分级赋值。由于本实验得到的石漠化脆弱性指数结果分布在 1~4,故只涉及前两种分类(图 6.1.26)。最终,得到广州市石漠化脆弱性指数评价结果。

图 6.1.26　"重分类"对话框(石漠化脆弱性指数分级)

（四）集成评价之生态脆弱性评价

【步骤1】利用像元统计数据合并三个单项评价

打开【空间分析工具】—【局部分析】—【像元统计数据】（Pixel Statistics）。【输入栅格数据或常量值】依次选择"shuituliushi2""tudishahua2"和"shimohua2"，【叠加统计】选择"MAXIMUM"（图6.1.27）。新栅格数据将取三个单项评价中的最高值。生成新的栅格数据，即为生态脆弱性评价结果（图6.1.28）。

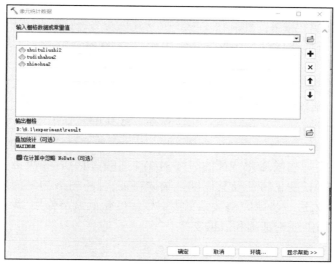

图6.1.27 生态脆弱性集成评价

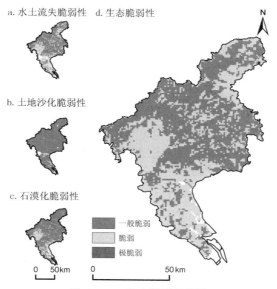

图6.1.28 生态脆弱性评价

6.2　基于时序植被指数的草地关键物候期识别

> 新年都未有芳华,二月初惊见草芽。　——韩愈《春雪》

【实验目的】

基于 MODIS NDVI 时序数据,绘制草地植被指数物候曲线,并判断其关键物候期。

【实验意义】

植被物候(phenology)是一种反映全球环境变化的综合性生物指示因子,主要用于研究植被周期性的生长特征变化以及这种变化受生长季节、年际气候变化的影响。基于遥感的物候观测具有多时相、长时间、覆盖范围广等特点,能较好地观测植被生长发育过程及年际变化,其中基于光学遥感数据的归一化植被指数(NDVI)随着观测区植物叶绿素含量的增多而增大,能反映植被覆盖及植物长势,因此完整时序的 NDVI 对于研究草地的物候变化特征具有重要意义。然而,受云雨的影响,部分光学遥感数据会缺失,有效数据之间的时间间隔长短不一,这将影响植被物候变化的准确判断,因此需要通过插值重构连续的时序遥感数据。通过绘制接近实际物候变化特征的时序 NDVI 曲线,研究者和决策者可以从 NDVI 曲线特征中获取植物生长变化特征及其周期性物候特征,分析植被物候信息中反馈出来的气候特征及其变化趋势,进一步研究植被碳平衡对气候变化的调节作用,为相关部门制定维护生态平衡相关政策提供理论基础和数据支撑。

【知识点】

1. 了解草地生态系统关键物候期识别原理和过程;

2. 掌握应用 ArcGIS 软件进行新建要素类、多值提取至点等操作;

3. 熟悉应用 Excel 软件进行复杂计算的方法。

【实验数据】

1. 将 NDVI 栅格数据命名为 NDVI。数据来源于美国国家航空航天局(National Aeronautics and Space Administration,NASA)提供的 Terra MODIS(MOD13A2)逐 8 天 NDVI 产品数据集,时间序列为 2007 年 1 月 1 日至 12 月 31 日共 46 期。具体命名方式为"a+ 年份 + 时期",如将 2007 年 1 月 1 日的数据文件命名为"a2007001"。

2. 将土地利用栅格数据命名为 LUCC.tif。七种土地利用类型分别为:耕地、林地、草地、水域、城市建设用地、农村居民点和未利用地土地利用栅格数据的空间分辨率为 1000 m,数据显示了对应 NDVI 数据年份的土地利用空间分布。

3. 将研究区矢量数据命名为 area.shp。

4. 将研究区草地样点数据命名为 station.shp。

【实验软件】

ArcGIS 10.8、Excel 2016。

【思维导图】

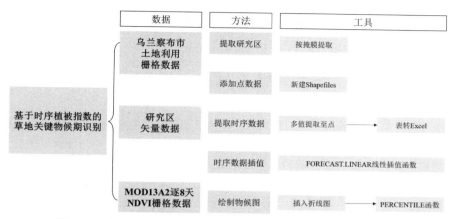

图 6.2.1　基于时序植被指数的草地关键物候期识别实验思维导图

【实验步骤】

（一）提取研究区土地利用类型

【步骤 1】按掩膜提取土地利用类型

依次添加 NDVI，LUCC.tif 和 area.shp 数据。

打开【Spatial Analyst 工具】—【提取分析】—【按掩膜提取】（Extrack by mask），提取出研究区域的土地利用类型，设置【输出栅格】为"LUCCarea.tif"（图 6.2.2）。

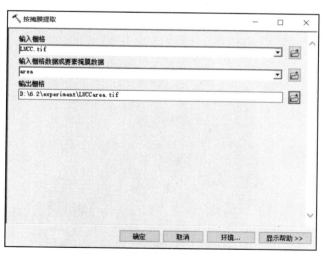

图 6.2.2　"按掩膜提取"对话框

（二）添加采样点数据并进行多值提取

【步骤 1】添加采样点数据

本实验以"单点"演示草地关键物候期识别方法和过程。因此，需要在"LUCCarea.tif"

中的"草地"（赋值为 3）上添加采样点数据，并提取出 2007 年对应的 46 期数据。

在"目录"中"experiment"（实验）位置右键点击，选择【新建】—【Shapefile】，创建点要素（图 6.2.3）。在"创建新 Shapefile"对话框中，将【名称】命名为"station"（图 6.2.4），使其位于图 6.2.5 所示研究区内的"草地"栅格中。

图 6.2.3 新建 Shapefile

图 6.2.4 "创建新 Shapefile"对话框

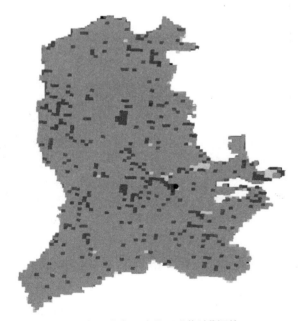

图 6.2.5 使创建点要素位于"草地"栅格

该采样点数据已在实验数据中提供,方便读者对比和直接使用。

【步骤 2】多值提取并转换为 Excel 表格

打开【Spatial Analyst 工具】—【提取分析】—【多值提取至点】(Extract Multivalues to Points),【输入点要素】选择"station",在【输入栅格】中添加"NDVI 2007"文件夹中的 46 期数据(图 6.2.6)。

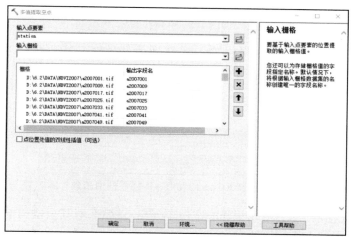

图 6.2.6 "多值提取至点"对话框

此时逐 8 天的 NDVI 数据已被提取至点要素的属性表中。选择【转换工具】—【Excel】—【表转 Excel】(Table to Excel),将属性表输出为"NDVI.xls"(图 6.2.7)。

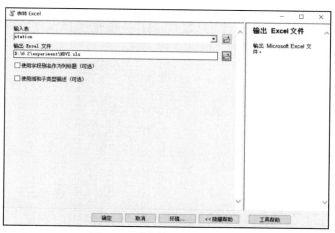

图 6.2.7 "表转 Excel"对话框

(三)时序数据插值

【步骤 1】时序插值处理

打开 NDVI.xls。为方便计算,先将 NDVI 数据复制一份到下方,并将遥感数据缺失的单元格(本实验中为第 49、57、137、177、185、209 和 273 天的数据,显示为 −9999)删除,如图

6.2.8 所示。

　　注:此处的 NDVI 值是 MOD13A2 逐 8 天数据,为实际值的 10 000 倍。

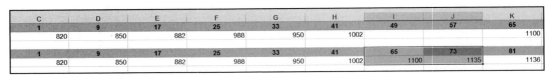

图 6.2.8　数据处理

　　选中一个空白单元格,在编辑栏输入线性插值函数 "=FORECAST.LINEAR(I1,$H$5:$I$5,$H$4:$I$4)",利用前一个和后一个有数据的单元格进行时序插值运算(图 6.2.9)。

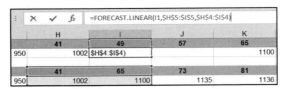

图 6.2.9　**FORECAST.LINEAR** 线性插值函数计算

　　通过拉动单元格的方式,填充相邻的空白单元格。同理,对其余空白单元格也进行同样的插值操作,即可得到重构的完整时序数据。

(四)绘制 NDVI 时序曲线图

　　在 Excel 软件中打开输出的表格,绘制 NDVI 时序曲线图。图片生成后,选中样点时序数据,点击【插入】选项卡,选择【图表】—【插入折线图或面积图】,再选择【带数据标记的折线图】,修改标题为"NDVI 时序曲线图",分别修改横纵坐标轴标题为"时间"和"NDVI",得到 NDVI 的时序曲线图,如图 6.2.10 所示。

图 6.2.10　**NDVI** 的时序曲线图

(五)基于 NDVI 时序曲线判断草地的关键物候期

　　首先,利用 Excel 中的 PERCENTILE 函数。输入函数 "=PERCENTILE(C2:AV2,0.15)",

选取适当的百分位数（此处选择前 15 百分位数,对应的 NDVI 值为 1 037）作为判断草地萌芽期的阈值（图 6.2.11）,将时序曲线中第一个大于此阈值的时间记录为萌芽期的起始点和休眠期的结束点（图 6.2.12）。

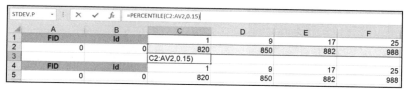

图 6.2.11　输入 PERCENTILE 函数

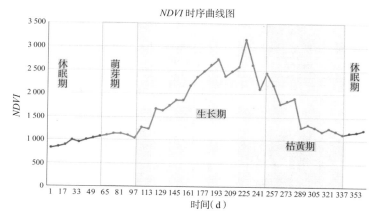

图 6.2.12　草地关键物候期

（六）绘制区域草地关键物候期专题图

如果对研究区所有像元迭代计算并汇总结果,可绘制研究区域草地关键物候期专题图。示意图如图 6.2.13 所示。

需要说明的是,本实验使用 EXCEL 软件仅计算了萌芽期起始点。关键物候期（萌芽期、生长期、枯黄期和休眠期）的起始点计算也可以使用其他数据处理软件,如 Google Earth Engine、IDL、Python、TIMESAT、HANTS 等。

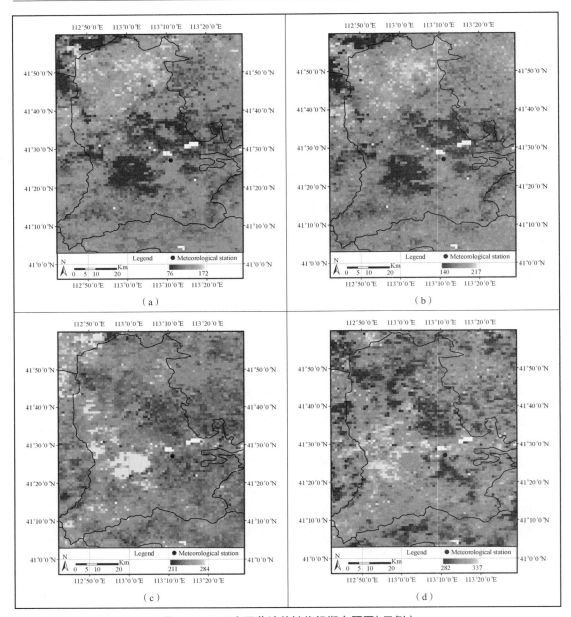

图 6.2.13　研究区草地关键物候期专题图(示例)
(a)萌芽期　(b)生长期　(c)枯黄期　(d)休眠期

第七章 城市环境实验

7.1 城市土地利用转移矩阵制作

> 闲云潭影日悠悠,物换星移几度秋。 ——王勃《滕王阁诗》

【实验目的】

针对栅格数据和矢量数据,通过 4 种方法建立城市土地利用转移矩阵,对比针对栅格数据、矢量数据的不同空间分析和统计方法,加深对地图代数思想的理解。

【实验意义】

土地利用 / 覆被变化(Land Use/Land Cover Change,LUCC)是全球环境变化和陆地生态系统对全球气候变化和人类活动最重要的响应之一。土地利用转移矩阵来源于系统分析中对系统状态与状态转移的定量描述。土地利用转移矩阵通过简便易读的二维表格方式表示某一时间段区域内部不同土地利用类型的面积转化,揭示不同土地利用类型的转移速率。因此,通过构建土地利用转移矩阵,研究者和决策者可以清晰地识别历史时期城市内部土地利用结构变化,也可以通过马尔可夫等模型预测与模拟未来城市土地利用 / 覆被变化提供前期数据支持。城市土地利用转移矩阵研究已被广泛应用于国土空间规划、生态系统服务功能评估、韧性城市、城市体检等业务工作。

【知识点】

1. 了解基于栅格数据和矢量数据建立城市土地利用转移矩阵的原理和计算过程;

2. 理解应用 ArcGIS 软件实现地图代数的思想;

3. 熟练掌握应用 ArcGIS 软件进行栅格计算、面积制表等操作;

4. 掌握应用 ArcGIS 软件进行数据属性表、相交、交集制表等操作;

5. 理解应用 Excel 软件使用数据透视表的方法。

【实验数据】

1. 将 2005 年和 2020 年北京市土地利用类型栅格数据分别命名为 lucc2005.tif 和 lucc2020.tif,包括耕地、林地、草地、水域、城市建设用地、农村居民点等 6 种土地利用类型。空间分辨率均为 1 000 m。

2. 将 2005 年和 2020 年北京市土地利用类型矢量数据分别命名为 lucc2005.shp 和 lucc2020.shp。

3. 将北京市行政边界矢量数据命名为 beijing.shp。

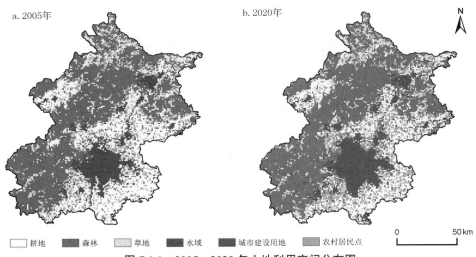

图 7.1.1　2005—2020 年土地利用空间分布图

【实验软件】

ArcGIS 10.8、Excel 2016。

【思维导图】

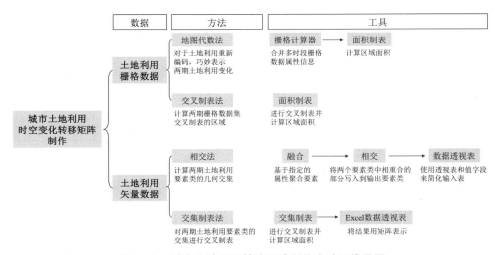

图 7.1.2　城市土地利用转移矩阵制作实验思维导图

【实验步骤】

（一）利用栅格数据制作土地利用转移矩阵

方法一：地图代数制表法

【步骤 1】利用栅格计算器合并多时段属性信息

打开【空间分析工具】—【地图代数】—【栅格计算器】（Raster Calculator），输入公式【"lucc2005.tif"*10+"lucc2020.tif"】，生成新的栅格数据（图 7.1.3）。新栅格数据将同时包含 2005 年和 2020 年土地利用类型属性信息。

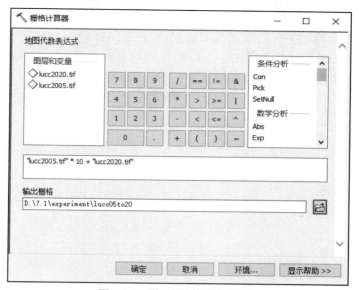

图 7.1.3　"栅格计算器"对话框

该公式的思路：例如，单个像元从 2005 年的耕地（ Value=1 ）转变为 2020 年的水域（ Value=4 ），则可以用"Value2005 * 10 +Value2020"计算并得到新值为 14（ 此处的"*10"可以根据实际情况调整；当土地利用类型较多时可以"*100"）。

所得到的栅格数据属性表包含了土地利用时空变化信息（ 图 7.1.4 ）。

Rowid	VALUE	COUNT
0	11	2786
1	12	358
2	13	179
3	14	69
4	15	392
5	16	727
6	21	295
7	22	6725
8	23	191
9	24	46
10	25	75
11	26	102
12	31	89
13	32	351
14	33	814
15	35	41
16	41	98
17	42	75
18	44	268
19	45	64
20	55	1528
21	65	129
22	66	994

图 7.1.4　栅格计算结果

【步骤 2】计算土地利用转移矩阵面积并导出为表格

打开【空间分析工具 】—【区域分析 】—【面积制表 】(Tabulate Area)工具，计算土地利用转移矩阵面积。在【输入栅格数据或要素区域数据】栏中输入研究区的范围数据"bei-jing"（北京市行政边界），若无研究区范围数据，可使用【3D 分析工具】—【转换】—【由栅格转出】—【栅格范围】（Raster Domain）工具，从栅格数据中提取研究区范围；【区域字段】选择"市代码"；【输入栅格数据或要素类数据】选择栅格计算的结果"lucc05to20"；【类字段】设置为"VALUE"；在命名【输出表】时，加上后缀".dbf"使保存类型为 dBASE 表（图 7.1.5）。

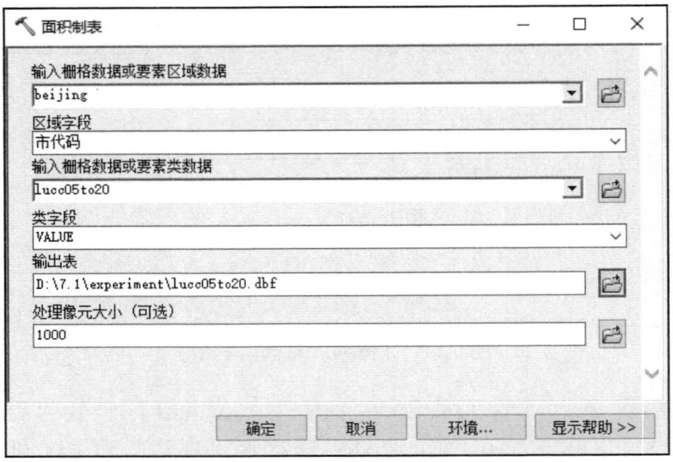

图 7.1.5 "面积制表"对话框

在 Excel 中打开导出的 dBASE 表（或者把 dbf 文件复制一份，后缀名改为 xls），即可在 Excel 里打开。设置相关参数，调整格式及字体等，得到土地利用转移矩阵（表 7.1.1）。可以看出，有 2 786 km² 的耕地未发生变化，69 km² 的耕地（类型 1）转变为水域（类型 4）。

表 7.1.1 2005—2020 年北京市土地利用转移矩阵（方法一）（km²）

2020 年	2005 年						
	类型 1	类型 2	类型 3	类型 4	类型 5	类型 6	总计
类型 1	2 786	295	89	98	0	0	3 268
类型 2	358	6 725	351	75	0	0	7 509
类型 3	179	191	814	0	0	0	1 184
类型 4	69	46	0	268	0	0	383
类型 5	392	75	41	64	1 528	129	2 229
类型 6	727	102	0	0	0	994	1 823
总计	4 511	7 434	1 295	505	1 528	1 123	16 396

方法二：交叉制表法

【步骤 1】面积制表

打开【空间分析工具】—【区域分析】—【面积制表】（Tabulate Area）工具，计算面积。在【输入栅格数据或要素区域数据】栏中输入 2020 年土地利用数据；【区域字段】选择"Value"；【输入栅格数据或要素类数据】选择 2005 年土地利用数据；【类字段】选择"Value"（图

7.1.6）。在命名"输出表"时，加上后缀".dbf"。注意，此处输出的表格中，面积单位为 m²。"交叉制表法"得到的表格如图 7.1.7 所示。

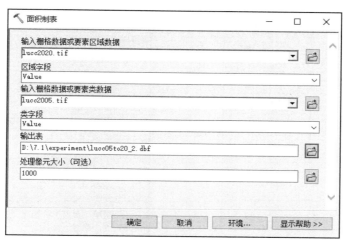

图 7.1.6　"面积制表"对话框

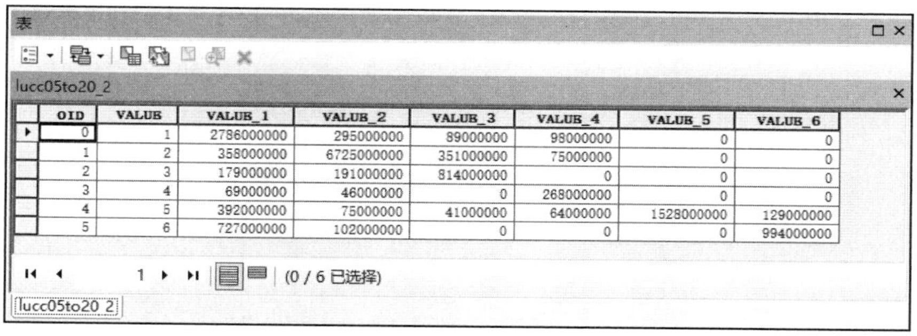

OID	VALUE	VALUE_1	VALUE_2	VALUE_3	VALUE_4	VALUE_5	VALUE_6
0	1	2786000000	295000000	89000000	98000000	0	0
1	2	358000000	6725000000	351000000	75000000	0	0
2	3	179000000	191000000	814000000	0	0	0
3	4	69000000	46000000	0	268000000	0	0
4	5	392000000	75000000	41000000	64000000	1528000000	129000000
5	6	727000000	102000000	0	0	0	994000000

图 7.1.7　交叉法制表结果

在 Excel 中打开导出的 dBASE 表，设置相关参数，调整格式及字体，添加"总计"列计算面积总和，得到与"地图代数"法相同的土地利用转移矩阵（表 7.1.1）。

（二）利用矢量数据制作土地利用转移矩阵

方法三：相交制表法

【步骤 1】观察矢量数据

打开矢量数据属性表，可以发现矢量数据由许多零碎地块组成（图 7.1.8）。

【步骤 2】土地利用类型融合

根据需要，将相同土地利用类型的零碎地块融合，便于后续实验和分析。打开【数据管理工具】—【制图综合】—【融合】（Dissolve）工具，依次对 2005 及 2020 年的两期数据进行融合（注意融合字段选择"GRIDCODE"字段，其余默认）（图 7.1.9）。融合后的矢量数据属性表如图 7.1.10 所示。

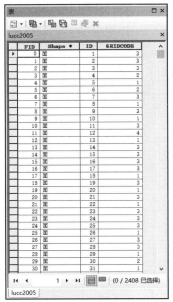

图 7.1.8　矢量数据属性表
（以北京市 2005 年土地利用矢量数据为例）

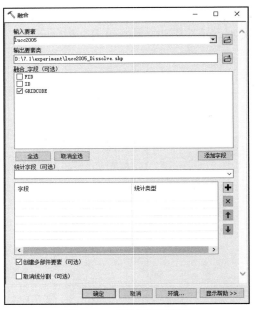

图 7.1.9　"融合"对话框
（以北京市 2005 年土地利用矢量数据为例）

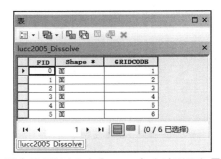

图 7.1.10　融合结果（以北京市 2005 年土地利用矢量数据为例）

【步骤 3】两期土地利用矢量数据相交

相交操作是通过叠加处理得到两个图层的交集部分,原图层的所有属性将同时在得到的新图层上显示出来,即 $x \in A \cap B$（A、B 分别是进行相交的两个图层）。打开【空间分析工具】—【叠加分析】—【相交】（Intersect）工具,输入 2005 和 2020 年融合后的土地利用矢量要素"lucc2005_Dissolve"及"lucc2020_Dissolve",选择输出路径并命名输出要素,其余默认,点击【确定】（图 7.1.11）。

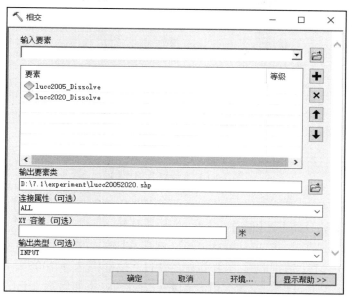

图 7.1.11　"相交"对话框

　　打开结果要素相交图层属性表,如果没有面积字段,为了得到 2005 至 2020 年土地利用类型的变化情况,需要在得到的相交图层属性表中计算面积。点击【添加字段】,设置【名称】为"area",【类型】为"双精度",设置合适的【精度】及【小数位数】(图 7.1.12)。添加成功后,右键点击【area】字段,点击【计算几何】,单位选择"平方千米"进行面积计算(图 7.1.13)。利用相交操作得到的数据属性表,如图 7.1.14 所示。

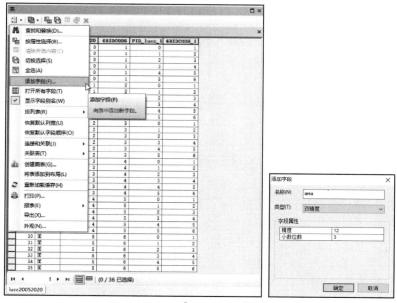

图 7.1.12　【添加字段】选项

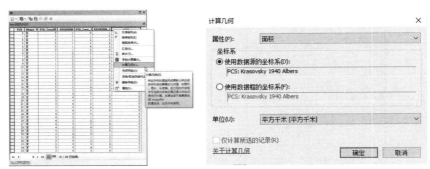

图 7.1.13 【计算几何】选项

此时,相交结果图层属性表中出现了土地利用变化的信息,将【area】字段结果表示为表格。打开【数据管理工具】—【表】—【数据透视表】(PivotTable),输入上一步 2005 年和 2020 年相交得到的结果数据 "lucc20052020",然后在【输入字段】(列标签)中勾选 2020 年的 "GRIDCODE_1",在【透视表字段】(行标签)的下拉框中选择 2005 年的 "GRIDCODE",【值字段】选择 "area"(面积),设置文件输出路径及名称,添加后缀 ".dbf",点击【确认】(图 7.1.15)。结果如图 7.1.16 所示。

图 7.1.14 相交结果图层属性表

图 7.1.15 "数据透视表"工具对话框

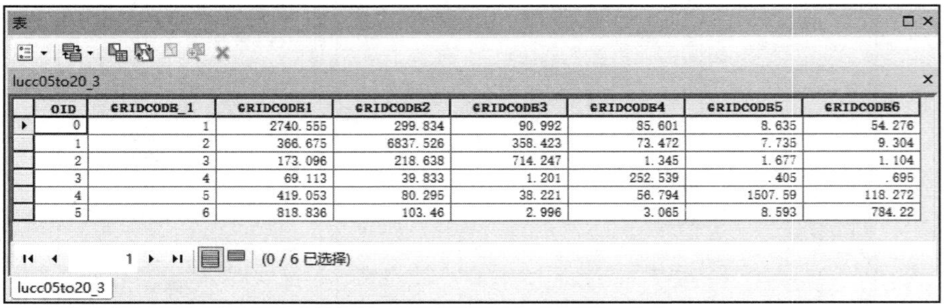

OID	GRIDCODE_1	GRIDCODE1	GRIDCODE2	GRIDCODE3	GRIDCODE4	GRIDCODE5	GRIDCODE6
0	1	2740.555	299.834	90.992	85.601	8.635	54.276
1	2	366.675	6837.526	358.423	73.472	7.735	9.304
2	3	173.096	218.638	714.247	1.345	1.677	1.104
3	4	69.113	39.833	1.201	252.539	.405	.695
4	5	419.053	80.295	38.221	56.794	1507.59	118.272
5	6	818.836	103.46	2.996	3.065	8.593	784.22

图 7.1.16 相交法制表结果

在 Excel 软件中打开导出的 dBASE 表,添加"总计"计算面积总和,即可得到土地利用转移矩阵(表7.1.2)。

表 7.1.2　2005—2020 年北京市土地利用转移矩阵(方法三)(km²)

2020 年	2005 年						
	类型 1	类型 2	类型 3	类型 4	类型 5	类型 6	总计
类型 1	2 740.555	299.834	90.992	85.601	8.635	54.276	3 279.893
类型 2	366.675	6 837.526	358.423	73.472	7.735	9.304	7 653.135
类型 3	173.096	218.638	714.247	1.345	1.677	1.104	1 110.106
类型 4	69.113	39.833	1.201	252.539	0.405	0.695	363.786
类型 5	419.053	80.295	38.221	56.794	1 507.590	118.272	2 220.224
类型 6	818.836	103.460	2.996	3.065	8.593	784.220	1 721.169
总计	4 587.327	7 579.585	1 206.079	472.815	1 534.636	967.871	16 348.314

方法四：交集制表法

【步骤 1】和【步骤 2】同方法三。

【步骤 3】两期土地利用矢量数据交集制表

打开【分析工具】—【统计分析】—【交集制表】(Tabulate Intersection)工具。输入 2005 和 2020 年融合后的土地利用矢量要素 "lucc2005_Dissolve" 及 "lucc2020_Dissolve"，【区域字段】与【类字段】均设置为 "GRIDCODE"，设置输出表文件路径和文件名并注意后缀 ".dbf"，其余默认，点击【确定】(图 7.1.17)。

需要注意的是，【输入区域要素】设置为 2005 年各土地利用类型，对应输出表的第一列，【输入要素类】设置为 2020 年各土地利用类型，对应输出表的第二列；面积字段【AREA】单位为 m²。交集制表操作得到的结果如图 7.1.18 所示。

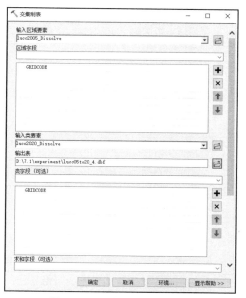

图 7.1.17　交集制表对话框　　　　　图 7.1.18　交集法制表结果

在 Excel 中打开导出的 dBASE 表,点击【插入】—【数据透视表】,设置相关参数,然后调整格式、字体、保留小数位数等,得到 2005—2020 年北京市土地利用转移矩阵,见表 7.1.13。

表 7.1.3　2005—2020 年北京市土地利用转移矩阵(方法四)(km²)

求和项:Area	2005						
2020	1	2	3	4	5	6	总计
1	2740.555	299.834	90.992	85.601	8.635	54.276	3279.893
2	366.675	6837.526	358.423	73.472	7.735	9.304	7653.135
3	173.096	218.638	714.247	1.345	1.677	1.104	1110.106
4	69.113	39.833	1.201	252.539	0.405	0.695	363.786
5	419.053	80.295	38.221	56.794	1507.590	118.272	2220.224
6	818.836	103.460	2.996	3.065	8.593	784.220	1721.169
总计	4587.327	7579.585	1206.079	472.815	1534.635	967.871	16348.313

7.2　基于 Landsat 数据的城市不透水面提取

> 百千家似围棋局,十二街如种菜畦。　　——白居易《登观音台望城》

【实验目的】

基于线性光谱混合模型,利用全约束的最小二乘法,实现天津市不透水面的遥感提取。

【实验意义】

不透水面是人类活动改造自然环境最为显著的结果,对其时空动态的理解与刻画是评估人类活动对自然影响的基础参数。基于遥感图像获取城市不透水面会面临混合像元的问题。图像中每个像元所对应的地表往往包含不同的土地利用覆被类型,它们具有不同的光谱响应特征,但是每个像元仅能用一个信号记录这些信息。进入像元内部求解这些信息所占比例即为混合像元的分解过程。随着定量遥感研究的深入,混合像元分解方法也得到发展。虽然现已引入深度学习等方法来解决混合像元的问题,但是传统的光谱混合模型仍作为典型的混合像元分解方法被广泛应用。其中,线性光谱混合模型(Linear Spectral Mixture Model,LSMM)是针对中低分辨率遥感数据提取不透水面的主要方法。本实验在理解混合像元、端元、LSMM 模型的基础上,基于 Landsat 数据提取城市不透水面。

【知识点】

1. 了解基于遥感数据提取城市不透水面的理论和方法;

2. 理解面向 ENVI 软件安装扩展工具并应用的过程;

3. 掌握应用 ENVI 软件进行遥感图像预处理、图像变换、波段运算、掩膜等操作。

【实验数据】

1. 2022 年覆盖天津市的 Landsat 8 OLI-2 Collection-2 Level-1 数据(行列数分别为 33、122),过境时间为 2022 年 5 月 30 日,空间分辨率为 30 m。

2. 将本次实验端元选取示例文件命名为 Tianjin_2022.txt。

3. 将两个 ENVI 扩展模块分别命名为 ENVI_OpenLandsatAssistant.sav、fcls_spectral_unmixing.sav。

【实验软件】

ENVI 5.3、ENVI Classic 5.3。

【思维导图】

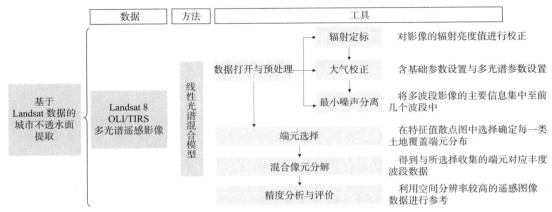

图 7.2.1　基于 Landsat 数据的城市不透水面提取实验思维导图

【实验步骤】

【实验前准备】安装 ENVI 扩展模块

需要将实验用到的两个 ENVI 扩展模块提前拷贝至安装目录的扩展模块下（安装目录 \ENVI53\extensions）：Open Landsat Assistant；FCLS Spectral Unmixing。

（一）数据打开与预处理

【步骤 1】数据打开

根据下载的数据级别 Landsat Collection 1 Level-1（只能够获取 2021 年 12 月 31 号之前的数据）、Landsat Collection 2 Level-1、Landsat Collection 2 Level-2 选择打开方式。

Landsat Collection 1 Level-1：打开【File】—【Open】，选择【XXX_01_T1_MTL.txt】打开数据。

Landsat Collection 2 Level-2：目前，ENVI 5.6.0 版本以下无法同时打开多波段数据。

Landsat Collection 2 Level-1：在 ENVI 5.3【Toolbox】（工具栏），双击【Extensions】（扩展工具）—【Open Landsat Assistant】工具，选择下载数据中的"LC08_L1TP_122033_20220530_20220603_02_T1_MTL.txt"打开数据（图 7.2.2）。

【步骤 2】辐射校正

辐射校正包括辐射定标、大气校正、太阳高度和地形校正。其中，太阳高度和地形校正由数据发布者完成校正，因此仅需要对数据进行辐射定标与大气校正。

（1）辐射定标：在 ENVI 5.3 的【Toolbox】，双击【Radiometric Correction】—【Radiometric Calibration】（辐射定标）（图 7.2.3）。在打开的窗口中，选择 LC08_L1TP_122033_20220530_20220603_02_T1_MTL_MultiSpectral 多光谱文件（共包含 7 个波段），点击【OK】，得到校准参数设置窗口（图 7.2.3）。

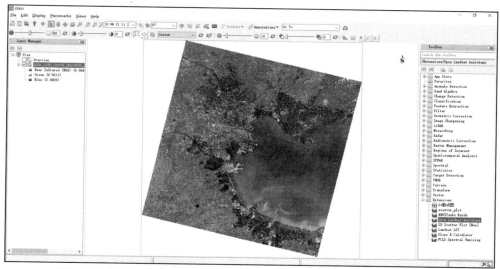

图 7.2.2　覆盖天津市的 2022 年 5 月 30 成像的 Landsat 8 假彩色合成数据
（R—近红外红波段；G—绿波段；B—蓝波段）

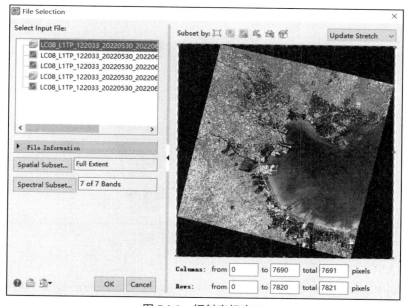

图 7.2.3　辐射定标窗口

【Calibration Type】（校准类型）选择 "Radiance"（辐射亮度值），【Output Interleave】（输出格式）为 "BIL"（BIL 格式满足后续 FLAASH 大气校正的输入数据类型要求），【Output Data Type】（输出数据类型）为 "Float"，【Scale Factor】（系数）为 0.1（图 7.2.4）（或者，直接点击【Apply FLAASH Settings】按钮设置以上参数），设定文件输出路径和文件名（尽量为字母或数字，以免报错），之后点击【OK】，得到校准后的图像（图 7.2.5）。

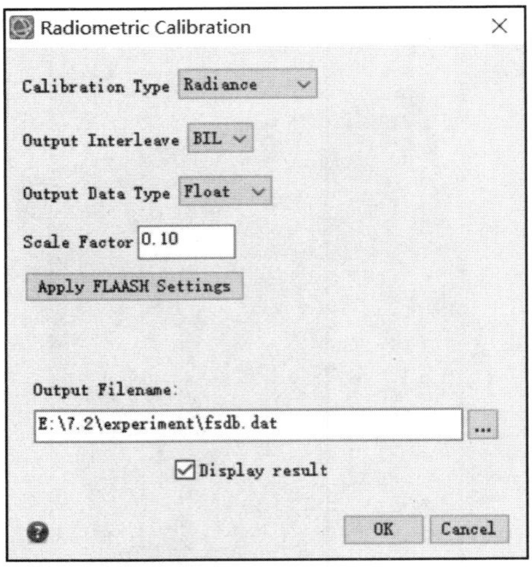

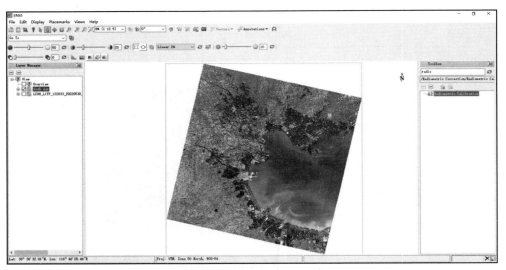

图 7.2.4　辐射定标参数设置窗口

图 7.2.5　辐射定标后的影像

（2）FLAASH 大气校正：包含基础参数设置与多光谱参数设置。在 ENVI 5.3 的【Tool-box】中，双击【Radiometric Correction】—【Atmospheric Correction Module】—【FLAASH Atmospheric Correction】（FLAASH 大气校正）工具。打开基础参数设置窗口设置以下参数（图 7.2.6）。

【Input Radiance Image】（输入数据）：输入经过辐射定标的图像数据，弹出"Radiance Scale Factors"对话框，选择"Use single scale factor for all bands（Single scale factor：1.0000）"，点击【OK】。

【Output Reflectance File】（输出路径）：设置数据文件输出路径以及文件名。

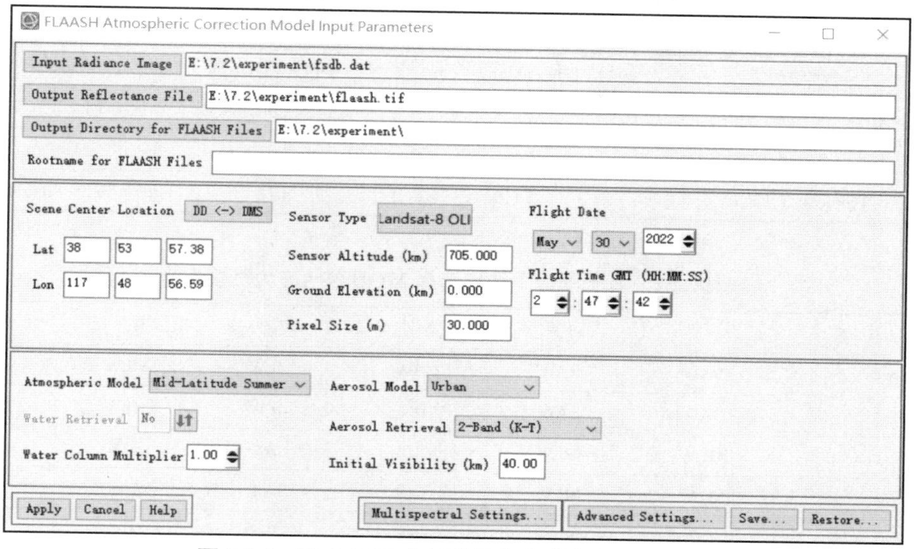

图 7.2.6　FLAASH 大气校正多光谱参数设置窗口

【**Output Directory for FLAASH Files**】（其他文件输出路径）：设置其他文件输出路径，不需要指定名称，一般与输出路径相同。

【**Scene Center Location**】（图像中心经纬度）：自动生成，无须设置。

【**Sensor Type**】（传感器类型）：根据数据类型选择，本实验选用"Landsat 8 OLI"数据。

【**Sensor Altitude**】（传感器飞行高度）：自动生成，无须设置。

【**Ground Elevation**】（图像区域平均高程）：可通过 ENVI 自带的 90 m 分辨率全球 DEM 数据进行计算，可在安装目录（ C:\Program Files\Exelis\ENVI53\data\ ）中找到；或可以基于其他来源 DEM 数据计算。本实验区域（天津市）的平均海拔仅为 1.5 m，转换为 km 后基本为 0。

【**Pixel Size**】（图像像元大小）：自动生成，无须设置。

【**Flight Date**】（成像日期）：从 MTL 文件中获取。

【**Flight Time**】（成像时间）：从 MTL 文件中获取。

【**Atmosphere Model**】（大气模型）：依据图像纬度和成像时间，本实验选择 Mid-Latitude Summer（ MLS ）（表 7.2.1 ）。ENVI 软件提供 6 种标准 MODTRAN 大气模型，包括：亚极地冬季（ Sub-Arctic Winter ）、中纬度冬季（ Mid-Latitude Winter ）、美国标准大气模型（ U.S. Standard ）、亚极地夏季热带（ Sub-Arctic Summer ）、中纬度夏季（ Mid-Latitude Summer ）和热带（ Tropical ）。选择一种大气模型所对应水汽含量接近或者稍微大于图像所在场景的水汽含量。如果没有水汽柱或者表面大气温度信息，可以通过季节－纬度信息选择大气模型（表 7.2.2 ）。

表 7.2.1　MODTRAN 在各个大气模型中水汽含量和表面大气温度（从海平面起算）

大气模型	水汽柱（ std atm ）（ cm ）	水汽柱（ g/cm² ）	表面大气温度
Sub-Arctic Winter（ SAW ）	518	0.42	−16 ℃或 3 ℉
Mid-Latitude Winter（ MLW ）	1 060	0.85	−1 ℃或 30 ℉
U. S. Standard（ US ）	1 762	1.42	15 ℃或 59 ℉

大气模型	水汽柱(std atm)(cm)	水汽柱(g/cm²)	表面大气温度
Sub-Arctic Summer(SAS)	2 589	2.08	14 ℃或 57 ℉
Mid-Latitude Summer(MLS)	3 636	2.92	21 ℃或 70 ℉
Tropical(T)	5 119	4.11	27 ℃或 80 ℉

表 7.2.2　基于季节－纬度选择 MODTRAN 大气模型

纬度范围(°N)	1 月	3 月	5 月	7 月	9 月	11 月
80	SAW	SAW	SAW	MLW	MLW	SAW
70	SAW	SAW	MLW	MLW	MLW	SAW
60	MLW	MLW	MLW	SAS	SAS	MLW
50	MLW	MLW	SAS	SAS	SAS	SAS
40	SAS	SAS	SAS	MLS	MLS	SAS
30	MLS	MLS	MLS	T	T	MLS
20	T	T	T	T	T	T
10	T	T	T	T	T	T
0	T	T	T	T	T	T
-10	T	T	T	T	T	T
-20	T	T	T	MLS	MLS	T
-30	MLS	MLS	MLS	MLS	MLS	MLS
-40	SAS	SAS	SAS	SAS	SAS	SAS
-50	SAS	SAS	SAS	MLW	MLW	SAS
-60	MLW	MLW	MLW	MLW	MLW	MLW
-70	MLW	MLW	MLW	MLW	MLW	MLW
-80	MLW	MLW	MLW	MLW	MLW	MLW

气溶胶模型(Aerosol Model):依据图像地理位置以及关注的研究对象选择,本实验选择城市模型(Urban)。

● 无气溶胶(No Aerosol):不考虑气溶胶影响。

● 乡村(Rural):没有城市和工业影响的地区。

● 海面(Maritime):海平面或者受海风影响的大陆区域,混合了海雾和小粒乡村气溶胶。

● 城市(Urban):混合 80% 乡村和 20% 烟尘气溶胶,适合高密度城市或工业地区。

● 对流层(Tropospheric):应用于平静、干净条件下(能见度大于 40 km)的陆地,只包含微小成分的乡村气溶胶。

气溶胶反演(Aerosol Retrieval):一般选择"2-Band(K-T)"。

初始能见度(Initial Visibility):根据成像日期天气情况设置,晴朗天气的初始能见度设置为 40 km。

　　点击【多光谱设置】(Multispectral Settings)选项卡,进行气溶胶反演参数设置。有两种设置方式:文件方式(File)和图形方式(GUI),一般选择图形方式(图 7.2.7)。多光谱数据一般不用于水汽反演,因此【 Multispectral Settings 】选项卡中的主要参数为【 Kaufman-Tanre Aerosol Retrieval 】选项卡(基础参数窗口中【 Aerosol Retrieval 】选择 "2-Band(K-T)" 时)中的参数。

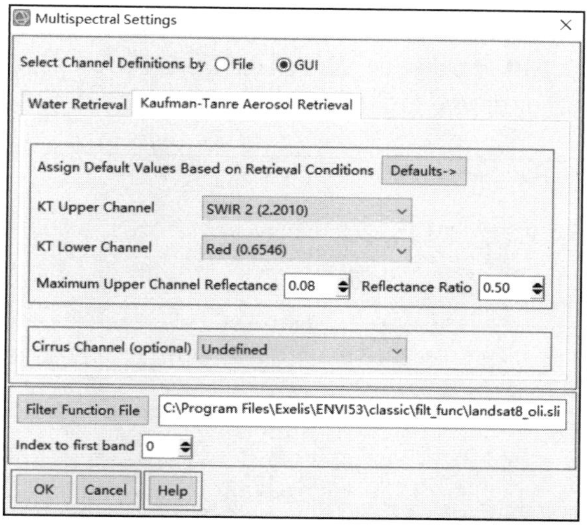

图 7.2.7　"Multispectral Settings"对话框

　　【 Defaults 】下拉框:推荐使用默认设置(即【 Defaults 】设置选择为 "Over-Land Retrieval Standard(660:2100 nm)")。

　　KT Upper Channel:上行通道。

　　KT Lower Channel:下行通道。

　　【 **Maximum Upper Channel Reflectance** 】(上行通道最大反射率值)、【 **Reflectance Ratio** 】(上行通道与下行通道反射率比值)、【 **Cirrus Channel** 】(云通道):选择性设置,可以按照软件默认参数设置,可参考表 7.2.3。

表 7.2.3　波长与通道选择推荐对照表

		absorption	1 117~1 143 nm
	1 135 nm	reference upper wing	1 184~1 210 nm
		reference lower wing	1 050~1 067 nm
水汽反演 (Water Retrieval)	940 nm	absorption	935~955 nm
		reference upper wing	870~890 nm
		reference lower wing	995~1 020 nm
	820 nm	absorption	810~830 nm
		reference upper wing	850~870 nm
		reference lower wing	770~790 nm
气溶胶反演 (Aerosol Retrieval)	KT Upper		2 100~2 250 nm
	KT Lower		640~680 nm
云掩膜(Cloud Masking)	Cirrus Channel		1 367~1 383 nm

【**Filter Function File**】(波谱响应函数):当在【Sensor Type】中选择未知多光谱传感器时,需要手动选择波谱响应函数文件,文件为 ENVI 的波谱库文件(.sli)。

【**Index to first band**】(第一个波段对应的响应函数):设置响应函数起始索引(从 0 开始)。

完成以上设置后,点击【OK】,回到基础设置界面。点击【Apply】,运行 FLAASH 大气校正,最终输出结果如图 7.2.8 所示。大气校正执行是否成功可根据不同地物的反射波谱曲线判断。图 7.2.9 和图 7.2.10 分别展示了大气校正前后植被的反射波谱曲线特征;两图中还展示了多光谱数据中植被的典型反射波谱曲线。

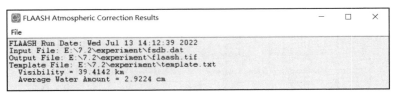

图 7.2.8　大气校正结果

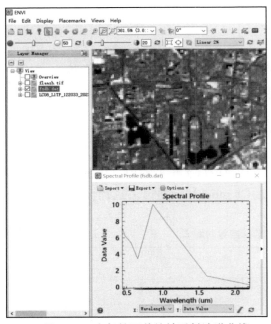

图 7.2.9　大气校正前植被反射波谱曲线

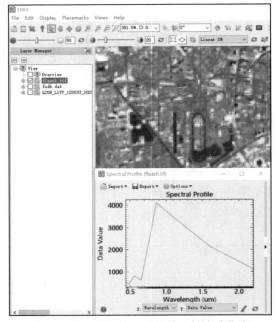

图 7.2.10　大气校正后植被反射波谱曲线

【步骤 3】最小噪声分离(MNF)

Landsat 多光谱数据的多个波段之间高度相关,存在信息重合而导致数据冗余。通过最小噪声分离(Minimum Noise Fraction, MNF)可将一幅多波段图像的主要信息集中至前几个波段中,从而达到数据降维、分离噪声的目的。

使用【Forward MNF Estimate Noise Statistics】工具完成以上工作。在 ENVI 5.3 的【Toolbox】,点击【Transform】—【MNF Rotation】—【Forward MNF Estimate Noise Statistics】(正向波谱曲线 MNF 变换)工具,选择经过大气校正的图像数据作为输入。打开"Forward MNF Transform Parameters"面板,设置以下参数(图 7.2.11)。

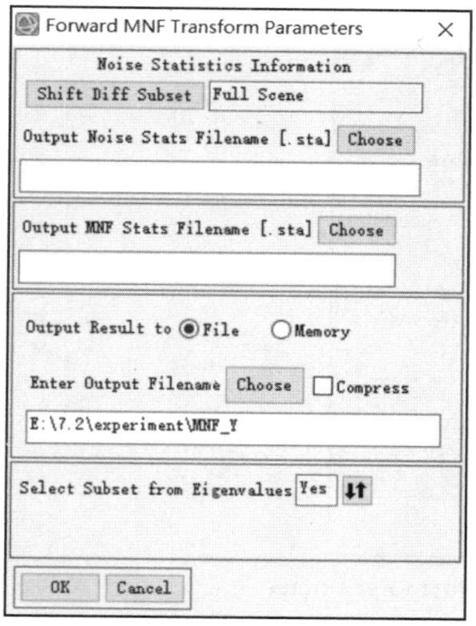

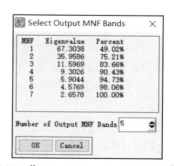

图 7.2.11 "Forward MNF Transform Parameters"对话框(Yes)

【**Shift Diff Subset**】:选择用于计算统计信息的空间子集。

【**Output Noise Stats Filename** [.sta]】(可选项):输出噪声统计文件。

【**Output MNF Stats Filename** [.sta]】(可选项):输出 MNF 统计文件。

【**Enter Output Filename**】:选择 MNF 变换结果输出路径及文件名。

【**Select Subset from Eigenvalues**】:通过特征值来选择 MNF 变换输出的波段数。如果选择"Yes",执行 MNF 变换后,会打开"Select Output MNF Bands"对话框,列表中显示每个波段及相应的特征值和每个 MNF 波段包含的数据方差的累积百分比(图 7.2.12)。在"Select Output MNF Bands"面板中,【Number of Outpul MNF Bands】设置输出的波段数,一般可以选择波段数特征值大于 5 作为输出波段,如本实验中特征值大于 5 的有 5 个波段,那么设置【Number of Output MNF Bands】选项为"5",单击【OK】按钮,继续 MNF 变换。

图 7.2.12 "Select Output MNF Bands"面板

如果选择"No",手动选择输出波段,默认为输入波段数(图 7.2.13)(对于多光谱数据,选择"Yes"与"No"对最终结果没有影响)。

最终,通过 MNF 特征曲线判别前 3~4 个波段保留了 90% 以上的信息(图 7.2.14)。

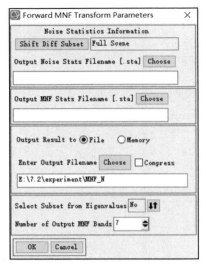

图 7.2.13 "Forward MNF Transform Parameters" 对话框(No)

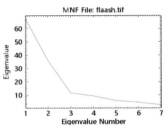

图 7.2.14 MNF 特征曲线

(二)端元的选择

Landsat 多光谱数据的多个波段之间高度相关,存在信息重合而导致数据冗余。通过最小噪声分离(Minimum Noise Fraction, MNF)可将一幅多波段图像的主要信息集中至前几个波段中,从而达到数据降维、分离噪声的目的。

当传感器的瞬时视场角包含地面上多种土地利用/覆被类型或特征信息时,便会产生混合像元。产生混合像元的原因有多种:首先,两个或多个不同特征类型广泛地混合分布在景观中(如城市居住小区中分布的建筑物、道路与绿化用地等);其次,当地面分辨率单元(即图像像元)落在同类地块的边界时,也会产生两类地物的混合像元。上述情况会导致图像分类困难,因为像元内包含的光谱特征并不能代表任何单一的土地覆盖类型。这时,可以利用光谱混合分析方法来解决混合像元的问题。

线性光谱混合模型(LSMM)是混合光谱分析中应用较为广泛且典型的处理混合像元问题的方法。LSMM 的基本思想是在地面上某个区域观察到的光谱响应,是区域内出现的各种土地覆盖类型的光谱识别标志的线性混合。这些光谱识别标志称为端元(纯净像元),它指传感器接收到的信息只包含一种土地覆盖类型的光谱响应。端元的选择是不透水层提取的关键步骤。

【步骤4】利用归一化水体指数(MNDWI)去除水体

本实验提取城市地区不透水层时,将土地覆盖分为高反照率地物、低反照率地物、植被与裸土。需要注意的是,城市中的水体与低反照率地物的光谱响应较为相似,为了避免水体的干扰,需要利用改进的归一化水体指数(MNDWI)将其剔除。

在 ENVI 5.3 的【Toolbox】中,点击【Band Algebra】—【Band Math】(波段运算)工具(图 7.2.15)。输入公式(float(b1)-float(b2))/(float(b1)+float(b2)),并指定 b1 为经过大气校正后的绿光波段(Green),b2 为经过大气校正后的短波红外波段1(SWIR1)(图 7.2.16)。设置输出文件路径及文件名后,点击【OK】,得到计算后的水体指数图像数据(图 7.2.17)。

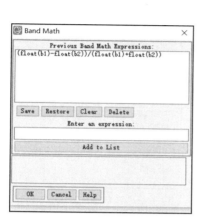

图 7.2.15　"Band Math"（波段运算）对话框

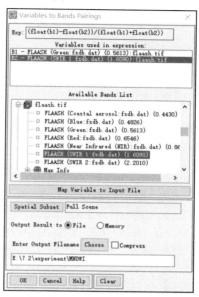

图 7.2.16　"Variables to Bands Pairings"
（变量匹配窗口）对话框

图 7.2.17　计算得到的归一化水体指数

根据 MNDWI 的含义，图像中像元值 >0 的像元为水体。根据该阈值，确定水体范围建立掩膜区域。在 ENVI 5.3 的【Toolbox】中，点击【Raster Management】—【Masking】—【Build Mask】（构建掩膜）工具，选择经过大气校正的图像数据，定义掩膜区域。在定义窗口中选择【Option】—【Import Data Range】，选择上一步计算生成的归一化水体指数图像数据，阈值填写"0"（最小值）和"1"（最大值）（图 7.2.18）；点击【OK】，返回掩膜定义窗口。需要注意的是，需要再次在【Options】选项中选择【Selected Area Off】，确保去除水体（图 7.2.19）；设置存储路径与文件名称，点击【OK】，得到掩膜图像数据（图 7.2.20）。

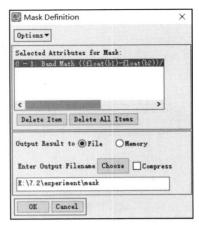

图 7.2.18　建立掩膜文件阈值　　　　　图 7.2.19　"Mask Definition"(掩膜定义)对话框

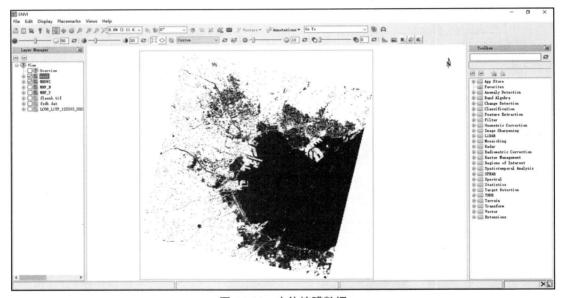

图 7.2.20　水体掩膜数据

　　建立好掩膜图像数据后,分别对进行大气校正的图像数据与 MNF 数据进行水体的掩膜。以基于大气校正的图像数据为例,在 ENVI 5.3 的【 Toolbox 】中,点击【 Raster Management 】—【 Masking 】—【 Apply Mask 】(应用掩膜)工具,选择经过大气校正的图像数据、点击【 Select Mask Band 】,选择上一步建立好的掩膜文件(图 7.2.21);点击【 OK 】,返回掩膜界面,再次点击【 OK 】,至掩膜变量设置窗口(图 7.2.22);被掩膜的区域,像元值填"0"(图像上呈现为黑色),设置输出路径与文件名称;点击【 OK 】,得到去除水体的图像数据。用相同方法,将水体从 MNF 图像数据中去除。

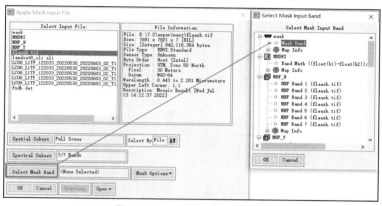

图 7.2.21　水体掩膜参数设置

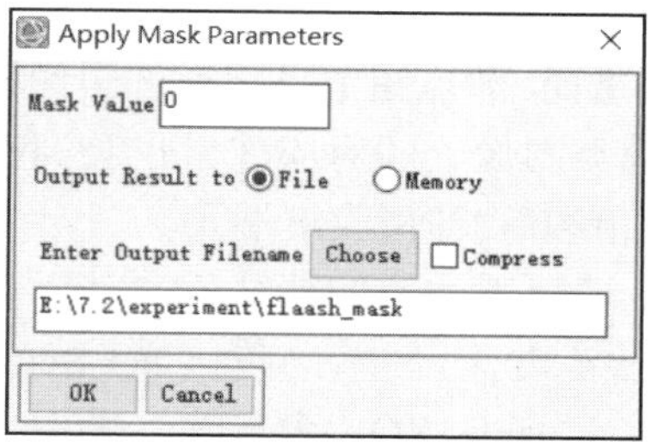

图 7.2.22　"Apply Mask Parameters"（应用掩膜参数）对话框

　　通过结合完成大气校正的遥感图像数据与 MNF 图像选择端元。由 MNF 数据任意两个波段（有效波段，一般是前 3 个或者 4 个波段）组合生成的特征散点图呈现三角形或近似三角形。在理想情况下，端元分布在这些三角形顶点处。打开 ENVI Classic 5.3，加载经过水体去除的两个文件，其中经过大气校正的图像为待分类图像，MNF 图像为选择端元的辅助数据。使用彩色合成方法加载显示待分类数据（图 7.2.23）。点击数据显示窗口上方工具条的【Tools】—【2D Scatter Plots】，选择 MNF 任意两个波段组合（图 7.2.24），生成特征值散点图。以 MNF 第 1 个波段与第 2 个波段生成的特征散点图为例，介绍端元获取步骤。

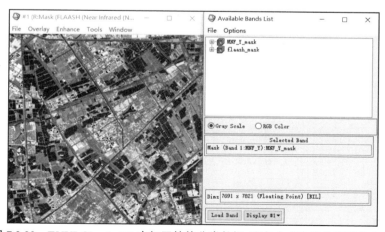

图 7.2.23　ENVI Classic 5.3 中打开的待分类数据，彩色合成方案为假彩色合成

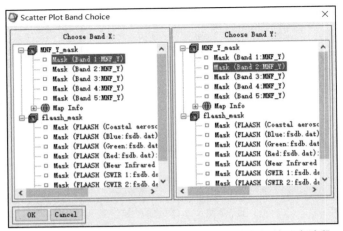

图 7.2.24 生成二维散点图时选择 MNF 图像数据的两个波段

在待分类图像上用鼠标点击时,散点图上显示被选中像元特征值;或利用鼠标中键(滚轮)点击散点图特征值时,待分类图像上的对应像素也会高亮显示。使用上述方法确定了每一类土地覆盖的端元分布的顶端后,即可收集端元。

在散点图顶端圈出对应土地覆盖类型的特征值,右键点击闭合。再次右键点击,选择【Export Class】,将选择的端元导出,出现感兴趣区域(Region of Interest, ROI)窗口(图7.2.25)。可以根据需求更改 ROI Name、ROI 颜色等。

点击 ENVI Classic 主菜单上的【Classification】—【Endmember Collection】,打开端元收集窗口。在"Classification Input File"窗口中选择待分类数据后,点击【OK】,出现端元收集窗口(图 7.2.26)。点击【Select All Items】选中所有 ROI 后,点击【OK】。对收集的端元进行保存时,点击端元收集窗口【File】—【Save Spectral As】—【Endmember Collection File】,设置存储路径与文件名称后,点击【Save】完成保存。实验数据中提供了端元选取示例文件(Tianjin_2022.txt),读者可选择使用示例文件或自行导出的端元文件进行后续操作。

图 7.2.25 "#1 ROI Tool"对话框

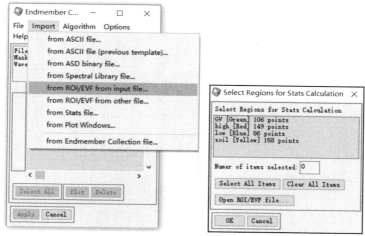

图 7.2.26　端元收集窗口

（三）线性光谱混合模型分解

线性模型中将像元在某一波段的光谱反射率表示为占一定比例的各个基本组分（端元——Endmember）反射率的线性组合，公式如下：

$$\begin{cases} R_{i\lambda} = \sum_{k=1}^{n} f_{ki} C_{k\lambda} + \epsilon_{i\lambda} \\ \sum_{k=1}^{n} f_{ki} = 1 \quad (k=1,2,3,\ldots,m) \end{cases} \tag{7.2.1}$$

式中：$R_{i\lambda}$ 为第 λ 波段第 i 混合像元的光谱反射率（已知）；f_{ki} 为对应与 i 像元的第 k 个端元所站的分量值，又称丰度（待求）；$C_{k\lambda}$ 为第 k 个端元在第 λ 波段的光谱反射率；$\epsilon_{i\lambda}$ 为残余误差，（即光谱的费模型化部分）；n 为基本组分的数目，m 为可用波段数，波段数要大于 n（$n \leq m+1$），以便利用最小二乘法求解。

ENVI 软件自带的线性混合像元分解（Linear Spectral Unmixing）工具只能进行一个约束条件，即分解丰度图结果之和为 1，但是得到的丰度图经常出现大于 1 或小于 0 的情况，这是不合理的。可以通过 FCLS Spectral Unmixing 扩展工具解决上述问题。

【步骤 5】进行混合像元分解

在 ENVI 5.3 的【Toolbox】中，点击【Extensions】（扩展工具）—【FCLS Spectral Unmixing】工具，打开输入数据选择窗口，并选择去除水体的图像数据（图 7.2.27）；点击【OK】后，打开端元选择窗口；找到事先保存的端元文件（图 7.2.28），点击【Apply】后，设置保存路径与数据名称，完成操作。

混合像元线性分解后得到的图像数据包含 5 个波段，分别是与 4 个端元（高反照率地物、低反照率地物、植被与裸土）对应的四个丰度波段数据，以及一个残余误差波段（图7.2.29）。一般认为，不透水层由高反照率地物与低反照率地物之和组成。因此，需要将对应的丰度波段数据相加，最终得到不透水层。

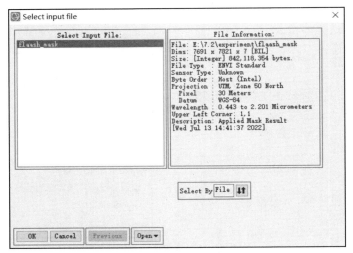

图 7.2.27　分类图像数据选择窗口

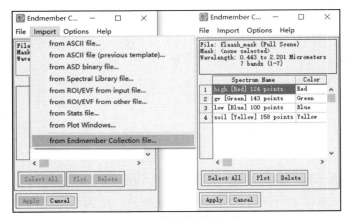

图 7.2.28　端元数据输入窗口

图 7.2.29　像元分解后的 5 个波段及除残余误差波段外其余波段对应的丰度图像数据

在 ENVI 5.3 的【Toolbox】中,点击【Band Algebra】—【Band Math】(波段运算)工具,输入公式 b1+b2,并指定 b1 为 high 波段, b2 为 low 波段,设置输出路径及文件名后,点击【OK】,得到最终的不透水层数据(图 7.2.30)。

图 7.2.30　天津市及其周边不透水面提取结果(像元值越亮表明不透水层丰度值越高)

(四)精度分析与评价

值得注意的是, LMSS 模型具有一定的理论依据、验证基础和一定的精度保证,同时其操作运算较为简单、便利,因此被广泛应用。然而,任何数据必须经过精度验证才能够检验其合理性与准确性。与其他分类结果的精度验证方法类似,首先必须要基于空间分辨率较高的遥感图像数据(如 Worldview、SPOT)提取不透水面信息,并对其进行升尺度处理,得到正确的不透水面丰度数据作为验证数据。在此基础上,计算不透水面验证数据与提取数据(即分类数据)之间的相关系数、均方根误差等指标评价提取结果的精度。由于本实验主要关注不透水面的提取,因此对精度验证部分的内容未做详细说明。

7.3　城市迎风面指数计算

> 儿童散学归来早,忙趁东风放纸鸢。　——高鼎《村居》

【实验目的】

基于迎风面指数原理和计算方法,利用 ArcGIS 软件快速实现基于建筑足迹矢量数据的城市迎风面指数计算。

【实验意义】

城市迎风面指数(Frontal Area Index,FAI)是城市三维空间特征的典型代表之一,主要体现建筑组合对近地面空气流动的阻碍作用,可用来表征风环境要素在城市三维空间中的区域差异。这种区域差异能够影响局部环境品质、情绪感知、舒适程度等。城市迎风面指数常用于城市局地气候环境特征分析,在城市热岛效应、城市气候图、城市通风廊道、韧性城市、城市更新、城市体检等科学研究和工程实践中均有广泛应用(图 7.3.1)。

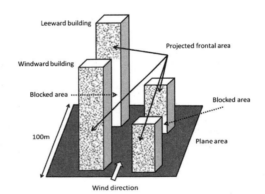

图 7.3.1　风环境要素在建筑组合空间中的差异示意图

【知识点】

1. 了解城市迎风面指数计算原理和计算过程;

2. 掌握应用 ArcGIS 软件进行数据格式转换、区域分析、栅格计算等操作;

3. 理解应用 ArcGIS 软件创建渔网并巧用矢量和栅格数据关系解决空间统计等方法;

4. 熟悉应用 ArcGIS 软件和 Excel 软件互动操作方法。

【实验数据】

1. 天津市局部地区的建筑足迹矢量数据(图 7.3.2),属性表中含有楼层数(floor)字段信息,命名为 Tianjin_region_building_footprint.shp。

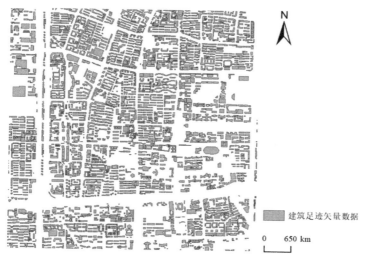

图 7.3.2　天津市局部地区的建筑足迹矢量数据

【实验软件】

ArcGIS 10.8、Excel 2016。

【思维导图】

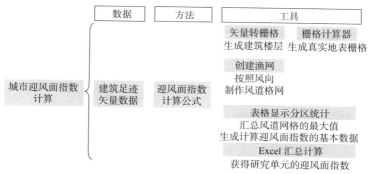

图 7.3.3　城市迎风面指数计算实验思维导图

【实验步骤】

该实验包括四个主要部分(图 7.3.4),分别为真实地表起伏栅格制作、迎风单元制作、迎风面指数计算数据准备和计算研究单元的迎风面指数。

图 7.3.4　扫码查看模型示意图

(一)制作地表起伏栅格

【步骤 1】矢量数据转换为栅格数据

打开【转换工具】—【转为栅格】—【要素转栅格】(Feature to Raster)工具,将研究区建筑足迹矢量数据转换为新的栅格。【输入要素】为 "Tianjin_region_building_footprint",【字段】选择 "floor",【输出栅格】命名为 "t_region_BF.tif",【输出像元大小】设置为 "1"(单位为 m)(此处 1 m 为主观经验设定,可根据研究单元自行修改,像元大小改变在其他操作的相应变化见后述步骤)(图 7.3.5)。此步骤操作时,应注意【环境设置】中处理范围的选择,同时需要留意研究区域是否小于数据四至范围(图 7.3.6)。

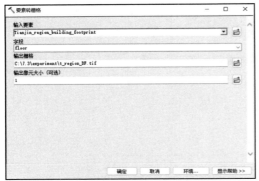

图 7.3.5 "要素转栅格"对话框

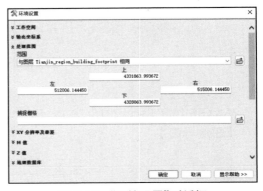

图 7.3.6 "环境设置"对话框

在该步骤所得到的栅格数据中,Value 字段表示楼层数,像元大小为 1 m × 1 m,Nodata 像元值为 255。

【步骤 2】生成地表起伏高度数据

打开【空间分析工具】—【地图代数】—【栅格计算器】(Raster Calculator);输入公式 Con(IsNull("t_region_BF.tif"),0,"t_region_BF.tif" * 3),【输出栅格】为 "t_region_H.tif",该数据为地形高度栅格数据(图 7.3.7)。

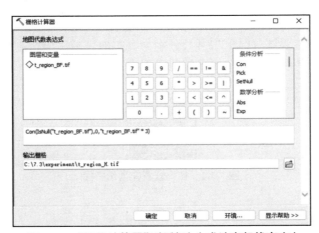

图 7.3.7 "栅格计算器"对话框(生成地表起伏高度)

值得注意的是,在计算中,因为 Nodata 表示像元未被建筑覆盖,其绝对高度为海拔高度,考虑部分城市实际地形起伏对真实空间有影响,需要在建筑数据之前加入地形数据。由于研究区内无明显地形起伏,所以对未被建筑覆盖的 Nodata 赋值为"0"加入计算。公式中,"3"是建筑层高的系数,将层数转化为建筑高度。

(二)迎风单元制作

【步骤 1】制作研究区格网

打开【数据管理工具】—【采样】—【创建渔网】(Fishnet)工具,制作研究区渔网。在【输出要素类】栏中输入要创建渔网矢量文件的路径和文件名,命名研究区渔网文件为"zong_fishnet.shp";【模板范围】选择上步生成的研究区地表高度栅格数据"t_region_H.tif";自动填充上、下、左、右的四至范围、渔网原点坐标、Y轴坐标、渔网右上角坐标等信息;将【像元宽度】和【像元高度】设为"100"(单位:m);【几何类型】选择"Polygon"(多边形)(图 7.3.8)。

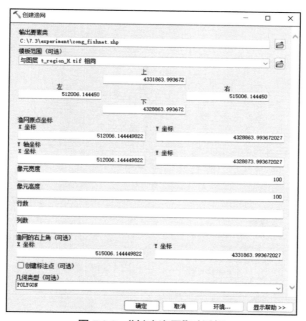

图 7.3.8　"创建渔网"对话框

【步骤 2】提取研究单元

通过工具栏选择要素工具,在研究区渔网矢量文件"zong_fishnet.shp"中选择所需渔网(图 7.3.9)。本实验仅选取最左下角的一格渔网作为实验示范进行后续操作,以便进行验证,如要获得全区域迎风面指数需对所有渔网进行计算(图 7.3.10)。

右键"zong_fishnet.shp",点击【数据】—【导出数据】(图 7.3.11)。在弹出的对话框中,【导出】选择"所选要素";在【输出要素类】中选取的渔网单元另存的路径和名称,将文件命名为"select_fishnet.shp"(图 7.3.12)。

图 7.3.9 【选择要素】选项

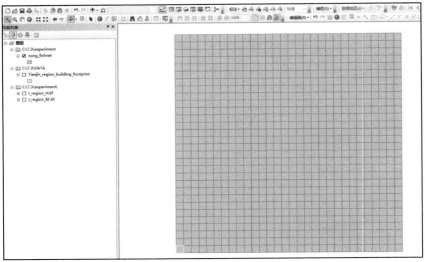

图 7.3.10 选取目标示例

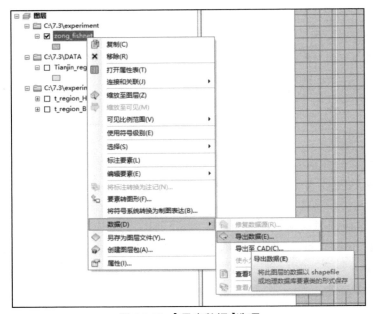

图 7.3.11 【导出数据】选项

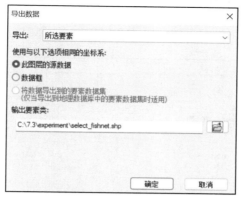

图 7.3.12　"导出数据"对话框

【步骤 3】制作研究单元的地表高度栅格

打开【空间分析工具】—【提取分析】—【按掩膜提取】(Extract by Mask)工具,提取研究单元的地表高度。【输入栅格】选择研究区地表高度栅格"t_region_H.tif";【输入栅格数据或要素掩膜数据】选择研究单元矢量文件"select_fishnet.shp";在【输出栅格】中设置研究单元的地表高度栅格,命名为"t_fishnet_H.tif"(图 7.3.13)。

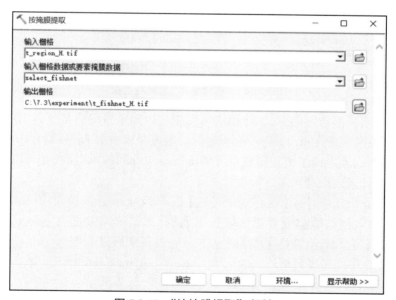

图 7.3.13　"按掩膜提取"对话框

(三)迎风面指数计算数据准备

【步骤 1】定义风道渔网

本实验中,假设风向为由南向北,由此构建风向格网。打开【数据管理工具】—【采样】—【创建渔网】(Fishnet)工具,制作研究区渔网(图 7.3.14)。在【输出要素类】栏中输入创建渔网矢量文件的路径和文件名,将风道渔网文件命名为"t_select_col.shp";【模板范围】选择研究单元地表高度栅格数据"与图层 t_fishnet_H.tif 相同",主动填充上、下、左、右的四至范围、渔网原点坐标、Y 轴坐标、渔网右上角坐标等信息；【像元宽度】为"1"（单位为 m）；【像元高度】定义为"100"（单位为 m）；【几何类型】选择"POLYGON"（多边形）。

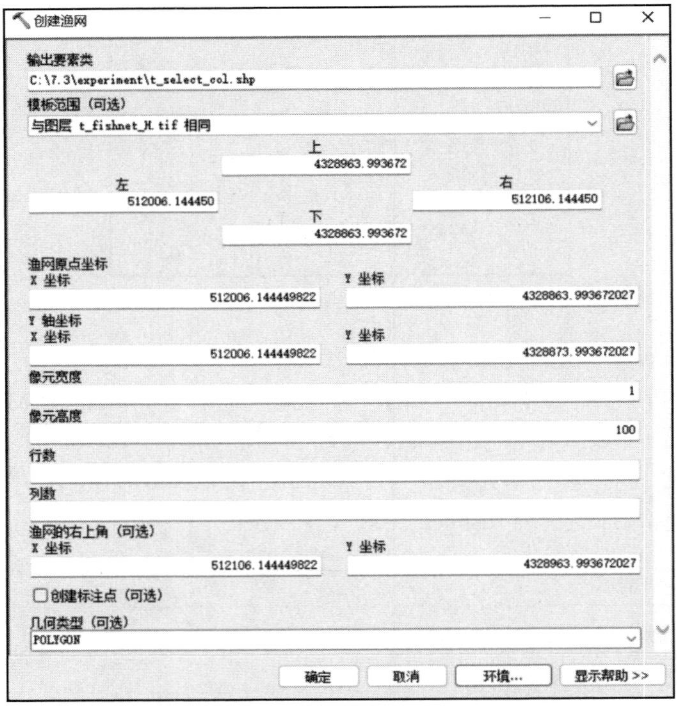

图 7.3.14　"创建渔网"工具对话框

本操作根据迎风面指数的定义，将地块单元中与风向垂直的边细分为 100 份，即边长为 100 m 时，每个渔网宽为 1 m，对应研究区建筑足迹矢量文件转栅格操作中的空间分辨率。操作完成后，在空间上形成了覆盖研究单元的 1 行 ×100 列的风道渔网矢量文件。

【步骤 2】统计风道内迎风最大高度

打开【空间分析工具】—【区域分析】—【以表格显示分区统计】（Zonal Statistics As Table）工具。【输入栅格数据或要素区域数据】选择风道渔网数据"t_select_col"；【区域字段】选择"FID"；【输入赋值栅格】选择研究单元地表高度栅格数据"t_fishnet_H.tif"；【输出表】由统计结果的路径和表名组成，命名为"t_select_col_max.dbf"；勾选"在计算中忽略 No-data"；【统计类型】选择"ALL"（图 7.3.15）。

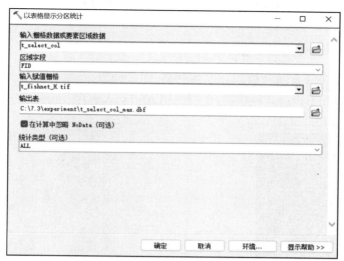

图 7.3.15 "以表格显示分区统计"对话框

（四）计算研究单元的迎风面指数

用 Excel 软件打开 "t_select_col_max.dbf" 文件,文件中每行(即每条记录)对应风道渔网的一个单元,MAX 对应的最大值代表风道单元内最大高度值。其中,最大值为 18 的记录有 94 条,为 9 的记录有 6 条,总计为 100 条(图 7.3.16)。

	A	B	C	D	E	F	G	H	I	J	K	L	M	N
76	74	100	100	0	18	18	5.4	7.914543575	540	3	0	15	0	
77	75	100	100	0	18	18	5.4	7.914543575	540	3	0	15	0	
78	76	100	100	0	18	18	5.4	7.914543575	540	3	0	15	0	
79	77	100	100	0	18	18	5.4	7.914543575	540	3	0	15	0	
80	78	100	100	0	18	18	5.4	7.914543575	540	3	0	15	0	
81	79	100	100	0	18	18	5.4	7.914543575	540	3	0	15	0	
82	80	100	100	0	18	18	5.4	7.914543575	540	3	0	15	0	
83	81	100	100	0	18	18	5.4	7.914543575	540	3	0	15	0	
84	82	100	100	0	18	18	5.4	7.914543575	540	3	0	15	0	
85	83	100	100	0	18	18	5.4	7.914543575	540	3	0	15	0	
86	84	100	100	0	18	18	5.4	7.914543575	540	3	0	15	0	
87	85	100	100	0	18	18	5.4	7.914543575	540	3	0	15	0	
88	86	100	100	0	18	18	5.4	7.914543575	540	3	0	15	0	
89	87	100	100	0	18	18	5.4	7.914543575	540	3	0	15	0	
90	88	100	100	0	18	18	5.4	7.914543575	540	3	0	15	0	
91	89	100	100	0	18	18	5.22	7.830172412	522	3	0	15	0	
92	90	100	100	0	18	18	5.22	7.830172412	522	3	0	15	0	
93	91	100	100	0	18	18	5.22	7.830172412	522	3	0	15	0	
94	92	100	100	0	18	18	5.22	7.830172412	522	3	0	15	0	
95	93	100	100	0	18	18	5.22	7.830172412	522	3	0	15	0	
96	94	100	100	0	18	18	5.22	7.830172412	522	3	0	15	0	
97	95	100	100	0	18	18	5.22	7.830172412	522	3	0	15	0	
98	96	100	100	0	18	18	5.22	7.830172412	522	3	0	15	0	
99	97	100	100	0	18	18	5.04	7.740697643	504	3	0	15	0	
100	98	100	100	0	18	18	5.04	7.740697643	504	3	0	15	0	
101	99	100	100	0	18	18	5.58	7.683983342	558	4	0	15	0	
102			研究单元迎风面积		1746									
103			迎风面指数		0.1746									
104														
105														

图 7.3.16 打开 "t_select_col_max.dbf" 文件图(部分)

最大值与风道渔网单元的宽度相乘,可表示该风道方向的迎风面积(由于本实验中定义风道单元宽度为 1 m,因此相乘过程可以省去)。随后对【 MAX 】列进行【 求和 】,即可获得研究单元迎风面积为 1 746 m²。迎风面指数的计算公式如下:

$$FAI = \frac{A_{\text{Proj}}}{Area} \tag{7.3.1}$$

式中:FAI 表示迎风面指数;A_{Proj} 表示垂直于某一风向的建筑迎风面投影面积;$Area$ 表示建筑物所在地块面积。

最终计算得到该网格迎风面指数为 1 746/10 000=0.174 6。

（五）遍历所有网格，绘制迎风面指数专题图

如果遍历研究区所有渔网单元并汇总结果，即可计算研究区迎风面指数空间格局（图7.3.17）。本实验教程不再展开该步骤，也可使用 ArcPy、ArcGIS Engine、QGIS 等完成。

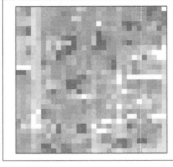

图例
建筑物高度（m）
高:87
低:0

图例
迎风面指数
（×10 000）
高:6 540
低:9

图 7.3.17　研究区建筑足迹基本数据与迎风面指数结果

第八章　环境灾害与应急管理实验

8.1　城市积水内涝风险分析

> 今年风雨多,平陆成沮洳。吾庐地尤下,积水环百步。
>
> ——陆游《久雨路断朋旧有相过者皆不能进》

【实验目的】

基于地表水文过程,综合运用 ArcGIS 软件数据管理、空间分析等工具,计算不同降雨条件下城市地表积水深度,评估城市积水内涝风险。

【实验意义】

城市内涝是指由于强降水或连续性降水超过城市排水能力致使城市内产生积水灾害的现象。由于城市排水设施不完善、排水管网不够健全、排水管道老化、排水标准比较低、排水系统建设滞后,当降雨强度大、时间连续、范围集中时,极易发生降水积水。

海绵城市是新一代城市雨洪管理概念,是指城市能够像海绵一样,在适应环境变化和应对雨水带来的自然灾害等方面具有良好的弹性,也可称之为"水弹性城市"。城市能够像海绵一样,在适应环境变化和应对自然灾害等方面具有良好的"弹性",国际通用术语为"低影响开发雨水系统构建",下雨时吸水、蓄水、渗水、净水,需要时将蓄存的水释放并加以利用,实现雨水在城市中自由迁移。而从生态系统服务出发,通过跨尺度构建水生态基础设施,并结合多类具体技术建设水生态基础设施,是海绵城市的核心。海绵城市建设是缓解城市内涝的重要举措之一,能够有效应对内涝防治设计重现期以内的强降雨,使城市在适应气候变化、抵御暴雨灾害等方面具有良好"弹性"和"韧性"。

本实验通过定量计算城市内部绿地的滞蓄能力,识别每个汇水区的产流－径流量关系,研究不同降雨条件下地表水文过程,对识别城市积水积涝区及其风险具有重要意义。

【知识点】

1. 了解城市雨洪分析的原理和逻辑;

2. 熟练掌握应用 ArcGIS 软件进行数据属性表等操作;

3. 熟练掌握应用 ArcGIS 软件进行栅格计算、区域分析等操作;

4. 掌握应用 ArcGIS 软件进行专题图绘制等操作;

5. 熟悉 ArcGIS 软件和 Excel 软件互动操作方法。

【实验数据】

1. 将沈阳市汇水区数据根据路网数据进行划分,并命名为 shenyang_sub.shp。数据来源为 OpenStreetMap(https://www.openstreetmap.org/)。

2. 将沈阳市一环矢量数据命名为:sy1huan.shp。

3. 将沈阳市 2017 年一环土地利用类型栅格数据命名为 sy2017lc.tif。数据来源为 http:

//data.ess.tsinghua.edu.cn/。该数据将沈阳市土地利用类型重分类为不透水面、绿地和水体，进而与屋面数据进行叠加，分为四类（绿地、水体、不透水面和屋顶）。数据的空间分辨率为10 m。

4. 将归一化植被指数（NDVI）栅格数据命名为 syndvi.tif。

5. 将土壤容重栅格数据命名为 sysoil.tif。来源于国家科技基础条件平台——国家地球系统科学数据中心的"中国高分辨率国家土壤信息格网基本属性数据集 _90 米土壤容重"（http://www.geodata.cn），数据的空间分辨率为 90 m。

【实验软件】

ArcGIS 10.8、Excel 2016。

【思维导图】

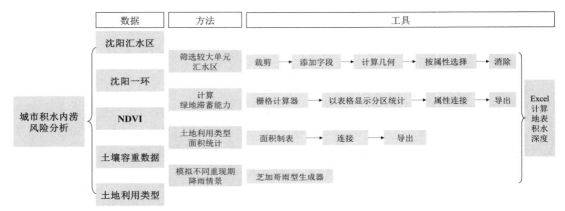

图 8.1.1　城市积水内涝风险分析实验思维导图

【实验步骤】

（一）汇水单元的划分

根据沈阳市一环数据对沈阳市汇水区数据进行裁剪，并去除小于 2 000 m² 的汇水单元。

【步骤 1】裁剪沈阳市一环范围内的汇水区

打开【空间分析工具】—【提取分析】—【裁剪】（Clip）。【输入要素】选择沈阳市汇水区数据"shenyang_sub.shp"；【裁剪要素】选择沈阳市一环范围矢量数据"sy1huan.shp"，裁剪出沈阳一环中的汇水区，设置【输出要素类】为"collection_area.shp"（图 8.1.2）。

【步骤 2】计算汇水单元面积

右键点击"collection_area.shp"，选择【打开属性表】，点击【添加字段】（图 8.1.3）。【名称】命为"area"，【类型】选择"浮点型"，其他设置如图 8.1.4 所示。

右键点击【area】字段，点击【计算几何】（图 8.1.5）。【属性】选择"面积"，【单位】选择"平方米"，即可计算出沈阳市一环范围内所有汇水单元的面积（图 8.1.6）。

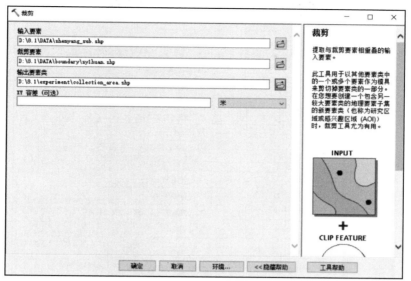

图 8.1.2　"裁剪"对话框

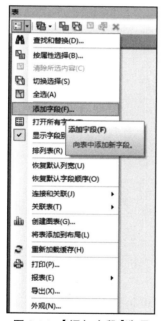

图 8.1.3　【添加字段】选项

图 8.1.4　"添加字段"对话框

图 8.1.5 【计算几何】选项

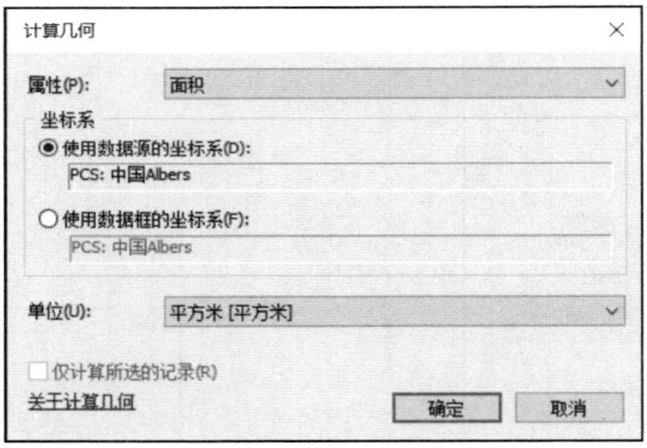

图 8.1.6 "计算几何"对话框

【步骤 3】筛选汇水单元

在【表】(属性表)左上角点击图标,选择【按属性选择】(图 8.1.7)。在"按属性选择"对话框中,选择"area" <= 2000 的汇水单元(图 8.1.8)。

打开【数据管理工具】—【制图综合】—【消除】(Eliminate)。【输入图层】选择"collection area",勾选【按边界消除面】,设置【输出要素类】为"sycollection_area.shp",即可消除面积小于或等于 2 000 m² 的汇水单元(图 8.1.9)。

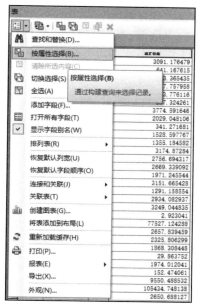

图 8.1.7 【按属性选择】选项

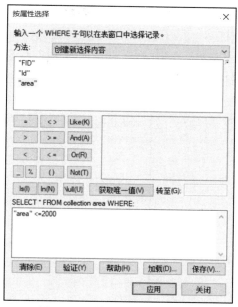

图 8.1.8 "按属性选择"对话框

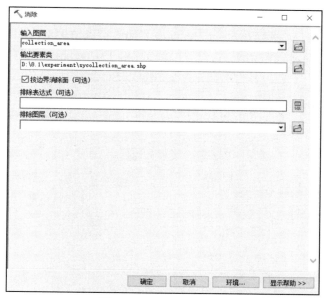

图 8.1.9 "消除"对话框

（二）计算绿地的滞蓄能力

绿地滞蓄能力主要包括林冠截留能力和土壤下渗能力。

【步骤 1】计算林冠截留能力

林冠截留能力的计算公式如下：

$$S_{\max} = 0.935 + 0.498 \times LAI - 0.005\,75 \times LAI^2 \tag{8.1.1}$$

$$LAI = 0.3361 \times e^{5.9127 \times NDVI} \tag{8.1.2}$$

式中：S_{max} 指植被冠层最大截留能力（mm）；LAI 指叶面积指数；$NDVI$ 指归一化植被指数。

打开【空间分析工具】—【地图代数】—【栅格计算器】（Raster Calculator），输入公式 0.336 1 * Exp（5.9127 * "syndvi"），计算叶面积指数，设置【输出栅格】为 "sylai.tif"（图 8.1.10）。

图 8.1.10　计算叶面积指数

继续使用"栅格计算器"（Raster Calculator），输入公式 0.935 + 0.498 * "sylai"－0.005 75 * Square ("sylai")，计算林冠截留能力，设置【输出栅格】为 "sySmax.tif"（图 8.1.11）。

图 8.1.11　计算林冠截留能力

【步骤 2】分区统计汇水区的林冠截留能力并进行属性连接

加载 "sycollection_area.shp"，打开【空间工具】—【区域分析】—【以表格显示分区统计】（Zonal Statistic as Table）。【输入栅格数据或要素区域数据】选择 "sycollection_area"，【区域字段】选择 "FID"，【输入赋值栅格】为 "sySmax"，将【输出表】命名为 "CACI"（即汇水区林冠截留，Collection Area Canopy Interception）（图 8.1.12）。

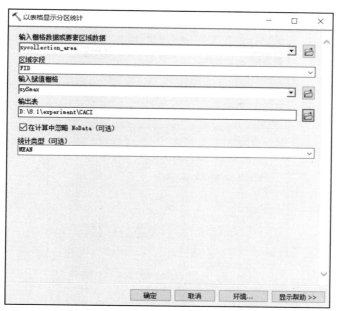

图 8.1.12　"以表格显示分区统计"对话框

【步骤 3】将林冠截留能力与汇水单元连接

将"CACI"连接到"sycollection_area.shp"图层中,以使二者属性表相对应。右键点击"sycollection_area",选择【连接和关联】—【连接】(图 8.1.13)。选择两个图层相对应的字段作为连接对象进行字段连接(图 8.1.14)。

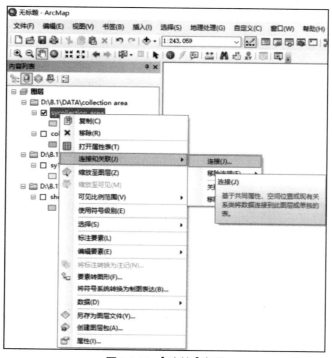

图 8.1.13　【连接】选项

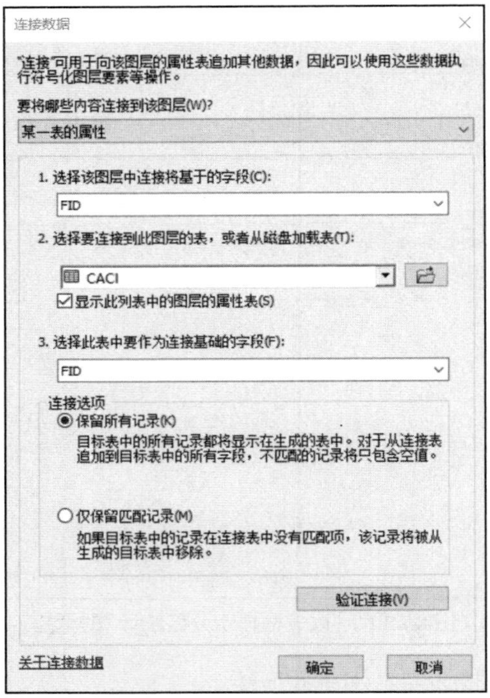

图 8.1.14　"连接数据"对话框

　　连接成功之后，右键点击"sycollection_area"图层，点击【打开属性表】可进行字段查看。点击属性表窗口左上角的【表选项】—【导出】（图 8.1.15），输出 TXT 格式文件，命名为"caci.txt"（图 8.1.16）。

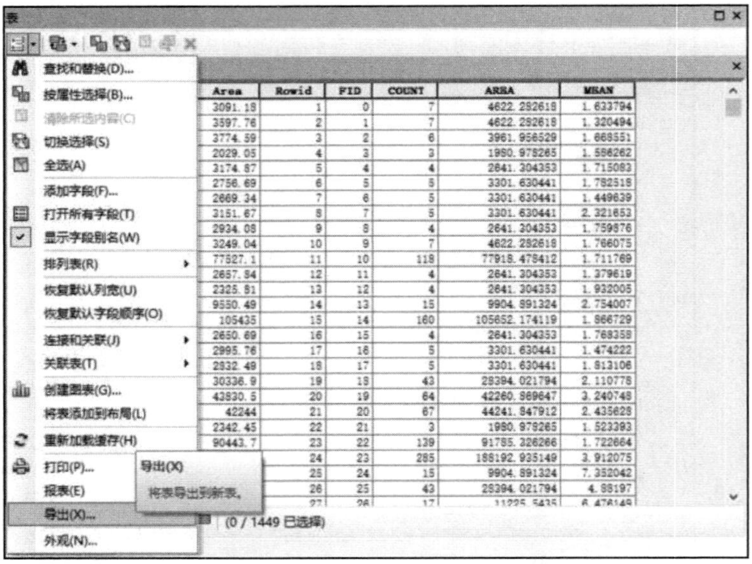

图 8.1.15　【导出】选项

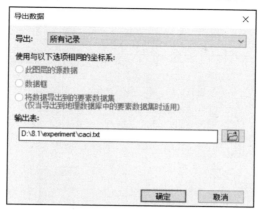

图 8.1.16　"导出数据"对话框

导出完成后,右键点击"sycollection_area",选择【连接和关联】—【移除连接】—【caci】,取消统计结果与"sycollection_area"图层的连接(图 8.1.17)。

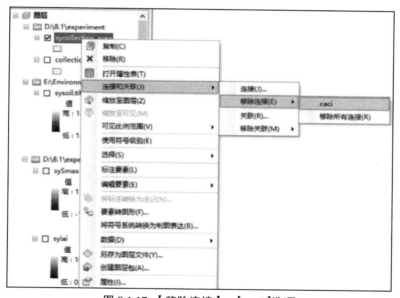

图 8.1.17　【移除连接】—【caci】选项

【步骤 4】计算土壤下渗能力

土壤下渗的计算公式如下:

$$S_{so} = H \times TP \tag{8.1.3}$$

$$TP = \left(1 - \frac{BD}{d_s}\right) \times 100\% \tag{8.1.4}$$

式中:S_{so} 为土壤饱和含水量;H 为土壤厚度(200 mm);TP 为土壤总孔隙(%);BD 为土壤容重(g/cm²);d_s 指土壤密度,一般取 2.65 g/cm²。

打开【空间分析工具】—【地图代数】—【栅格计算器】(Raster Calculator)。输入公式(1-Float("sysoil.tif") / 1000 / 2.65) * 200,计算土壤饱和含水量,注意,土壤容重数据需要除以 1 000,整型数据需要转为浮点型;设置【输出栅格】为"sySso.tif"(图 8.1.18)。

图 8.1.18　计算土壤下渗能力

【步骤 5】分区统计汇水区的土壤下渗能力

打开【空间分析工具】—【区域分析】—【以表格显示分区统计】(Zonal Statistic as Table)。【输入栅格数据或要素区域数据】选择"sycollection_area",【区域字段】选择"FID",【输入赋值栅格】为"sySso.tif",【输出表】命名为"CASI"(汇水区土壤下渗,Collection Area Soil Infiltration)(图 8.1.19)。

图 8.1.19　"以表格显示分区统计"对话框

【步骤6】将土壤下渗能力与汇水单元连接

右键点击"sycollection_area",选择【连接和关联】—【连接】,选择两个图层相对应的字段作为连接对象进行字段连接。连接成功之后,右键点击"sycollection_area"图层,选择【打开属性表】可进行字段查看。点击属性表窗口左上角的【表选项】—【导出】,输出 TXT 格式文件,命名为"casi.txt"。导出完成后,取消连接(过程参考见图 8.1.13 至图 8.1.17)。

(三)汇水区土地利用类型面积统计

【步骤1】计算各汇水单元中不同土地利用类型面积

打开【空间分析工具】—【区域分析】—【面积制表】(Tabulate Area)。【输入栅格数据或要素区域数据】选择"sycollection_area",【区域字段】为"sycollection_area.FID",【输入栅格数据或要素类数据】选择"sy2017lc",【类字段】为"VALUE",设置【输出表】为"CAarea.dbf"(图 8.1.20)。

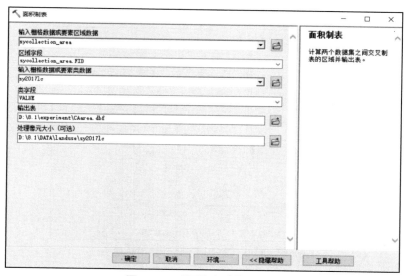

图 8.1.20　"面积制表"对话框

【步骤2】将土地利用类型面积与汇水单元连接

右键点击"sycollection_area",选择【连接与关联】—【连接】,选择两个图层相对应的字段作为连接对象进行字段连接。连接成功之后,右键点击"sycollection_area"图层,点击【打开属性表】可进行字段查看。点击属性表窗口左上角的【表选项】—【导出】,输出 TXT 格式文件,命名为"calu.txt"。导出完成后,取消连接(该过程参考见图 8.1.13 至图 8.1.17)。

(四)模拟不同重现期降雨

采用芝加哥雨型模拟沈阳市不同重现期降雨量。沈阳市暴雨计算公式如下:

$$q = \frac{1984(1+0.77\lg P)}{(t+9)^{0.77}} \tag{8.1.5}$$

式中:q 为降雨量(mm);t 为降雨历时,本实验设置为 120 min;P 为降雨重现期。

具体参数设置如图 8.1.21,可根据不同城市暴雨公式,模拟不同重现期降雨总量。本实验已对沈阳市 5 年、20 年和 50 年一遇的降雨量进行模拟，分别为 52 mm、60 mm 和 78 mm（图 8.1.22）。

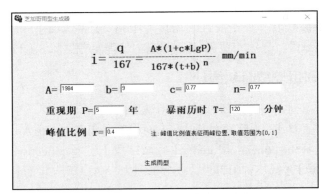

图 8.1.21　芝加哥雨型生成器具体参数设置

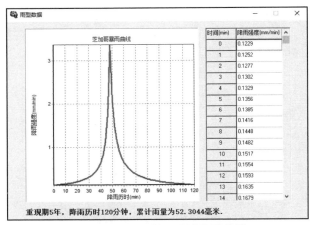

图 8.1.22　重现期下累计降雨总量

（五）利用 Excel 计算结果并表示

采用简单地表水文计算模型计算地表积水深度，公式如下：

$$D = \frac{P \times \left(A_{roof} \times R_{roof} + A_{impervious} \times R_{impervious} + A_{water} \times R_{water} \right) - \left(S_{ca} + S_{so} \right) \times A_{green}}{A_c} - C_d$$

（8.1.6）

式中：D 为积水深度（mm）；P 为降雨量（mm）；A_{roof}、$A_{impervious}$、A_{water}、A_{green} 分别为屋顶、其他不透水面、水体和绿地的面积（m²）；R_{roof}、$R_{impervious}$ 和 R_{water} 分别为屋顶、其他不透水面和水体的径流系数，数值为 0.9、0.8、1；S_{ca} 为绿地的林冠截留量（mm）；S_{so} 为绿地的土壤下渗量（mm）；A_c 为汇水单元的面积（m²）；C_d 为排水量，定义每个汇水单元 120 min 排水 30 mm。

【步骤 1】数据预处理

将结果文件夹中前述步骤里得到的 "caci.txt"（汇水区林冠截留）、"casi.txt"（汇水区土壤下渗）、"calu.txt"（汇水区土地利用）文件经由 Excel 功能栏中【数据】—【从文本 /CSV】

进行数据导入,然后依次复制并粘贴到"depth of accumulated water 积水深度.xls"中(图 8.1.23)。

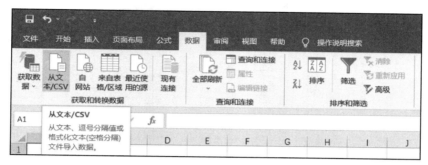

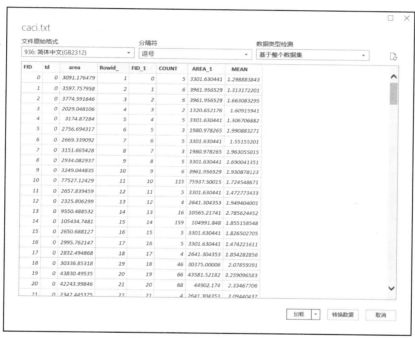

图 8.1.23　【从文本/CSV】选项

【步骤 2】计算积水深度

对导入的数据进行整理,计算不同重现期下积水深度(图 8.1.24)。其中,"D5""D20" 和"D50"分别表示为 $P=5$、$P=20$ 和 $P=50$ 时的积水深度;默认参数"Aroof"设置为"0"; "Rimpervious"设置为"0.8";"Rwater"设置为"1";"Cd"设置为"30"。最终计算结果如图 8.1.25 所示。

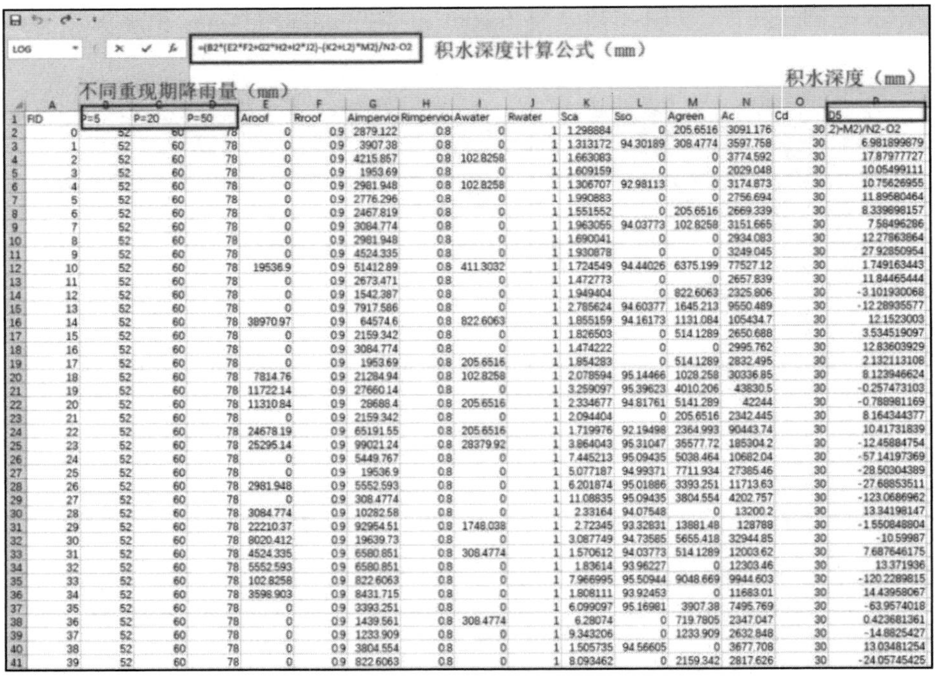

图 8.1.24　积水深度计算过程

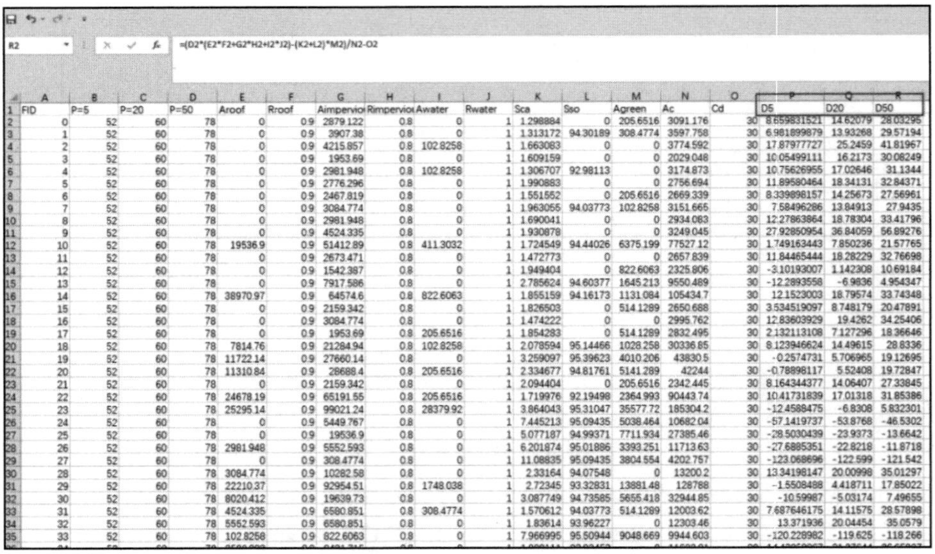

图 8.1.25　积水深度计算结果

【步骤 3】将计算结果可视化

右键点击"sycollection_area.shp",选择【连接与关联】—【连接】,找到"depth of accumulated water.xls"文件,通过对应的 FID 属性字段进行连接(图 8.1.26)。连接成功后,右键点击"sycollection_area",选择【属性】,在"图层属性"对话框中运用【分级色彩】查看不同重现期情境下的积水深度(图 8.1.27)。在绘图模式下,最终得到不同重现期情景下积水深度(图 8.1.28)。

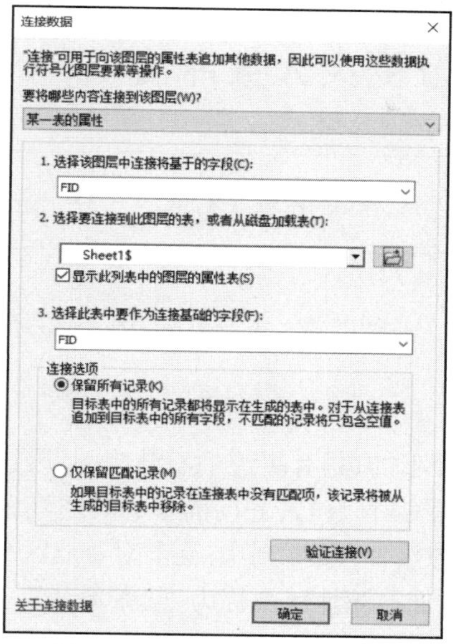

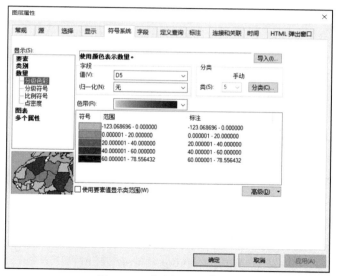

图 8.1.26　"连接数据"对话框

图 8.1.27　【分级色彩】选项

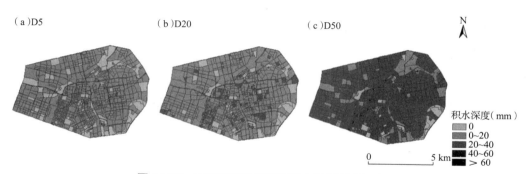

（a）D5　　　　　　（b）D20　　　　　　（c）D50

积水深度（mm）
0
0~20
20~40
40~60
> 60

图 8.1.28　不同重现期条件下汇水单元积水深度

8.2　台风灾害范围及受灾人数评估

> 飓风忽起云颠狂,波涛摆掣鱼龙僵。　——顾云《天威行》

【实验目的】

通过台风灾害数据和人口密度数据,基于 ArcGIS 软件分析台风灾害影响范围并统计受灾人数。

【实验意义】

台风是发生在热带海洋面上的、具有暖流中心结构的、风速在 32.6 m/s 以上的强烈的热带气旋,即大气绕着自己的中心高速旋转,并向前移动的空气涡旋,在北半球作逆时针旋转,在南半球作顺时针旋转。这种热带气旋在中国及东南亚地区被称为"台风",美国及大西洋地区被称为"飓风",印度及孟加拉湾地区被称为"热带风暴"。

台风是全球影响最为严重的自然灾害之一,每年均造成巨大的经济损失和人员伤亡。综合利用遥感技术和地理信息技术,可实现台风灾害的动态监测。该方法支持台风灾害预警、灾情评估、灾后重建等工作,可以在一定程度上降低台风灾害损失。本实验针对 2015 年的两次台风进行分析,通过台风轨迹数据与人口密度数据,分析两次台风影响下受灾人数情况。

【知识点】

1. 了解台风灾害范围及受灾人数评估意义和方法;

2. 熟练掌握应用 ArcGIS 软件进行添加数据、投影变换等操作;

3. 掌握应用 ArcGIS 软件进行邻域分析、区域分析等操作。

【实验数据】

1. 将 2015 年两次台风数据命名为 2015TropicalCycloneSize.csv。数据包含两次台风的名字(Name)、年份(Year)、月份(Month)、日期(Day)、小时(Hour)、中心纬度(LAT)、中心经度(LONG)、中心最低气压(PRS)、中心最大风速(WND)、风圈半径(SiR34,单位为 m,以 34 海里/小时风圈半径为准)、用于反演的卫星(SATSer)等信息。数据来自于中国气象局热带气旋资料中心(https://tcdata.typhoon.org.cn/tcsize.html)。

2. 将人口密度栅格数据命名为 density2015.tif。

3. 将中国省级行政边界矢量数据命名为 Provinces.shp 和十段线.shp(标准地图请于国家测绘地理信息标准地图服务网站下载)。

【实验软件】

ArcGIS 10.8。

【思维导图】

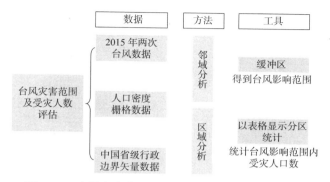

图 8.2.1 台风灾害范围及受灾人数评估实验思维导图

【实验步骤】

(一)台风数据预处理

【步骤 1】添加省级行政边界与人口密度数据

在 ArcGIS 的主界面上点击【添加数据】,添加中国省级行政边界矢量数据与人口密度栅格数据(图 8.2.2)。

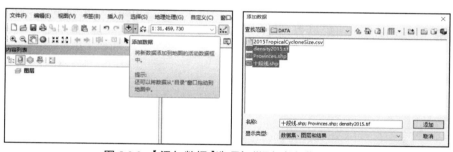

图 8.2.2 【添加数据】选项与"添加数据"对话框

【步骤 2】添加台风数据

在 ArcGIS 的主界面上点击【文件】—【添加数据】—【添加 XY 数据】(图 8.2.3)。选择 2015 年的两次台风数据"2015TropicalCycloneSize.csv",【X 字段】选择"LONG",【Y 字段】选择"LAT",点击【输入坐标的坐标系】的【编辑】(图 8.2.4);然后,选择【地理坐标系】—【World】—【WGS 1984】,再点击【确定】(图 8.2.5)。

图 8.2.3 【添加 XY 数据】选项

图 8.2.4 "添加 XY 数据"对话框

图 8.2.5 输入 WGS 1984 坐标系

【步骤 3】通过导出数据的方式转换为投影坐标系

右键点击上步导入的点数据,选择【数据】—【导出数据】(图 8.2.6)。【使用与以下选项相同的坐标系】选择"数据框",设置【输出要素类】为"taifeng_Output.shp",得到 Albers 投影坐标系下的台风数据(图 8.2.7)。

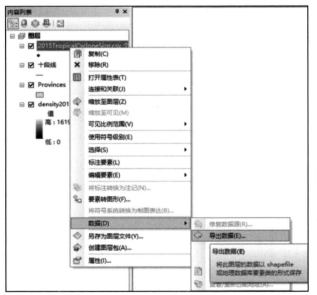

图 8.2.6 【导出数据】选项

图 8.2.7 导出数据对话框

(二)台风数据分析

【步骤 1】台风影响范围

本实验分析的两次台风均持续多日,台风中心不断移动,风圈半径也不断变化,基于

【缓冲区】工具,同时使用"台风中心"与"风圈半径",即可确定台风持续时间内的影响范围。

打开【分析工具】—【邻域分析】—【缓冲区】(Buffer)。【输入要素】选择"taifeng_Output",设置【输出要素类】为"taifenghuanchongqu.shp",【距离】选择【字段】—"SiR34",【融合类型】选择"LIST",【融合字段】选择"Name"(图8.2.8),运行得到两次台风各自的影响范围(图8.2.9)。

图8.2.8 "缓冲区"对话框

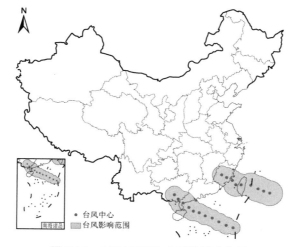

图8.2.9 2015年两次台风的影响范围

【步骤 2】受灾人数分析

打开【空间分析工具】—【区域分析】—【以表格显示分区统计】(Zonal Statistics as Table)。【输入栅格数据或要素区域数据】选择 "taifenghuanchongqu",【区域字段】为 "Name",【输入赋值栅格】选择 "density2015.tif",将【输出表】命名为 "shouzairenshu",【统计类型】默认为 "ALL"(图 8.2.10)。表 "shouzairenshu" 的属性表中 SUM 字段即为两次台风各自的受灾人数(图 8.2.11)。

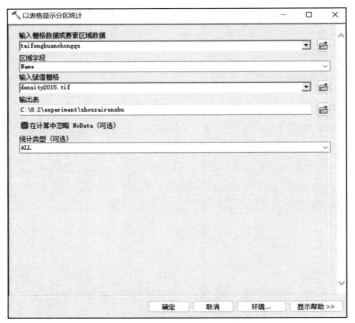

图 8.2.10 【以表格显示分区统计】工具对话框

	Rowid	NAME	ZONE-CODE	COUNT	AREA	MIN	MAX	RANGE	MEAN	STD	SUM
▶	1	Mujigae	1	140374	135571864087.548172	0	81550.5	81550.5	360.644143	1043.791302	50625060.992182
	2	Soudelor	2	142439	137566221300.000519	0	234333.859375	234333.859375	434.505105	2003.961366	61890472.638938

图 8.2.11 "shouzairenshu"属性表

第九章　低碳环境实验

9.1　中国省域工业碳排放时空格局演变特征分析

> 人事有代谢,往来成古今。　——孟浩然《与诸子登岘山》

【实验目的】

利用 ArcGIS 软件,通过空间自相关、空间聚类和地理分布工具,刻画 2010—2019 年中国省域工业碳排放时空格局演变特征。

【实验意义】

近百年来,地球气候系统正经历着一次以变暖为主要特征的显著变化,而温室气体排放剧增是最主要的原因。因此,限制温室气体排放已经日益成为全球各国最关注的问题之一。在 2015 年 12 月召开的联合国气候峰会上, 195 个成员国通过了《巴黎协定》,取代此前的《京都议定书》,以期望能共同遏制全球变暖趋势。2016 年 4 月, 170 多个国家领导人齐聚联合国总部,共同签署了《巴黎协定》。各国在《巴黎协定》中承诺, 21 世纪末将全球温度上升控制在不超过工业化前 2 ℃,并在 2050—2100 年实现全球碳中和目标。在全球气候治理面临重重挑战之际,中国对外释放了积极信号:中国将提高国家自主贡献力度,采取更加有力的政策和措施,二氧化碳排放力争于 2030 年前达到峰值,努力争取 2060 年前实现碳中和。碳达峰则是指在实现碳中和之前,温室气体的排放量达到峰值,此后开始慢慢下降,直到碳中和的全面实现;碳中和是指我们向大气中排出的温室气体与土壤、森林和海洋所吸收的温室气体相互抵消。我国所提出的碳达峰目标、碳中和愿景,意味着我国将更加坚定地贯彻新发展理念、构建新发展格局、推进产业转型升级,走绿色低碳循环发展之路,实现高质量发展,对全球气候治理起到关键性推动作用。工业部门是我国能源消耗和二氧化碳排放最主要的领域,也是我国实现减排减碳的重要领域,必须加强先进脱碳技术创新,加快能源转型,加快制定碳达峰、碳中和路线图和实施路径,做到超前部署和行动,为我国实现碳中和愿景目标、为全球应对气候变化做出更大贡献。

中国幅员辽阔,区域间发展存在显著差异,通过空间计量模型探究中国各省域工业碳排放在地理空间上有没有空间自相关性、是否存在集群现象极为重要。本实验采用莫兰指数(Moran's I)识别与检验中国各省域工业碳排放的空间自相关性,采用热点分析进一步区分中国省域工业碳排放的冷热点,并借助标准椭圆及重心迁移对工业碳排放的时空格局演变特征进行探索。

【知识点】

1. 了解中国省域工业碳排放时空格局演变研究背景和过程;

2. 熟练掌握应用 ArcGIS 软件进行数据属性表等操作;

3. 熟练掌握应用 ArcGIS 软件进行空间自相关、聚类分布制图、度量地理分布等操作；

4. 掌握应用 ArcGIS 软件进行专题图绘制等操作；

5. 熟悉 ArcGIS 软件和 Excel 软件互动操作方法。

【实验数据】

1. 将 2010—2019 年中国各省份的工业碳排放时间序列数据命名为 Industrial Emissions_for_30_Provinces.xls。其中包括中国 30 个省区市的统计数据（香港、澳门、台湾和西藏地区由于无法形成连续年份的统计数据，本实验未进行统计）。2010—2019 年的工业碳排放数据来源为 https://www.ceads.net/data/。

2. 将中国省级行政边界矢量数据命名为 Provinces.shp 和十段线.shp（本处仅提供"Provinces.shp"同名属性表"Provinces.dbf"文件，读者可自行连接 Shapefile 文件，标准地图请于国家测绘地理信息标准地图服务网站下载）。

【实验软件】

ArcGIS 10.8。

【思维导图】

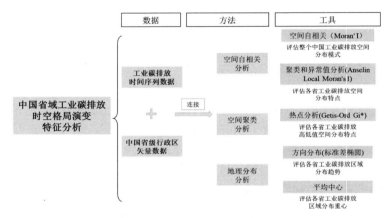

图 9.1.1　中国省域工业碳排放时空格局演变特征分析实验思维导图

【实验步骤】

（一）数据预处理

【步骤 1】将中国各省工业碳排放的 Excel 数据与空间数据连接

打开中国省级行政边界矢量数据"Provinces.shp"及"十段线.shp"，右键点击"Provinces.shp"点击【连接和关联】—【连接】（图 9.1.2）。【选择该图层中连接将基于的字段】设置为"省代码"；【选择要连接到此图层的表，或者从磁盘加载表】定位至"Industrial Emissions_for_30_Provinces.xls"中的"Sheet1"；【选择此表中要作为连接基础的字段】为"province_code"，点击【确定】（图 9.1.3）。

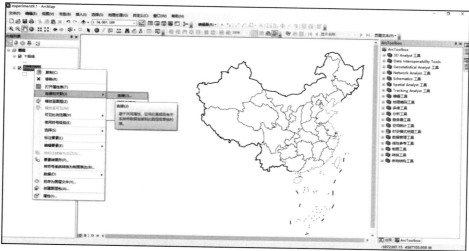

图 9.1.2 【连接和关联】—【连接】选项

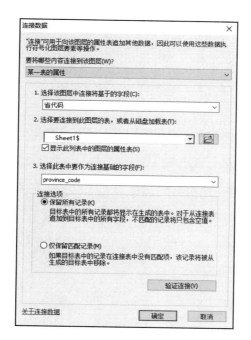

图 9.1.3　连接数据设置

【步骤 2】筛选并导出为新的矢量数据

由于港、澳、台、西藏地区的数据存在空值，会对后续研究产生影响，因此本实验只筛选出数据完整的地区。

右键点击"Provinces.shp"，选择【打开属性表】，将除港、澳、台、西藏地区外的 30 个省区市的数据整行选中，关闭属性表，则"Provinces.shp"中被选中的地区高亮显示（图 9.1.4）。右键点击"Provinces.shp"，选择【数据】—【导出数据】（图 9.1.5），将所选要素导出，选择保存路径，将文件命名为"spatialdata.shp"，并将导出数据加载至图中（图 9.1.6）。

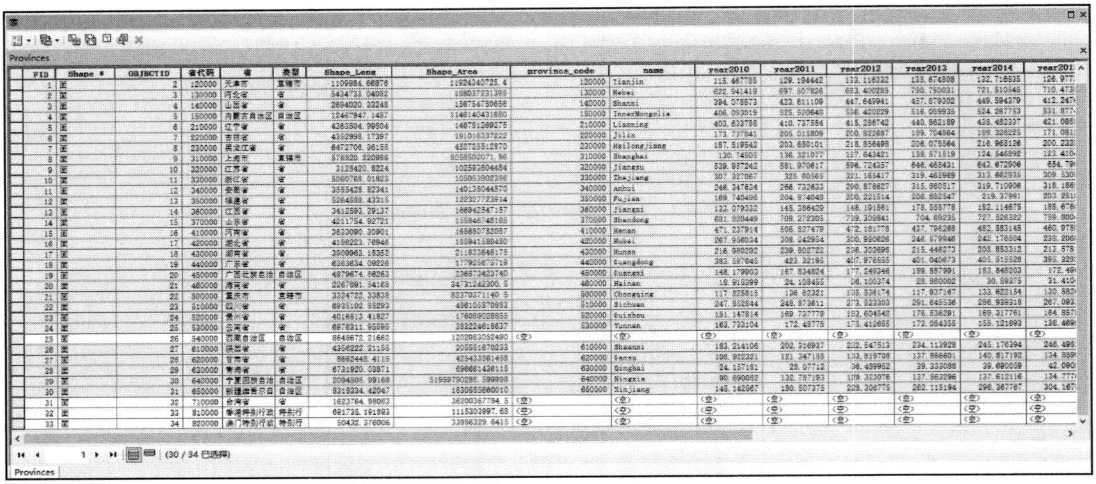

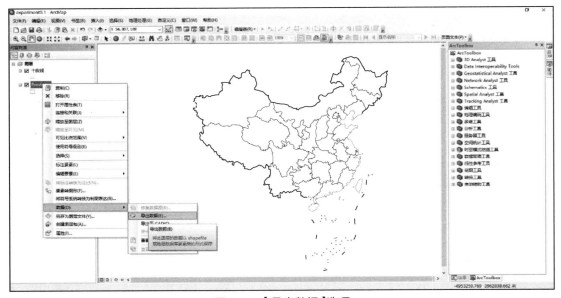

图 9.1.4　在属性表中选中有数值的地区

图 9.1.5　【导出数据】选项

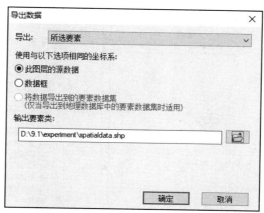

图 9.1.6　"导出数据"对话框

（二）空间自相关分析

【步骤 1】全局莫兰指数

打开【空间统计工具】—【分析模式】—【空间自相关（Moran I）】（Spatial Autocorrelation）。【输入要素类】为"spatialdata"，【输入字段】选择"year2010"（代表 2010 年各省区市总工业碳排放量），勾选【生成报表】，【空间关系的概念化】及【距离法】分别选择"INVERSE_DISTANCE"和"EUCLIDEAN_DISTANCE"，【标准化】选择"ROW"（行），点击【确定】（图 9.1.7）。

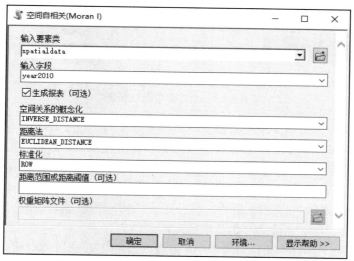

图 9.1.7　【空间自相关（Moran I）】工具对话框

【步骤 2】查看全局莫兰指数报表

运行完成后，在 ArcMap 中不会生成要素，需要打开 ArcGIS 的默认文档存储路径或按下述操作查看报表。从任务栏中，点击【地理处理】—【结果】（图 9.1.8）。【空间自相关（Moran I）】的运行结果中有"报表文件：Morans I_Result.html"，双击后的打开结果如图 9.1.9 所示。

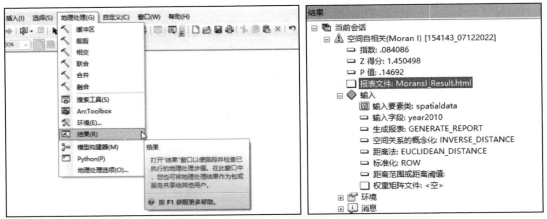

图 9.1.8 从【地理处理】—【结果】中查看全局莫兰指数报表

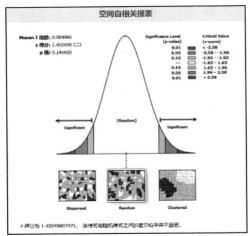

图 9.1.9 全局莫兰指数报表

2010 年,中国 30 个省域工业碳排放空间自相关分析的 z 值为 1.45,该模式与随机模式之间的差异并不显著,即 2010 年中国各省区市的工业碳排放分布不具有一定的空间集聚性。

空间自相关工具返回五个值:Moran's I、预期指数、方差、z 得分及 p 值。在给定一组要素及相关属性的情况下,该工具评估所表达的模式是聚类模式(clustered)、离散模式(dispersed)还是随机模式(random)。使用 z 得分或 p 值指示统计显著性时,如果 Moran's I 为正则指示聚类趋势,如果 Moran's I 为负则指示离散趋势。

以相同操作进行 2011—2019 年中国 30 个省区市的工业碳排放空间自相关分析,结果汇总见表 9.1.1。

表 9.1.1 2010—2019 年中国 30 个省区市工业碳排放空间自相关分析结果

指标	2010	2011	2012	2013	2014	2015	2016	2017	2018	2019
Moran's I	0.084 1	0.070 7	0.058 1	0.043 6	0.039 2	0.043 4	0.036 5	0.021 4	0.031 6	0.029 8
预期指数	−0.034 5	−0.034 5	−0.034 5	−0.034 5	−0.034 5	−0.034 5	−0.034 5	−0.034 5	−0.034 5	−0.034 5

续表

指标	2010	2011	2012	2013	2014	2015	2016	2017	2018	2019
方差	0.006 7	0.006 7	0.006 7	0.006 7	0.006 7	0.006 6	0.006 6	0.006 7	0.006 6	0.006 6
z 得分	1.450 5	1.282 4	1.131 2	0.958 0	0.900 0	0.956 0	0.871 7	0.681 1	0.811 9	0.788 9
p 值	0.146 9	0.199 7	0.258 0	0.338 1	0.368 1	0.339 1	0.383 3	0.495 8	0.416 9	0.430 2
模式	Random	Random	Random	Random	Random	Random	Random	Random	Random	Random

【步骤 3】局部莫兰指数分析

打开【空间统计工具】—【聚类分布制图】—【聚类和异常值分析（Anselin Local Morans I）】（Clusters Outliers）。【输入要素类】为"spatialdata"，【输入字段】选择"year2010"，【输出要素类】命名为"Clusters 2010.shp"，【空间关系的概念化】及【距离法】分别选择"INVERSE_DISTANCE"和"EUCLIDEAN_DISTANCE"，【标准化】选择"ROW"（行）（图 9.1.10）。

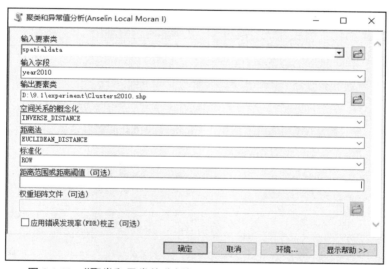

图 9.1.10　"聚类和异常值分析（Anselin Local Morans I）"对话框

注意，部分版本的 ArcGIS 软件中有【排列数（可选）】选项，在本实验操作过程中请设置为 0。

打开【输出要素类】"Clusters2010.shp"的属性表，其中包含以下属性：Local Moran's I（LMiIndex）、z 得分（LMiZScore）、p 值（LMiPValue）和聚类 / 异常值类型（COType）（图 9.1.11）。如果要素的 z 得分是一个较高的正值，则表示周围的要素拥有相似值（高值或低值），输出要素类中的 COType 字段会将具有统计显著性的高值聚类表示为"HH"，将具有统计显著性的低值聚类表示为"LL"；如果要素的 z 得分是一个较低的负值（如小于 −3.96），则表示有一个具有统计显著性的空间数据异常值，输出要素类中的 COType 字段将指明要素是否是高值要素而四周围绕的是低值要素（HL），或者要素是否是低值要素而四周围绕的是高值要素（LH）。COType 字段始终指明置信度为 95% 的统计显著性聚类和异常值,只有统计显著性要素在 COType 字段中具有值。

FID	Shape *	SOURCE_ID	year2010	LMiIndex	LMiZScore	LMiPValue	COType
0	面	0	58.628677	-.99427	-2.576232	.009988	LH
1	面	1	115.467785	-.57065	-1.622864	.104618	
2	面	2	622.941419	-.381483	-.937717	.348390	
3	面	3	394.078573	.316698	1.828095	.067535	
4	面	4	406.093019	.313901	1.203973	.228600	
5	面	5	403.633758	.425868	1.57117	.116143	
6	面	6	173.737841	-.216186	-.503839	.614374	
7	面	7	187.819542	-.025332	.013150	.989508	
8	面	8	130.74505	-.396058	-1.380018	.167581	
9	面	9	539.957242	.513533	2.41921	.015554	HH
10	面	10	307.327067	.090807	.434565	.663878	
11	面	11	246.347634	.007461	.206411	.836470	
12	面	12	169.740496	-.020662	.053664	.957203	
13	面	13	133.079332	-.074006	-.187374	.851368	
14	面	14	681.820449	.895543	4.798137	.000002	HH
15	面	15	471.237914	.280894	1.865542	.062105	
16	面	16	267.956034	.022416	.368253	.712684	
17	面	17	216.980292	.012242	.255882	.798042	
18	面	18	383.587645	-.355213	-1.193769	.232568	
19	面	19	148.179903	.183327	.795261	.426462	
20	面	20	18.915399	.252643	.756605	.449296	
21	面	21	117.825815	.083942	.582728	.560076	
22	面	22	247.852844	-.010937	.094966	.924342	
23	面	23	151.147814	.140181	.710078	.477656	
24	面	24	163.733104	.233865	.723144	.469591	
25	面	25	183.214106	-.077104	-.229777	.818265	
26	面	26	108.922321	.430916	1.213793	.224827	
27	面	27	24.157181	.747502	1.609821	.107437	
28	面	28	90.690082	-.12301	-.376597	.706473	
29	面	29	145.142567	.731662	.795814	.426140	

图 9.1.11 【输出要素类】"Clusters 2010.shp"的属性表

【步骤 4】局部莫兰指数分析结果

以相同操作进行 2011—2019 年中国 30 个省区市的工业碳排放局部莫兰指数分析,结果汇总如图 9.1.12 所示。

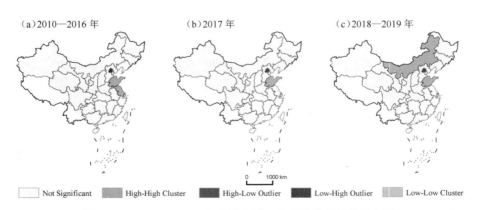

图 9.1.12 2010—2019 年中国省域工业碳排放局部莫兰指数

Not Significant 表示没有显著性;High-High Cluster 表示高高集聚,即本身的工业碳排放水平较高,邻近区域的工业碳排放水平也相应较高;High-Low Outlier 表示高低集聚,即本身工业碳排放水平较高,邻近区域的工业碳排放水平较低;Low-High Outlier 表示低高集聚,即本身工业碳排放水平偏低,邻近区域工业碳排放水平较高;Low-Low Cluster 表示低低集聚,即本身的工业碳排放水平较低,邻近区域的工业碳排放水平也相应较低。

　　结果显示,2010—2016 年,山东省和江苏省为"High-High Cluster",本身与周边地区工业碳排放水平均较高,北京市为"Low-High Outlier",其本身工业碳排放水平偏低,周围的河北省及天津市等地区的工业碳排放水平较高。2017 年,仅山东省为"High-High Cluster",北京市为"Low-High Outlier"。2018—2019 年,山东省与内蒙古自治区为"High-High Cluster",北京市仍为"Low-High Outlier"。

(三)空间聚类分析

　　【步骤 1】冷热点分析

　　打开【空间统计工具】—【聚类分布制图】—【热点分析(Getis-Ord Gi*)】(Hot Spots)。【输入要素类】为"spatialdata",【输入字段】选择"year2010",将【输出要素类】命名为"HotSpots2010.shp",【空间关系的概念化】及【距离法】分别选择"FIXED_DISTANCE_BAND"和"EUCLIDEAN_DISTANCE"(图 9.1.13)。

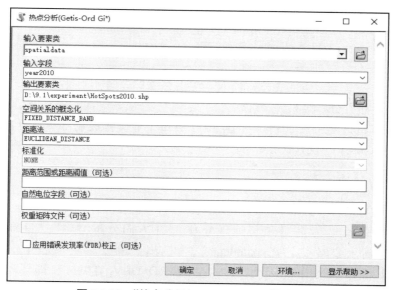

图 9.1.13　"热点分析(Getis-Ord Gi*)"对话框

　　打开【输出要素类】"Hotspots2010.shp"的属性表。其中包含以下属性:z 得分(GiZ-Score)、p 值(GiPValue)和置信区间(Gi_Bin)(图 9.1.14)。z 得分和 p 值都是统计显著性的度量,用于逐要素地判断是否拒绝零假设,即指明观测所得的高值或低值的空间聚类是否比这些相同值的随机分布预期的更加明显。Gi_Bin 字段用以识别统计显著性的热点和冷点,置信区间为 +3 到 -3 的要素反映置信度为 99% 的统计显著性,置信区间为 +2 到 -2 的要素反映置信度为 95% 的统计显著性,置信区间为 +1 到 -1 的要素反映置信度为 90% 的统计显著性,而置信区间为 0 的要素的聚类则没有统计学意义。

表

HotSpots2010

FID	Shape *	SOURCE_ID	year2010	GiZScore	GiPValue	Gi_Bin
0	面	0	58.628677	2.401671	.016320	2
1	面	1	115.467785	2.401671	.016320	2
2	面	2	622.941419	2.401671	.016320	2
3	面	3	394.078573	1.957516	.050287	1
4	面	4	406.093019	1.56147	.118413	0
5	面	5	403.633758	2.583667	.009776	3
6	面	6	173.737841	1.6819	.092588	1
7	面	7	187.819542	.120660	.903960	0
8	面	8	130.74505	2.010044	.044426	2
9	面	9	539.957242	2.221685	.026305	2
10	面	10	307.327067	1.912533	.055808	1
11	面	11	246.347634	1.924083	.054344	1
12	面	12	169.740496	.248592	.803677	0
13	面	13	133.079332	.572209	.567180	0
14	面	14	681.820449	2.32263	.020199	2
15	面	15	471.237914	1.138503	.254910	0
16	面	16	267.956034	1.300023	.193593	0
17	面	17	216.980292	-.205165	.837444	0
18	面	18	383.587645	-1.144749	.252313	0
19	面	19	148.179903	-1.45779	.144898	0
20	面	20	18.915399	-1.230653	.218453	0
21	面	21	117.825815	-.86104	.389216	0
22	面	22	247.852844	-1.587408	.112420	0
23	面	23	151.147814	-1.059747	.289260	0
24	面	24	163.733104	-1.609659	.107472	0
25	面	25	183.214106	1.446929	.147917	0
26	面	26	108.922321	-1.353357	.175942	0
27	面	27	24.157181	-1.714199	.086492	-1
28	面	28	90.690082	.806771	.419798	0
29	面	29	145.142567	-1.353886	.175773	0

1 (0 / 30 已选择)

HotSpots2010

图 9.1.14 【输出要素类】"HotSpot2010.shp"的属性表

【步骤 2】冷热点分析结果

以相同操作进行 2011—2019 年中国 30 个省域工业碳排放局部冷点分析，冷热点分析的结果汇总如图 9.1.15 所示。

(四)地理分布分析

【步骤 1】方向分布

打开【空间统计工具】—【度量地理分布】—【方向分布(标准差椭圆)】(Directional Distribution)，【输入要素类】为"spatialdata"，为输出椭圆要素类命名，【权重字段】选择"year2010"。【椭圆大小】默认为"1_STANDARD_DEVIATION"，即 1 个标准差(图 9.1.16)。

【方向分布(标准差椭圆)】工具输出一个椭圆面，打开输出要素类的属性表，其中包含以下属性：平均中心的 x 和 y 坐标、两个标准距离(长轴和短轴)及椭圆的方向(长轴顺时针开始测量的旋转的角度)，字段名分别为 CenterX、CenterY、XStdDist、YStdDist 和 Rotation(图 9.1.17)。

【步骤 2】重心迁移分析

打开【空间统计工具】—【度量地理分布】—【平均中心】(Mean Center)，【输入要素类】为"spatialdata"，并为【输出要素类】命名，【权重字段】选择"year2010"(图 9.1.18)。

【平均中心】工具输出一个点要素，打开属性表，包含其 x 和 y 坐标，字段名分别为：XCoord 和 YCoord，与上步标准差椭圆属性表中 CenterX 及 CenterY 相等(图 9.1.19)。

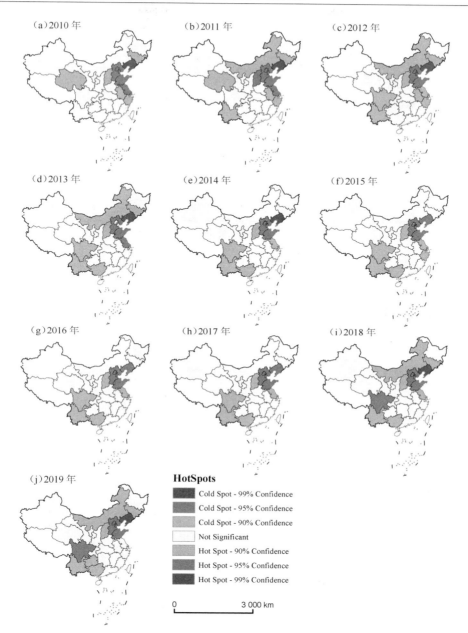

图 9.1.15　2010—2019 年中国 30 个省域工业碳排放冷热点结果汇总

【步骤 3】方向分布分析结果

2011—2019 年中国 30 个省域工业碳排放方向分布分析的过程如图 9.1.16 至图 9.1.19 所示。结果汇总如图 9.1.20 所示。

结果显示，2010—2019 年，中国 30 个省域(藏、港、澳、台地区因缺少数据未考虑)工业碳排放重心始终位于河南省境内,经历了先向西北迁移、再向北部迁移的过程。

图 9.1.16　"方向分布(标准差椭圆)"对话框

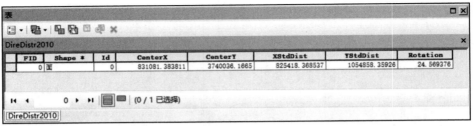

图 9.1.17　【 输出要素类 】"DireDistr2010.shp"的属性表

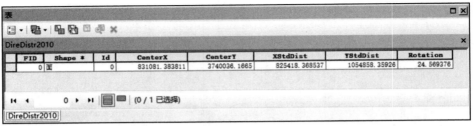

图 9.1.18　"平均中心"对话框

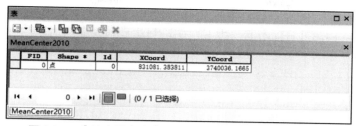

图 9.1.19 【输出要素类】"MeanCenter2010.shp" 的属性表

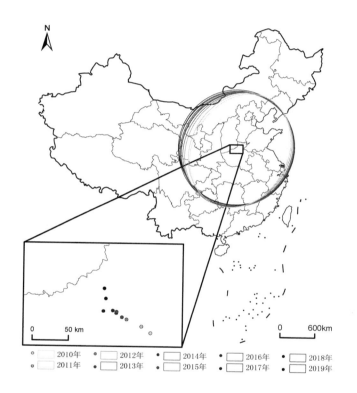

图 9.1.20 2010—2019 年中国省域工业碳排放重心及地理分布

9.2　基于土地利用的县域尺度碳排放核算和驱动因子分析

> 草萤有耀终非火,荷露虽团岂是珠。不取燔柴兼照乘,可怜光彩亦何殊。
>
> ——白居易《放言五首·其一》

【实验目的】

从土地利用视角,核算县域碳排放时空格局。在此基础上,选择人口总数、GDP、人均GDP、第三产业增加值、第二产业增加值、建设用地面积、人均建设用地面积等指标,应用地理加权回归方法探究县域尺度碳排放驱动因子。

【实验意义】

应对全球气候变化、推进全球可持续发展,日益成为世界共识。如何更积极地发挥国土空间格局优化的作用,构建低碳排放的土地利用结构,践行绿色复苏的气候治理新思路,推进实现 2060 年碳中和战略目标,是当前亟待回答的一个重大课题。

作为关联人类社会经济和自然生态环境的耦合系统,土地利用为开展全球环境变化特别是人为碳排放研究提供了重要的综合视角。一方面,作为陆地生态系统碳源(碳汇)的自然载体,土地利用类型与管理方式的转变是造成全球温室气体排放量迅猛增长的重要因素。据相关学者研究估算,1850—1998 年土地利用及其变化引起的直接碳排放约占同期人类活动影响总排放量的 1/3;另一方面,作为人类生产生活碳排放(约占人类活动影响总排放量的 2/3)的社会经济空间载体,土地利用自身虽不直接带来此类碳排放,但它不仅为分析碳源的空间分布以及碳源间的空间相互作用提供了天然的研究框架,而且为从宏观上调控社会经济活动碳排放提供了重要的干预途径。全面核算不同尺度土地利用产生的碳排放量、深入解析其内在发生机理,并以此为基础开展低碳目标导向的土地利用优化调控工作,不仅有助于深入理解人类活动与自然过程通过土地利用影响碳排放的内在机制,同时能够辅助从土地利用规划、国土开发整治等视角引导城市的低碳发展,因而已成为全球变化大背景下世界各国推行低碳经济和实现可持续发展的重大战略需求。因此,本实验在县域尺度探索基于土地利用的碳排放核算,分析碳排放时空格局特征,探索碳排放驱动因子,对于县域尺度碳减排、碳中和政策制定具有重要意义。

【知识点】

1. 了解基于土地利用的县域尺度碳排放核算和驱动因子分析意义和过程;
2. 熟练掌握应用 ArcGIS 软件进行数据属性表、数据格式转换等操作;
3. 熟练掌握应用 ArcGIS 软件进行空间自相关、探索性回归、地理加权回归等操作;
4. 掌握应用 ArcGIS 软件进行专题图绘制等操作;
5. 熟悉 ArcGIS 软件和 Excel 软件互动操作方法。

【实验数据】

1. 将 2015 年浙江省土地利用类型栅格数据命名为 LULC2015.tif,包括耕地、林地、草地、水域、建设用地(城乡工矿居民点)、未利用地等 6 种土地利用类型的数据,空间分辨率为 1 000 m。

2.将浙江省县级行政区划矢量数据命名为浙江县级行政区划.shp。

3.将碳排放系数等补充计算数据命名为9.2实验数据.xls。其中,包含碳排放数据,2015年浙江省县域总人口数、GDP、产业结构,2015年浙江省县域能源消耗情况(为简化练习,采用CEADs县域能源碳排放数据)等数据。

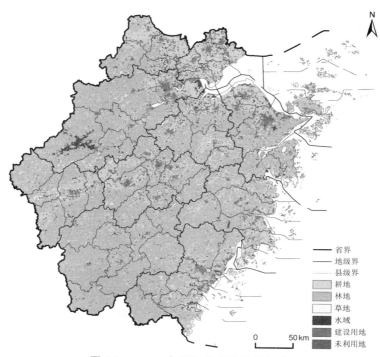

图 9.2.1　2015 年浙江省土地利用类型

【实验软件】

ArcGIS 10.8、Excel 2016。

【思维导图】

图 9.2.2　基于土地利用的县域尺度碳排放核算和驱动因子分析实验思维导图

【实验步骤】

（一）县域耕地、林地、草地、水域、未利用地土地利用碳排放核算

【步骤1】添加土地利用与行政区划数据

点击主界面上方的【选项栏】—【添加数据】选项（图9.2.3），将实验所需的"LULC2015.tif"和"浙江县级行政区划.shp"添加到数据框中（图9.2.4）。

图9.2.3 【添加数据】选项　　　　　　图9.2.4 "添加数据"对话框

【步骤2】面积制表

打开【空间分析工具】—【区域分析】—【面积制表】（Tabulate Area）工具，计算各个区域不同土地利用类型的面积。【输入栅格数据或要素区域数据】为"浙江县级行政区划"，【区域字段】名为"Name"，【输入栅格数据或要素类数据】为"LULC2015.tif"，【类字段】为"Value"，【输出表】为"lucc2015area.dbf"，【处理像元大小】为"LULC2015.tif"，点击【确定】（图9.2.5）。

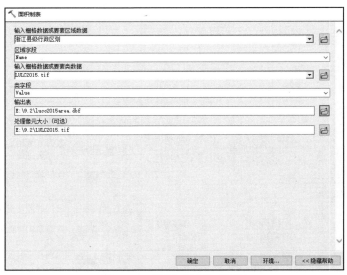

图9.2.5 "面积制表"对话框

【步骤 3】矢量转栅格

打开【转换工具】—【Excel】—【表转 Excel】(Table To Excel)工具,将 DBF 格式的表格转为 Excel 表格,以便后续计算。【输入表】为 "lucc2015area",【输出 Excel 文件】命名为 "lucc2015area.xls",点击【确定】(图 9.2.6)。表转 Excel 操作结果如图 9.2.7 所示。

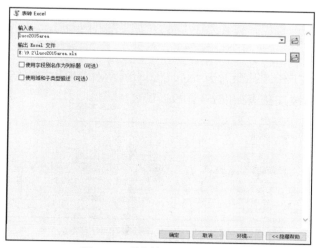

图 9.2.6　"表转 Excel" 对话框

	A	B	C	D	E	F	G	H
1	OID	NAME	VALUE_1	VALUE_2	VALUE_3	VALUE_4	VALUE_5	VALUE_6
2	0	台州市区	473000000	836000000	9000000	55000000	184000000	0
3	1	三门县	289000000	565000000	29000000	52000000	42000000	0
4	2	天台县	326000000	992000000	36000000	5000000	58000000	0
5	3	仙居县	322000000	1593000000	31000000	6000000	46000000	1000000
6	4	温岭市	417000000	363000000	20000000	28000000	80000000	0
7	5	临海市	497000000	1433000000	45000000	46000000	116000000	0
8	6	玉环市	103000000	144000000	68000000	12000000	63000000	0
9	7	温州市区	233000000	455000000	27000000	50000000	212000000	1000000
10	8	洞头区	24000000	23000000	17000000	24000000	18000000	0
11	9	永嘉县	361000000	2171000000	38000000	43000000	62000000	3000000
12	10	平阳县	236000000	585000000	55000000	14000000	47000000	0

图 9.2.7　表转 Excel 结果

【步骤 4】Excel 运算

Excel 中核算建设用地之外的五类用地碳排放总量,各类用地的碳排放计算公式为 $carbon\ emission_i = [area_i \times 碳排放系数_i] / 1\,000\,000$,其中 i 为用地类型(包含耕地、林地、草地、水域、未利用地),$1\,000\,000$ 为面积单位换算转换系数(图 9.2.8)。碳排放系数位于 "9.2 实验数据.xls" 中的 "碳排放系数" 工作表。

		fx	=(C2*$P$2+D2*$P$3+E2*$P$4+F2*$P$5+H2*$P$7)/1000000											
	A	B	C	D	E	F	G	H	I					O	P	Q
1	OID	NAME	VALUE_1	VALUE_2	VALUE_3	VALUE_4	VALUE_5	VALUE_6	C2015				用地类型	value值	碳排放系数(t/km2)
2	0	台州市区	473000000	836000000	9000000	55000000	184000000	0	=(C2*$P$2+D2*$P$3+E2*$P$4+F2*$P$5+H2*$P$7)/1000000					VALUE_1	49.7
3	1	三门县	289000000	565000000	29000000	52000000	42000000	0					林地	VALUE_2	-505.2
4	2	天台县	326000000	992000000	36000000	5000000	58000000	0					草地	VALUE_3	-94.9
5	3	仙居县	322000000	1593000000	31000000	6000000	46000000	1000000					水域	VALUE_5	-25.3
6	4	温岭市	417000000	363000000	20000000	28000000	80000000	0					建设用地	VALUE_5	
7	5	临海市	497000000	1433000000	45000000	46000000	116000000	0					未利用地	VALUE_6	-0.5
8	6	玉环市	103000000	144000000	68000000	12000000	63000000								

图 9.2.8　Excel 计算各县五类土地的碳排放量

(二)县域净碳排放核算及符号化处理

【步骤 1】计算县域净碳排放量

综合 CEADs 县域能源碳排放数据与上述所求的五类用地的碳排放数据获得浙江省 2015 年县域净碳排放量数据,其中 CEADs 数据位于“9.2 实验数据.xls”的“CEADs”工作表中,计算公式为 $CENET=C2015_i$ / 1 000 000 + $CEADs_i$,其中 i 为不同区域, 1 000 000 为转换系数(图 9.2.9)。

计算完成后,新建工作表并命名为“cenet”,将“NAME”列和求得结果“CENET”列复制到新的工作表中,为后续连接表做准备(图 9.2.10)。

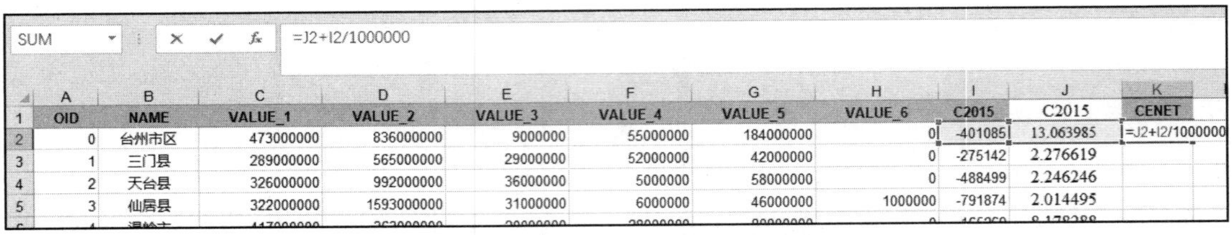

SUM =J2+I2/1000000

	A	B	C	D	E	F	G	H	I	J	K
1	OID	NAME	VALUE_1	VALUE_2	VALUE_3	VALUE_4	VALUE_5	VALUE_6	C2015	C2015	CENET
2	0	台州市区	473000000	836000000	9000000	55000000	184000000	0	-401085	13.063985	=J2+I2/1000000
3	1	三门县	289000000	565000000	29000000	52000000	42000000	0	-275142	2.276619	
4	2	天台县	326000000	992000000	36000000	5000000	58000000	0	-488499	2.246246	
5	3	仙居县	322000000	1593000000	31000000	6000000	46000000	1000000	-791874	2.014495	

图 9.2.9 Excel 计算各县净碳排放

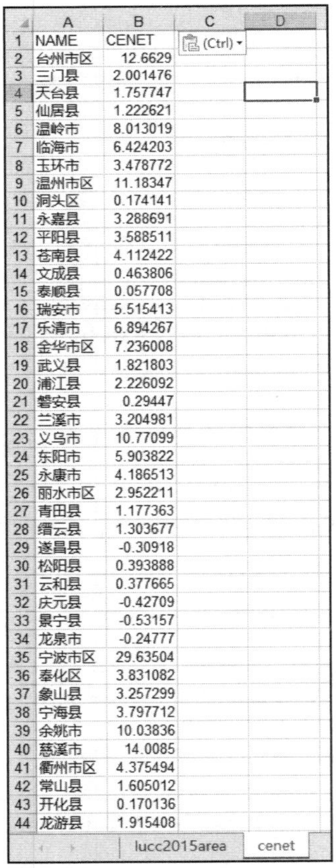

	A	B	C	D
1	NAME	CENET	(Ctrl)	
2	台州市区	12.6629		
3	三门县	2.001476		
4	天台县	1.757747		
5	仙居县	1.222621		
6	温岭市	8.013019		
7	临海市	6.424203		
8	玉环市	3.478772		
9	温州市区	11.18347		
10	洞头区	0.174141		
11	永嘉县	3.288691		
12	平阳县	3.588511		
13	苍南县	4.112422		
14	文成县	0.463806		
15	泰顺县	0.057708		
16	瑞安市	5.515413		
17	乐清市	6.894267		
18	金华市区	7.236008		
19	武义县	1.821803		
20	浦江县	2.226092		
21	磐安县	0.29447		
22	兰溪市	3.204981		
23	义乌市	10.77099		
24	东阳市	5.903822		
25	永康市	4.186513		
26	丽水市区	2.952211		
27	青田县	1.177363		
28	缙云县	1.303677		
29	遂昌县	-0.30918		
30	松阳县	0.393888		
31	云和县	0.377665		
32	庆元县	-0.42709		
33	景宁县	-0.53157		
34	龙泉市	-0.24777		
35	宁波市区	29.63504		
36	奉化区	3.831082		
37	象山县	3.257299		
38	宁海县	3.797712		
39	余姚市	10.03836		
40	慈溪市	14.0085		
41	衢州市区	4.375494		
42	常山县	1.605012		
43	开化县	0.170136		
44	龙游县	1.915408		

lucc2015area cenet

图 9.2.10 建立新工作表“cenet”

【步骤2】县域净碳排放符号化

在 ArcGIS 软件中,右键点击"浙江县级行政区划",选择【连接和关联】—【连接】(图9.2.11),将新建的"cenet"工作表进行连接。【选择该图层中连接将基于的字段】选择"Name",【选择此表中要作为连接基础的字段】为"NAME",【连接选项】为"保留所有记录",点击【确定】(图 9.2.12)。

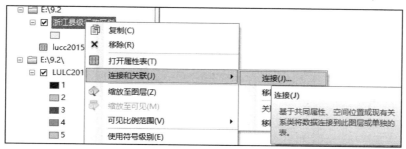

图 9.2.11　【连接】选项

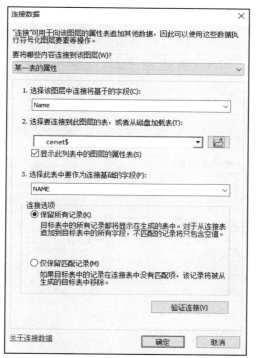

图 9.2.12　"连接数据"对话框

右键点击"浙江县级行政区划"(图 9.2.13),点击【属性】—【符号系统】—【数量】—【分级色彩】。【字段】的【值】选择"CENET",选择一个色带后点击【确定】,形成浙江县域碳排放量空间分布专题图(图 9.2.15)。

图 9.2.13 【属性】选项

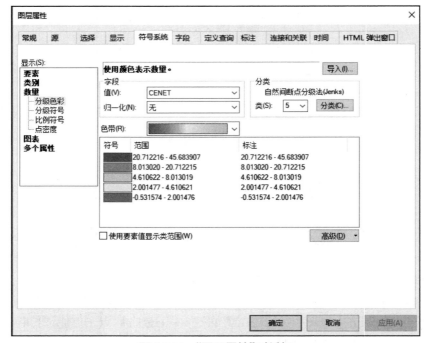

图 9.2.14 "图层属性"对话框

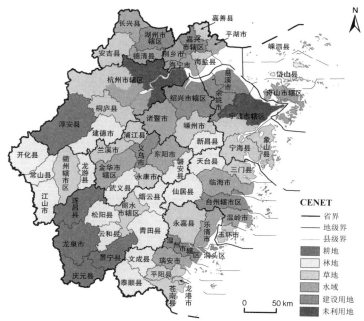

图 9.2.15 2015 年浙江省各县净碳排放量结果

（三）县域土地利用碳排放影响因素分析

日本研究者 Yoichi Kaya 在 IPCC 的 Seminar 上提出了著名的 KAYA 恒等式,将二氧化碳排放贡献分解至人口、人均收入、能源结构、能源效率。考虑到县域能源消耗量及结构数据难获取的情况,且能源消耗集聚建设用地这一现实,本实验暂选取人口总数(POP)、GDP、人均 GDP(perGDP)、第三产业增加值 / 第二产业增加值(INDSTR)、县域建设用地面积(CONLAND)、人均建设用地面积(perLAND)等指标,应用地理加权回归(GWR)探讨县域土地利用碳排放的影响因素。所需的数据位于"9.2 实验数据.xls"中的"影响因子"工作表。

【步骤 1】整理影响因子

perGDP 和 perLAND 分别由 GDP 和 Value5 所代表的建设用地除以相应的人口数据获得。整理好的数据如图 9.2.16 所示,将其保存。

	A	B	C	D	E	F	G	H
	NAME	CENET	totalpop	GDP	indstr	conland	perGDP	perland
1								
2	台州市区	12.6629	159.29	1295.97	1.214852748	184	8.1359156	1.1551259
3	三门县	2.001476	44.11	169.95	1.31352557	42	3.8528678	0.952165
4	天台县	1.757747	59.37	188.28	1.162764909	58	3.1712986	0.9769244
5	仙居县	1.222621	50.6	169.25	1.239635996	46	3.3448617	0.9090909
6	温岭市	8.013019	121.53	827.05	1.146208627	80	6.8061384	0.6582737

图 9.2.16 Excel 整理解释变量

右键"浙江县级行政区划",选择【连接和关联】—【移除连接】—【移除所有连接】(图 9.2.17),之后将新保存的"cenet"工作表按前述过程连接(图 9.2.18)。连接完成后的结果如图 9.2.19 所示。

图 9.2.17 【移除连接】选项

图 9.2.18 【打开属性表】选项

Shape_Area	number	NAME	CENET	totalpop	GDP	indstr	conland	perGDP	perland
1715823791.5	0	台州市区	12.6629	159.29	1295.97	1.214853	184	8.135916	1.155126
1230699757.82	1	三门县	2.001476	44.11	169.95	1.313526	42	3.852868	0.952165
1421901736.52	2	天台县	1.757747	59.37	188.28	1.162765	58	3.171299	0.976924
1999876523.49	3	仙居县	1.222621	50.6	169.25	1.239636	46	3.344862	0.909091
1098431283.3	4	温岭市	8.013019	121.53	827.15	1.146209	80	6.806138	0.658274
2264859960.49	5	临海市	6.424203	119.57	464.84	1.059223	116	3.887597	0.970143
638765341.774	6	玉环区	3.478772	43.02	436.59	0.69117	63	10.148536	1.464435
1049716457.42	7	温州区	11.183467	150.62	1806.33	1.129016	212	11.99263	1.407516
356439047.225	8	洞头区	0.174141	15.31	73.15	1.336552	18	4.777923	1.175702
2677054481.1	9	永嘉县	3.288691	96.49	330.92	0.871166	62	3.429578	0.642554
979459491.787	10	平阳县	3.588511	88.24	340.94	1.238565	47	3.863781	0.532638
1393310036.35	11	苍南县	4.112422	133.12	423.55	1.25245	68	3.181716	0.510817
1294185464.09	12	文成县	0.463906	39.6	72.06	1.923217	10	1.819697	0.252525
1768559885.34	13	泰顺县	0.057708	36.92	74.21	1.894418	10	2.010022	0.270856
1306335422.32	14	瑞安市	5.515413	122.88	720.51	1.130608	101	5.863525	0.82194
1438035300.89	15	乐清市	6.894267	128.04	774.6	0.927744	130	6.049672	1.015308

图 9.2.19 连接解释变量结果

【步骤 2】指标相关性与共线性检验

打开【空间统计工具】—【空间关系建模】—【探索性回归】（Exploratory Regression）工具。【输入要素】为"浙江县级行政区划"，【因变量】为"cenet$.CENET"，【候选解释变量】选择 totalpop、GDP、indstr、conland、perGDP、perland，点击【确定】（图 9.2.20）。

由所得结果窗口中的变量显著性汇总栏可知，indstr 显著性为 19.35%，显著性过低，删除该变量；在多重共线性的汇总栏发现 conland 的膨胀因子 VIF 值最高，超过 10，删除该变量（图 9.2.21）。进行第二次探索性回归，此时【候选解释变量】选择 totalpop、GDP、perGDP、perland，此次所得结果栏中各解释变量的显著性满足要求，但 GDP 的膨胀因子 VIF 值为 11.72，超过 10，删除该变量（图 9.2.22）。进行第三次探索性回归，此时【候选解释变量】选择 totalpop、perGDP、perland，所得结果的显著性和 VIF 值均满足目标（图 9.2.23 ）。

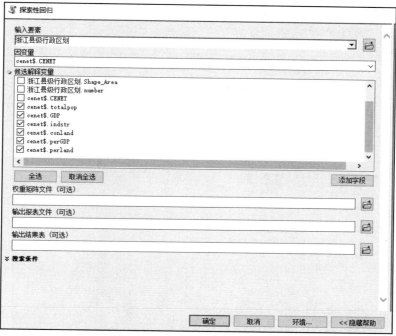

图 9.2.20　"探索性回归"对话框

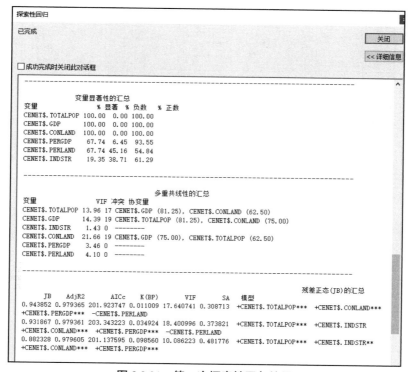

图 9.2.21　第一次探索性回归结果

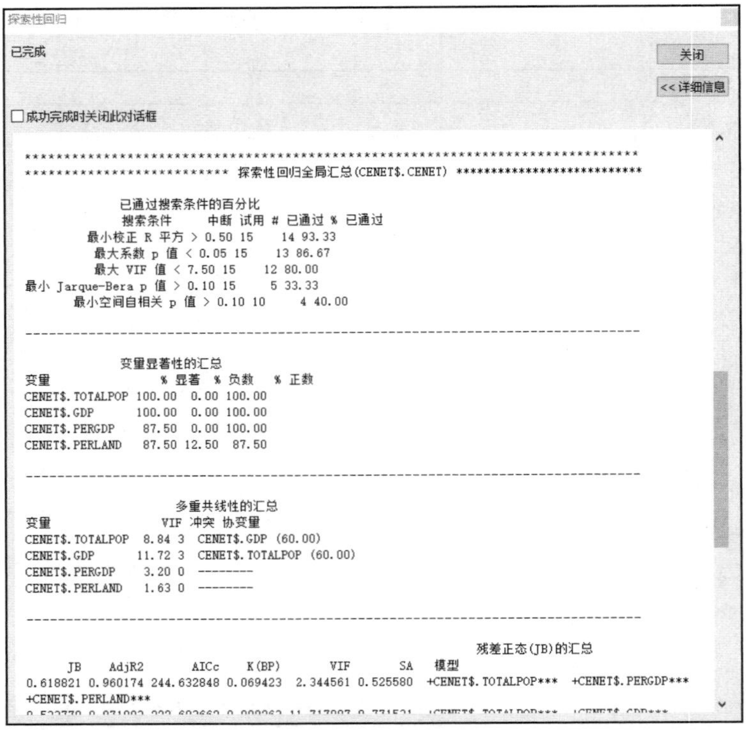

图 9.2.22　第二次探索性回归结果

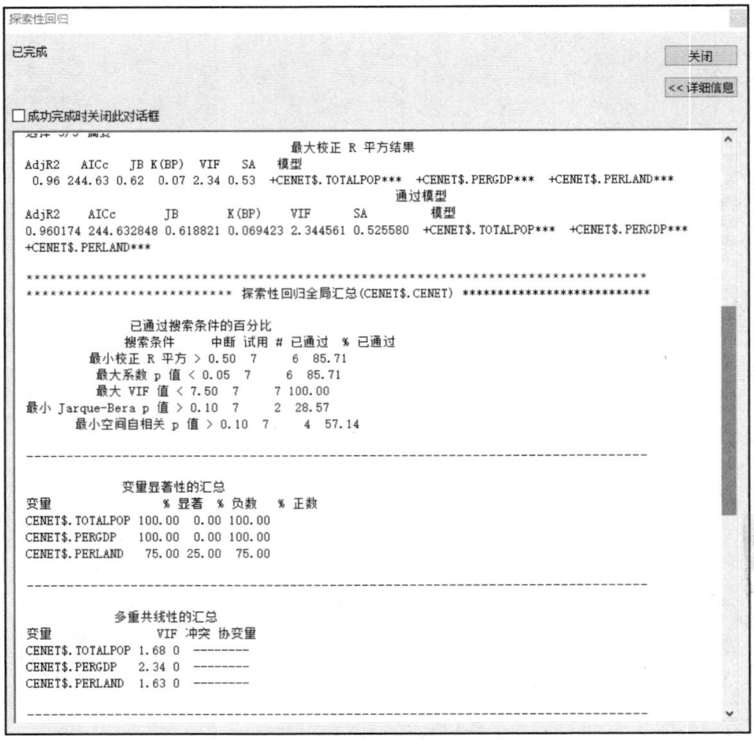

图 9.2.23　第三次探索性回归结果

【步骤3】空间自相关检验

空间自相关性是 GWR 应用的基础。对浙江省县域净碳排放进行空间自相关（Moran's I）检验，当其空间自相关属性明显时，认为具有一定的空间异质性，当其空间自相关属性不明显时，认为不具有明显的空间异质性，使用全局回归分析即可。

打开【空间统计工具】—【分析模式】—【空间自相关（Moran I）】（Global Moran's I）工具。【输入要素类】为"浙江县级行政区划"，【输入字段】为"cenet\$.CENET"，点选【生成报表】，其余条件默认选择，点击【确定】（图 9.2.24）。由输出的结果窗口可知 $p<0.1$，z 得分为 1.78，认为碳排放存在空间自相关且表现为空间正相关（图 9.2.25）。

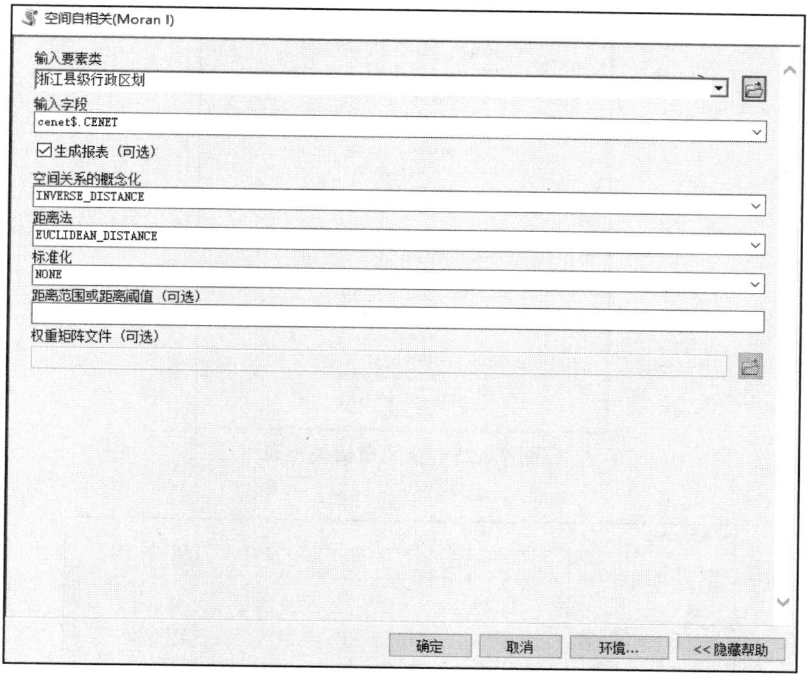

图 9.2.24　"空间自相关（Moran I）"对话框

【步骤4】地理加权回归分析

以浙江省县域净碳排放（CENET）作为因变量，人口总数（POP）、人均 GDP（perGDP）、人均建设用地面积（perland）为自变量，建立 GWR 模型如下：

$$Y_i = \beta_0\left(u_i,\ v_i\right) + \sum_{j=1}^{p}\beta_i\left(u_i,\ v_i\right)X_{ij} + \epsilon_i \tag{9.2.1}$$

式中：Y_i 为因变量；β_i 为随着地理位置 $(u_i,\ v_i)$ 变化而变化的回归函数；ϵ_i 为第 i 个区域的随机误差，X_{ij} 为自变量。

GWR 模型的空间权函数选择固定型空间核（Fixed Spatial Kernels）计算，并利用 Akaike 信息准则确定核的范围。

打开【空间统计工具】—【空间关系建模】—【地理加权回归】（Geographically Weighted Regression）工具。【输入要素】为"浙江县级行政区划"，【因变量】为"cenet\$.CENET"，【解释变量】选择 totalpop、perGDP、perland，【输出要素类】为"GWR.shp"，【核类型】为

"FIXED",【带宽方法】为"AICc",点击【确定】(图9.2.26)。

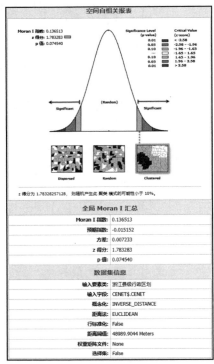

图 9.2.25 空间自相关报表

图 9.2.26 "地理加权回归"对话框

【步骤5】结果解读

右键点击【GWR_supp】—【打开】(图9.2.27),调整 R^2(R^2 Adjusted)达到0.98,精确程

度较高（图 9.2.28）。图 9.2.29 显示系数的标准误差，主要用来衡量每个系数估计值的可靠性。标准误差与实际系数值相比较小时，这些估计值的可信度会更高。如图 9.2.29 所示，所有区域的系数标准误差均在 -2.5~2.5 倍标准差之间，符合要求。

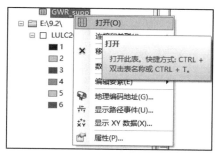

图 9.2.27　【打开】辅助表

OID	VARNAME	VARIABLE	DEFINITION
0	Bandwidth	91625.589392	
1	ResidualSquares	39.360976	
2	EffectiveNumber	23.838856	
3	Sigma	0.954963	
4	AICc	209.256009	
5	R2	0.988334	
6	R2Adjusted	0.982161	
7	Dependent Field	0	cenet$.CBNET
8	Explanatory Field	1	cenet$.totalpop
9	Explanatory Field	2	cenet$.perGDP
10	Explanatory Field	3	cenet$.perland

图 9.2.28　地理加权回归辅助表

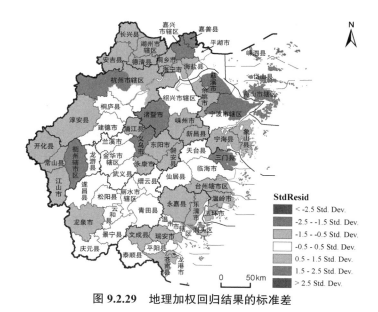

图 9.2.29　地理加权回归结果的标准差

将三个解释变量的系数进行符号化处理，结果表明人口对净碳排放影响较小。在浙江省北部,人均建筑用地面积对净碳排放影响较大;而在浙江省南部人口,人均 GDP 对净碳排放影响较大(图 9.2.30)。

图 9.2.30　各解释变量相关系数图

　　注意,本实验仅使用 CEADs 数据进行建筑用地碳排放估算,在实际情境中,研究者应协调获取县域各类型碳排放数据以使结果更加可靠。另外,在实际应用地理加权回归进行分析前,应首先进行 OLS 全局回归,当 OLS 模型正确且呈现非稳态时,再考虑使用地理加权回归,解释变量保持不变即可,地理加权回归完成后对残差进行空间自相关分析,残差呈随机分布时,表明模型具有可信性。具体原理请参考空间计量学等相关知识。

9.3 基于重力模型的中国省域碳排放空间网络构建

> 问渠那得清如许，为有源头活水来。 ——朱熹《观书有感》

【实验目的】

基于改进的重力模型，采用省级碳排放量、GDP、人口和经济中心距离等数据，从社会网络分析视角，测度中国省域碳排放关联强度，揭示中国省域碳排放空间网络结构特征。

【实验意义】

气候变暖是当今全球乃至人类社会面临的重要挑战之一，深刻影响着人类赖以生存的环境。联合国政府间气候变化专门委员会（Intergovernmental Panel on Climate Change，IPCC）第六次评估报告指出："由人类活动引起的气候变化，包括更加频繁、强烈的极端事件，已对自然和人类造成了广泛的不利影响和相关损害，尤其是对于脆弱的系统和人群影响更大。这些影响是不可逆转的，因为它们已经超出了自然系统和人类的适应能力。"为此，在全球气候治理机制下，各国秉持共同但有区别的原则，提交了各自的国家自主贡献方案（The Intended Nationally Determined Contributions，INDCs），并积极采取各种措施和行动推动全球温室气体减排。其中，以二氧化碳为首要目标的温室气体减排是现阶段国际上减缓全球气候变暖的重要手段。目前，全球已有 54 个国家的碳排放实现达峰，其碳排放量约占全球碳排放总量的 40%，这些国家大部分是发达国家；127 个国家和地区承诺碳中和，日本、韩国、欧盟、加拿大、法国、德国、英国等已经公布了碳中和时间表，其中全球 10 大煤电生产国家中的 5 个（中国、日本、韩国、南非、德国）已做出相应承诺。

党的二十大报告明确提出要积极稳妥推进碳达峰、碳中和。实现碳达峰、碳中和是一场广泛而深刻的经济社会系统性变革；立足我国能源资源禀赋，坚持先立后破，有计划分步骤实施碳达峰行动；完善能源消耗总量和强度调控，重点控制化石能源消费，逐步转向碳排放总量和强度"双控"制度。过去几十年间，中国大力实施了自上向下的技术碳减排政策与措施并取得卓越成效。然而，由技术创新与进步所带来的碳减排空间在逐渐减少，未来需从系统的角度、运用管理的手段推动区域协同减排，争取新的碳减排空间。因此，本实验从社会网络分析视角，利用省级碳排放、GDP、人口和经济中心距离等数据构建重力模型，测度省域碳排放空间关联强度，绘制全国省域碳排放空间网络并分析其结构特征，为制定区域协同减排政策提供启示。

【知识点】

1. 了解中国省域碳排放空间网络构建原理和过程；
2. 熟练掌握应用 ArcGIS 软件进行数据属性表连接、字段添加、字段值计算等操作；
3. 掌握应用 ArcGIS 软件进行要素 XY 转线操作；
4. 掌握应用 ArcGIS 软件进行专题图绘制等操作；
5. 熟悉 ArcGIS 软件和 Excel 软件互动操作方法。

【实验数据】

1. 各省会城市经济中心点经纬度坐标（香港、澳门、台湾和西藏地区由于无法形成连续年份的统计数据,本实验中不参与统计),命名为 30 省省会城市经济中心点经纬度.xls。

2. 30 省级行政区社会经济相关数据,命名为 30 省社会经济属性数据.xls,包括碳排放量、GDP、人口和人均 GDP 数据。

3. 中国省级行政边界矢量数据,命名为 Provinces.shp、十段线.shp(标准地图请于国家测绘地理信息标准地图服务网站下载)。

【实验软件】

ArcGIS 10.8、Excel 2016。

【思维导图】

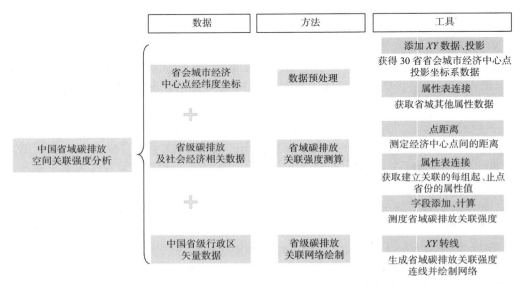

图 9.3.1　基于重力模型的中国省域碳排放空间网络构建实验思维导图

【实验步骤】

(一)数据预处理

【步骤 1】创建各省会城市的经济中心点数据

点击【文件】—【添加数据】—【添加 XY 数据】,浏览选择"30 省省会城市经济中心点经纬度.xls"中"sheet1"。【X 字段】和【Y 字段】处下拉选择"经度(X)"和"纬度(Y)",【Z 字段】默认"< 无 >";点击【编辑】,按照"地理坐标系—World—WGS 1984"路径设置所添加数据的坐标系(图 9.3.2)。

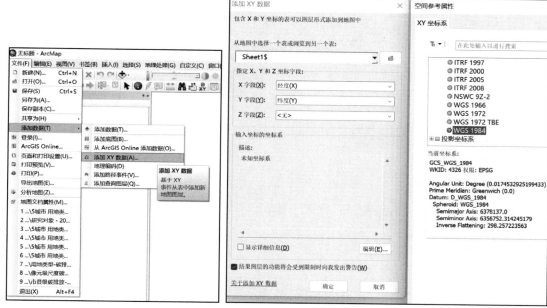

图 9.3.2　【添加 XY 数据】选项

【步骤 2】导出省会城市经济中心点数据

右键点击"Sheet1$ 个事件",选择【数据】—【导出数据】,将省会经济中心点数据保存为"省会城市经济中心点.shp"(图 9.3.3)。

【步骤 3】省会城市经济中心点数据投影变换

打开"省会城市经济中心点.shp",在目录窗口点击【系统工具箱】—【Data Management Tools.tbx】(数据管理工具)—【投影和变换】—【投影】(Project)工具。输出坐标系选择"投影坐标系—UTM—WGS 1984—Northern Hemisphere"路径下的"WGS_1984_UTM_Zone_49 N",数据保存为"省会城市经济中心点 _Pro.shp"(图 9.3.4)。

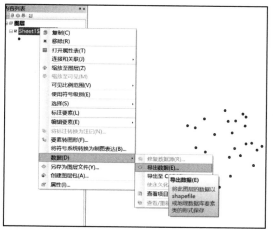

图 9.3.3　省会城市经济中心点数据导出和保存

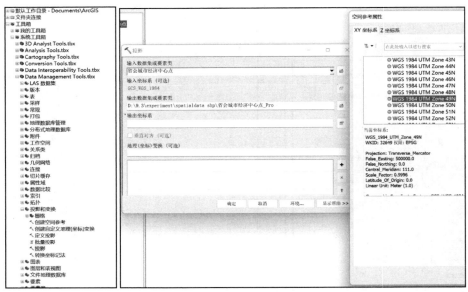

图 9.3.4　省会城市经济中心点数据转换为投影坐标系

【步骤 4】将各省社会经济属性值添加至省会经济中心点数据

导入"省会城市经济中心点 _Pro.shp",右键点击,然后选择【连接和关联】—【连接】。【选择该图层中连接将基于的字段】处下拉选择"省",【要连接到此图层的表】处浏览选择"30 省社会经济属性数据.xls"中"Sheet1$",并以"省"作为连接基础的字段,点击【确定】(图 9.3.5)。将连接后的图层数据导出为"碳排放关联测算数据.shp"。

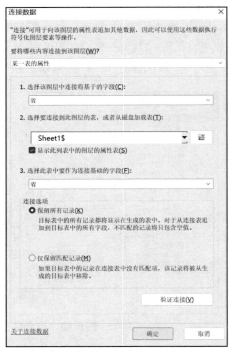

图 9.3.5　【连接和关联】选项和"连接数据"对话框

（二）碳排放关联强度测算

基于改进的重力模型,对区域间碳排放关联强度进行测度,计算公式如下:

$$y_{ij} = \frac{\sqrt[3]{C_i G_i P_i} \times \sqrt[3]{C_j G_j P_j}}{\left(\dfrac{D_{ij}}{e_i - e_j}\right)^2} \tag{9.3.1}$$

式中:y_{ij} 表示省份 i 和省份 j 间的碳排放引力(关联强度);C_i,G_i,P_i 分别表示省份 i 的碳排放量(万吨)、GDP(亿元)和人口(万人);D_{ij} 表示省份 i 与省份 j 间的距离(km);e_i 和 e_j 分别为省份 i 和 j 的人均 GDP(万元／人)。

【步骤 1】计算各省经济中心点间的距离

导入"碳排放关联测算数据.shp",点击【Analysis Tools.tbx】(分析工具)—【邻域分析】—【点距离】(Point Distance),操作设置见图 9.3.6。计算结果如图 9.3.7 所示,其中"INPUT_FID""NEAR_FID"分别表示起始、终止点的省份代码,最后一列为两个省份经济中心点间的距离(m)。

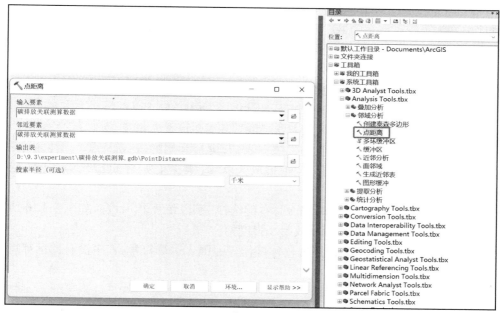

图 9.3.6【点距离】选项

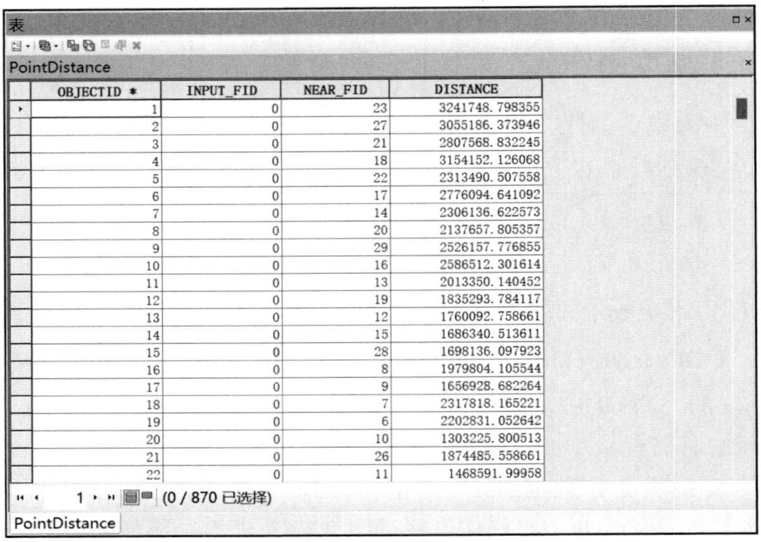

表

PointDistance

OBJECTID *	INPUT_FID	NEAR_FID	DISTANCE
1	0	23	3241748.798355
2	0	27	3055186.373946
3	0	21	2807568.832245
4	0	18	3154152.126068
5	0	22	2313490.507558
6	0	17	2776094.641092
7	0	14	2306136.622573
8	0	20	2137657.805357
9	0	29	2526157.776855
10	0	16	2586512.301614
11	0	13	2013350.140452
12	0	19	1835293.784117
13	0	12	1760092.758661
14	0	15	1686340.513611
15	0	28	1698136.097923
16	0	8	1979804.105544
17	0	9	1656928.682264
18	0	7	2317818.165221
19	0	6	2202831.052642
20	0	10	1303225.800513
21	0	26	1874485.558661
22	0	11	1468591.99958

1 (0 / 870 已选择)

PointDistance

图 9.3.7　各省经济中心点间的距离

【步骤 2】点距离表关联省份其他属性值

右键选中“PointDistance”数据，点击【连接和关联】—【连接】，按照“INPUT_FID”—“碳排放关联测算数据”— “FID”进行操作设置，点击【确定】，即将起点省份的其他属性添加至点距离表中；由于一个工作表只能做一次关联，因此需先将“PointDistance”导出保存为“PointDistance_INPUT”；在此基础上重复【连接】操作，连接基于的字段改为“NEAR_FID”，其他设置同上；此时将起始、终止点省份的其他属性均添加至点距离表中，导出并保存为“PointDistance_INPUT_NEAR”，整个过程如图 9.3.8 所示。

【步骤 3】计算各省之间的碳排放关联强度

导入“PointDistance_INPUT_NEAR”数据表，右键打开属性表，选中第一个【表选项】按钮，点击【添加字段】，新字段命名为“碳排放关联”，【类型】为“浮点型”，点击【确定】(图 9.3.9)。

在属性表中选中“碳排放关联”整列，右键选择“字段计算器”，键入如图 9.3.10 所示的公式，计算得到省域两两之间的碳排放关联强度值。

注意：输入公式时，尽量通过点击软件操作界面键入运算符号，其中没有的运算符号和括号需在英文状态下通过键盘输入。

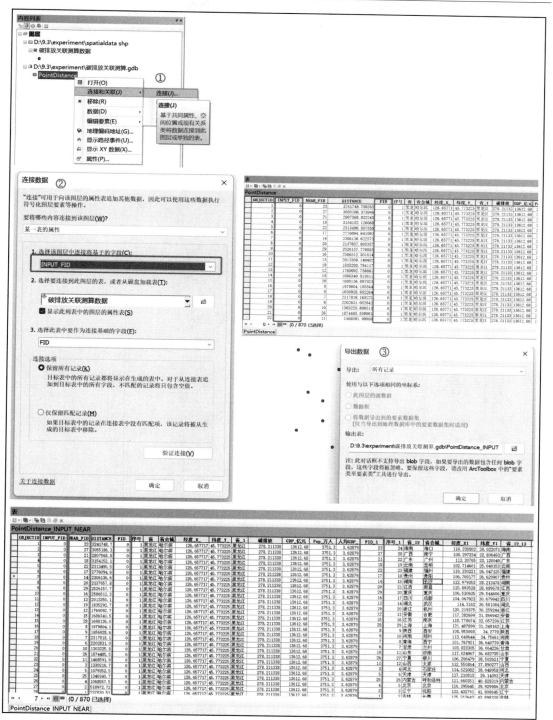

图 9.3.8　点距离表关联省份其他属性数据

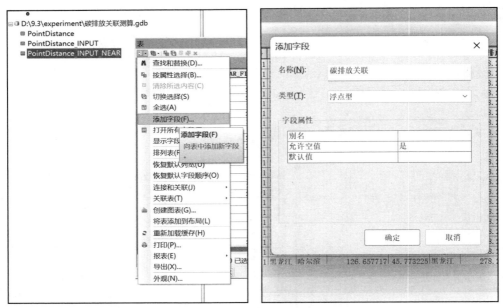

图 9.3.9　创建"碳排放关联"字段

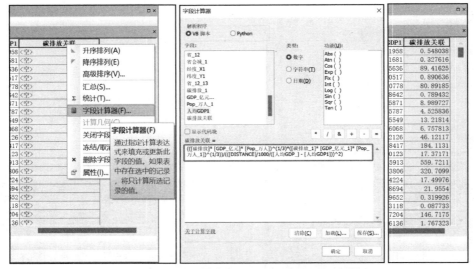

图 9.3.10　中国省域碳排放空间关联强度值计算

（二）中国省域碳排放空间网络专题图绘制

【步骤 1】生成中国省域碳排放空间网络关联强度线

基于"PointDistance_INPUT_NEAR"数据表，选择【Data Management Tools.tbx】（数据管理工具）—【要素】—【XY 转线】，按照图 9.3.11 进行操作设置。

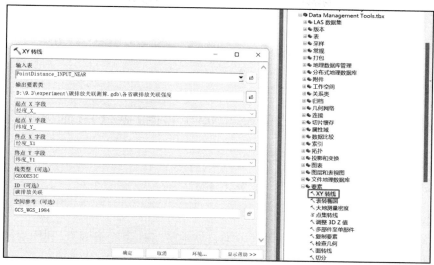

图 9.3.11 生成中国省域碳排放空间网络关联强度线

【步骤 2】中国省域碳排放空间网络符号化

绘制中国省域碳排放空间网络专题图（图 9.3.12）。

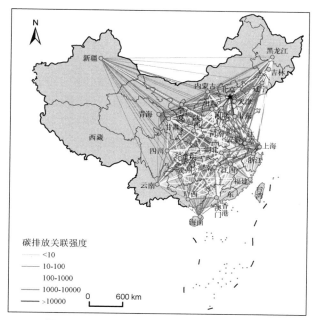

图 9.3.12 中国省域碳排放空间网络专题图

第十章　新能源生态环境实验

10.1　基于层次分析法的青藏高原太阳能光伏电站选址

> *阳春布德泽，万物生光辉。* ——汉乐府《长歌行》

【实验目的】

根据太阳能光伏能源发电所需要的各类自然地理与社会经济因素，利用层次分析法对青藏高原地区太阳能光伏电站选址适宜性进行综合评估。

【实验意义】

太阳能作为现代新能源的重要组成部分，具有清洁无污染、用之不竭的优势。光伏发电技术是我国能源革命中的重要一步。光伏发电等清洁能源的使用，不仅推动了能源转型，促进建设清洁低碳、安全高效的新一代能源系统，而且其产生的电能可以更加便捷地输送至周围地区。

层次分析法（Analytic Hierarchy Process，AHP）是由美国运筹学家托马斯·赛蒂（T.L.Saaty）于 20 世纪 70 年代中期提出的一种定性和定量相结合的、系统化、层次化的分析方法，将决策问题分解成目标、指标、方案等多个层次，在构建问题时提供一种全面的方案，对相关元素进行量化和关联，进行科学的决策评价，已广泛应用于环境影响评价、环境规划与管理等领域。

作为全球地面太阳辐射最强的区域之一，青藏高原的太阳能资源丰富，开展太阳能光伏电站选址评估，可为高原光伏开发科学布局提供支撑，助力高原清洁能源高质量发展。

【知识点】

1. 了解青藏高原太阳能光伏电站选址背景和过程；

2. 理解层次分析法的原理和分析过程；

3. 掌握应用 ArcGIS 软件进行表面分析、太阳辐射分析等操作；

4. 熟练掌握应用 ArcGIS 软件进行重分类、邻域分析、联合、加权综合等操作；

5. 掌握应用 ArcGIS 软件进行专题图绘制等操作；

6. 熟悉 ArcGIS 软件和 Excel 软件互动操作方法。

【实验数据】

1. 将青藏高原边界矢量数据命名为 TParea.shp。

2. 将青藏高原国道矢量数据命名为 road.shp（图 10.1.1（a））。

3. 将青藏高原高程栅格数据命名为 dem.tif，空间分辨率为 1 km（图 10.1.1（e））。

4. 将青藏高原居民区分布栅格数据命名为 residential.tif。城市建设用地与农村居民点从土地利用类型栅格数据中提取得到，空间分辨率为 1 km（图 10.1.1（b））。

5. 将青藏高原土地利用类型栅格数据命名为 lucc.tif；其中，1 为耕地、2 为林地、3 为草地、4 为水域、5 为城市建设用地、6 为农村居民点、7 为未利用地；空间分辨率为 1 km(图 10.1.1(d))。

6. 将青藏高原地表温度栅格数据命名为 lst.tif，空间分辨率为 1 km(图 10.1.1(c))。

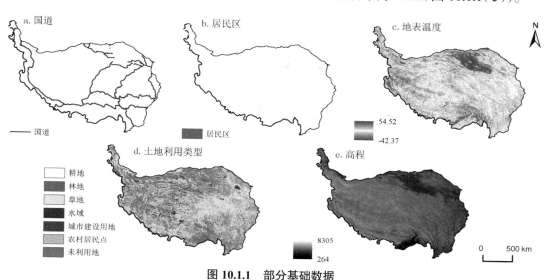

图 10.1.1　部分基础数据

（a）国道　（b）居民区分布　（c）地表温度(℃)　（d）土地利用类型　（e）高程(m)

【实验软件】

ArcGIS 10.8、Excel 2016。

【思维导图】

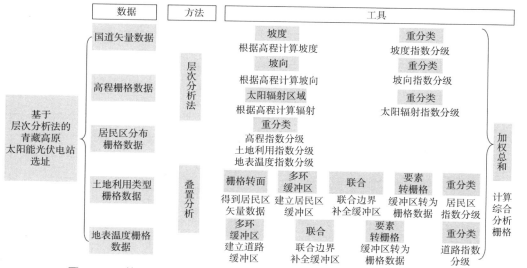

图 10.1.2　基于层次分析法的青藏高原太阳能光伏电站选址实验思维导图

【实验步骤】

（一）利用层次分析法确定指标权重

影响太阳能光伏电站选址的因素有很多种。根据研究区特征,综合考虑自然地理因素与人类活动因素,选择太阳辐射强度、土地利用类型、地表温度、高程、交通运输条件、居民区条件、坡度、坡向等共 8 个指标。综合这 8 个指标状况确定有利于太阳能光伏电站选址的区域。本实验首先利用层次分析法对所有指标建立两两比较矩阵,确定各指标的权重。

【步骤 1】层次分析法计算指标权重值

对所有指标建立两两比较矩阵。设太阳辐射强度为指标 A,土地利用类型为指标 B,地表温度为指标 C,高程为指标 D,交通运输条件为指标 E,居民区条件为指标 F,坡度为指标 G,坡向为指标 H;指标数 n=8。对各指标间的相对重要关系进行等级赋值,重要性分布为 1~9,其中 1 代表最不重要,9 代表最重要。赋值结果见表 10.1.1(赋值等级可以进行修改,数值可以请专家评定或对相关文献进行总结评定)。

表 10.1.1　比较矩阵

指标	H	G	F	E	D	C	B	A
H	1	1	3	3	6	6	9	9
G	1	1	3	3	6	6	9	9
F	1/3	1/3	1	1	2	2	3	3
E	1/3	1/3	1	1	2	2	3	3
D	1/6	1/6	1/2	1/2	1	1	2	2
C	1/6	1/6	1/2	1/2	1	1	2	2
B	1/9	1/9	1/3	1/3	1/2	1/2	1	1
A	1/9	1/9	1/3	1/3	1/2	1/2	1	1

对比较矩阵中的每一列进行求和(此后计算一律保留小数点后 4 位)(表 10.1.2)。

表 10.1.2　比较矩阵列求和

指标	H	G	F	E	D	C	B	A
H	1	1	3	3	6	6	9	9
G	1	1	3	3	6	6	9	9
F	1/3	1/3	1	1	2	2	3	3
E	1/3	1/3	1	1	2	2	3	3
D	1/6	1/6	1/2	1/2	1	1	2	2
C	1/6	1/6	1/2	1/2	1	1	2	2
B	1/9	1/9	1/3	1/3	1/2	1/2	1	1
A	1/9	1/9	1/3	1/3	1/2	1/2	1	1
求和	3.222 2	3.222 2	9.666 6	9.666 6	19	19	30	30

将比较矩阵内的所有数值都除以其所在列的和,得到归一化矩阵(表10.1.3)。

表10.1.3 归一化矩阵

指标	H	G	F	E	D	C	B	A
H	0.310 3	0.310 3	0.310 3	0.310 3	0.315 7	0.315 7	0.3	0.3
G	0.310 3	0.310 3	0.310 3	0.310 3	0.315 7	0.315 7	0.3	0.3
F	0.103 4	0.103 4	0.103 4	0.103 4	0.105 2	0.105 2	0.1	0.1
E	0.103 4	0.103 4	0.103 4	0.103 4	0.105 2	0.105 2	0.1	0.1
D	0.051 7	0.051 7	0.051 7	0.051 7	0.052 6	0.052 6	0.066 6	0.066 6
C	0.051 7	0.051 7	0.051 7	0.051 7	0.052 6	0.052 6	0.066 6	0.066 6
B	0.034 4	0.034 4	0.034 4	0.034 4	0.026 3	0.026 3	0.033 3	0.033 3
A	0.034 4	0.034 4	0.034 4	0.034 4	0.026 3	0.026 3	0.033 3	0.033 3

将归一化矩阵中的每一行进行求和运算(表10.1.4)。

表10.1.4 归一化矩阵行求和

指标	H	G	F	E	D	C	B	A	求和
H	0.310 3	0.310 3	0.310 3	0.310 3	0.315 7	0.315 7	0.3	0.3	2.472 9
G	0.310 3	0.310 3	0.310 3	0.310 3	0.315 7	0.315 7	0.3	0.3	2.472 9
F	0.103 4	0.103 4	0.103 4	0.103 4	0.105 2	0.105 2	0.1	0.1	0.824 3
E	0.103 4	0.103 4	0.103 4	0.103 4	0.105 2	0.105 2	0.1	0.1	0.824 3
D	0.051 7	0.051 7	0.051 7	0.051 7	0.052 6	0.052 6	0.066 6	0.066 6	0.445 4
C	0.051 7	0.051 7	0.051 7	0.051 7	0.052 6	0.052 6	0.066 6	0.066 6	0.445 4
B	0.034 4	0.034 4	0.034 4	0.034 4	0.026 3	0.026 3	0.033 3	0.033 3	0.257 2
A	0.034 4	0.034 4	0.034 4	0.034 4	0.026 3	0.026 3	0.033 3	0.033 3	0.257 2

将每一行的和除以决策指标数($n=8$),得到每个决策指标对应的权重值(表10.1.5)。

表10.1.5 指标权重的计算

指标	H	G	F	E	D	C	B	A	权重
H	0.310 3	0.310 3	0.310 3	0.310 3	0.315 7	0.315 7	0.3	0.3	0.309 1
G	0.310 3	0.310 3	0.310 3	0.310 3	0.315 7	0.315 7	0.3	0.3	0.309 1
F	0.103 4	0.103 4	0.103 4	0.103 4	0.105 2	0.105 2	0.1	0.1	0.103 0
E	0.103 4	0.103 4	0.103 4	0.103 4	0.105 2	0.105 2	0.1	0.1	0.103 0
D	0.051 7	0.051 7	0.051 7	0.051 7	0.052 6	0.052 6	0.066 6	0.066 6	0.055 6
C	0.051 7	0.051 7	0.051 7	0.051 7	0.052 6	0.052 6	0.066 6	0.066 6	0.055 6
B	0.034 4	0.034 4	0.034 4	0.034 4	0.026 3	0.026 3	0.033 3	0.033 3	0.032 1
A	0.034 4	0.034 4	0.034 4	0.034 4	0.026 3	0.026 3	0.033 3	0.033 3	0.032 1

【步骤2】对权重值进行一致性比率检验

将计算得到的指标权重值与比较矩阵相乘,即用比较矩阵的每一列都乘以对应指标的权重值,之后对矩阵进行行求和(表10.1.6)。

表10.1.6　一致性比率计算过程

指标	H	G	F	E	D	C	B	A	求和
H	0.309 1	0.309 1	0.309 1	0.309 1	0.334 1	0.334 1	0.289 3	0.289 3	2.483 4
G	0.309 1	0.309 1	0.309 1	0.309 1	0.334 1	0.334 1	0.289 3	0.289 3	2.483 4
F	0.103 0	0.103 0	0.103 0	0.103 0	0.111 3	0.111 3	0.096 4	0.096 4	0.827 8
E	0.103 0	0.103 0	0.103 0	0.103 0	0.111 3	0.111 3	0.096 4	0.096 4	0.827 8
D	0.051 5	0.051 5	0.051 5	0.051 5	0.055 6	0.055 6	0.064 3	0.064 3	0.446 0
C	0.051 5	0.051 5	0.051 5	0.051 5	0.055 6	0.055 6	0.064 3	0.064 3	0.446 0
B	0.034 3	0.034 3	0.034 3	0.034 3	0.027 8	0.027 8	0.032 1	0.032 1	0.257 3
A	0.034 3	0.034 3	0.034 3	0.034 3	0.027 8	0.027 8	0.032 1	0.032 1	0.257 3

计算出矩阵最大特征值 λ,在上一步中求出矩阵中每行的和之后,除以其所对应的行准则的权重值,之后进行求和,再除以准则数($n=8$),即为 λ。求得 $\lambda=8.020\ 782\ 31$。

计算一致性指数 CI,其计算公式为 $CI = \dfrac{\lambda - n}{n - 1}$。求得 $CI=0.002\ 968\ 901$。

计算一致性比率值 CR,其计算公式为 $CR = \dfrac{CI}{RI}$(RI 表示随机一致性指数,查表得 $n=8$ 时,$RI=1.41$)。求得 $CR=0.002\ 105\ 604$。CR 值小于 0.1,即可认为决策相关指标之间相对重要性比较的一致性是可以接受的。

【步骤3】总结指标评价表格

根据各指标对太阳能光伏电站选址的适宜性与权重,得到指标评价表如表10.1.7所示。

表10.1.7　指标评价表

指标	分类分级	适宜性等级	等级打分	权重
太阳辐射强度	很强	适宜	3	0.309 1
	一般	较适宜	2	
	较弱	不适宜	1	
地表温度	15~35 ℃	适宜	3	0.103 0
	<15 ℃	较适宜	2	
	>35 ℃	不适宜	1	
土地利用类型	未利用地	适宜	3	0.309 1
	林地、草地	较适宜	2	
	其他	不适宜	1	

续表

指标	分类分级	适宜性等级	等级打分	权重
高程	较高	适宜	3	0.103 0
	一般	较适宜	2	
	较低	不适宜	1	
坡度	<15°	适宜	3	0.032 12
	15~30°	较适宜	2	
	>30°	不适宜	1	
坡向	正南	适宜	3	0.032 12
	东南、西南	较适宜	2	
	其他	不适宜	1	
居民区条件	0.3~10 km	适宜	3	0.055 7
	10~20 km	较适宜	2	
	>20 km	不适宜	1	
交通运输条件	0.02~5 km	适宜	3	0.055 7
	5~10 km	较适宜	2	
	<0.02 km 或 >10 km	不适宜	1	

（二）对各指标进行等级划分评定

【步骤1】高程等级划分评定

打开【空间分析工具】—【重分类】—【重分类】（Reclassify）。【输入栅格】为"dem"，按【旧值】"0-2000""2000-5000"和"5000-9000"分别对应新值"1""2"和"3"，【输出栅格】命名为"rdem"（图10.1.3）。

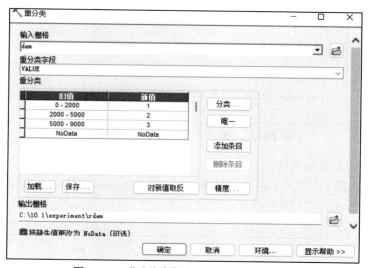

图10.1.3　"重分类"对话框（dem 重分类）

【步骤2】坡度等级划分评定

打开【空间分析工具】—【表面分析】—【坡度】（Slope）。【输入栅格】为"dem"，【输出栅格】命名为"podu"（图 10.1.4）。

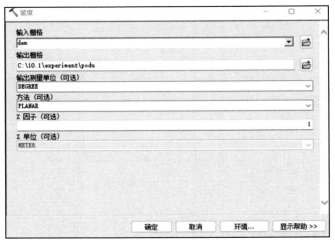

图 10.1.4　"坡度"对话框

打开【空间分析工具】—【重分类】—【重分类】（Reclassify）。【输入栅格】为"podu"，按【旧值】"0-15""15-30"和"30-90"分别对应【新值】"3"："2"和"1"（图 10.1.5）。

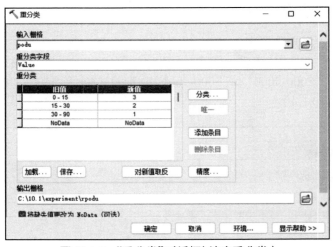

图 10.1.5　"重分类"对话框（坡度重分类）

【步骤3】坡向等级划分评定

打开【空间分析工具】—【表面分析】—【坡向】（Aspect）。【输入栅格】为"dem"，【输出栅格】命名为"poxiang"（图 10.1.6）。

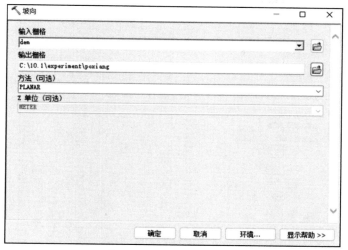

图 10.1.6　"坡向"对话框

打开【空间分析工具】—【重分类】—【重分类】(Reclassify)。【输入栅格】为 "pox-iang"，按【旧值】"0-112.5""112.5-157.5""157.5-202.5""202.5-247.5" 和 "247.5-360" 分别对应新值 "1""2""3""2" 和 "1"，【输出栅格】命名为 "rpoxiang"（图 10.1.7）。

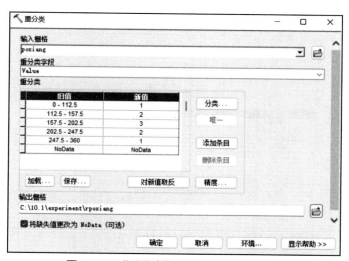

图 10.1.7　"重分类"对话框（坡向重分类）

【步骤 4】太阳辐射强度等级划分评定

打开【空间分析工具】—【太阳辐射】—【太阳辐射区域】(Area Solar Radiation)。【输入栅格】为 "dem"，【输出总辐射栅格】命名为 "fushe"，【时间配置】为 "按每月间隔的整年"，【年】为 "2021"，【间隔小时数】为 "3"（图 10.1.8）。

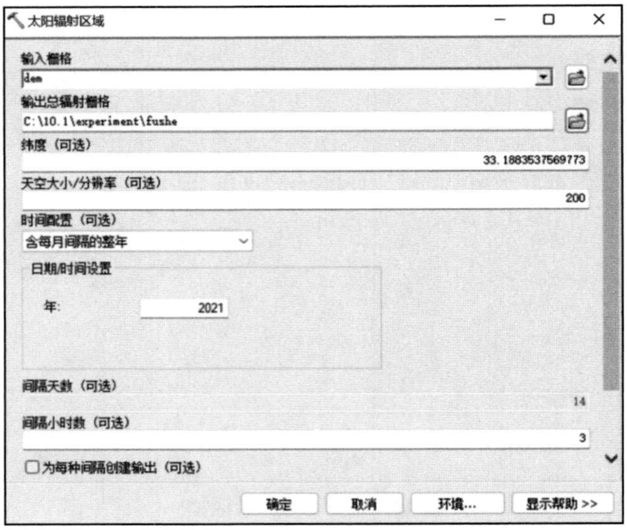

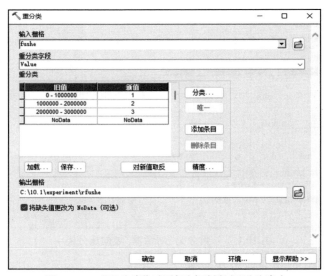

图 10.1.8　"太阳辐射区域"对话框

　　打开【空间分析工具】—【栅格重分类】—【重分类】(Reclassify)。【输入栅格】为"fus-he",按【旧值】"0-1000000""1000000-2000000" 和 "2000000-3000000" 分别对应【新值】"1""2"和"3",【输出栅格】为"rfushe"(图 10.1.9)。

图 10.1.9　"重分类"对话框(辐射数据重分类)

　　【步骤 5 】地表温度等级划分评定

　　打开【空间分析工具】—【重分类】—【重分类】(Reclassify)。【输入栅格】为"lst",按【旧值】"-50-15""15-30" 和 "30-60" 分别对应【新值】"2""3"和"1",【输出栅格】为"rlst"(图 10.1.10)。

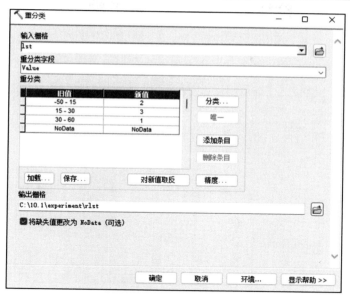

图 10.1.10　"重分类"对话框(地表温度重分类)

【步骤 6】土地利用类型等级划分评定

打开【空间分析工具】—【重分类】—【重分类】(Reclassify)。【输入栅格】为 "lucc"，其中【旧值】"1""4""5" 和 "6" 对应【新值】"1"，【旧值】"2" 和 "3" 对应【新值】"2"，【旧值】"7" 对应【新值】"3"，【输出栅格】为 "rlucc"(图 10.1.11)。

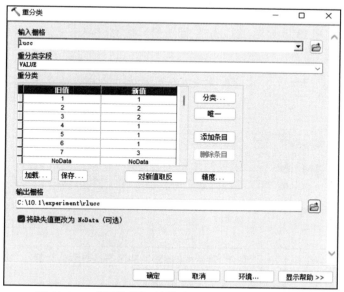

图 10.1.11　"重分类"对话框(土地利用类型重分类)

【步骤 7】道路运输条件等级划分评定

打开【分析工具】—【邻域分析】—【多环缓冲区】(Multiple Ring Buffer)。【输入要素】"road"，【输出要素类】命名为 "roadhuanchong.shp"，【距离】分别输入 "20""5000" 和

"10000"（通过点"加号"添加，其中 20 m 为道路宽度），【缓冲区单位】选择"Meters"（图 10.1.12）。

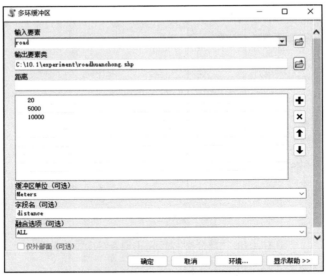

图 10.1.12　"多环缓冲区"对话框（建立道路多环缓冲区）

打开【分析工具】—【叠加分析】—【联合】（Union）。在【要素】中添加"roadhuan-chong"和"TParea"，【输出要素类】命名为"roadlianhe.shp"（图 10.1.13）。

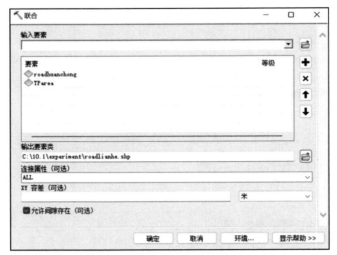

图 10.1.13　"联合"对话框（道路缓冲区与边界联合计算）

打开【转换工具】—【转为栅格】—【要素转栅格】（Feature To Raster）。【输入要素】为 "roadlianhe"，【字段】为"FID_roadhu"，【输出栅格】命名为"roadshange"（图 10.1.14）。

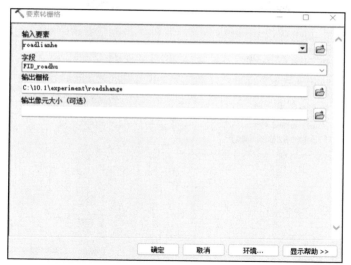

图 10.1.14　"要素转栅格"对话框

打开【空间分析工具】—【重分类】—【重分类】(Reclassify)。【输入栅格】为 "road-shange"，按【旧值】"-1" "0" "1" 和 "2" 对应【新值】"1" "1" "2" 和 "3"，【输出栅格】命名为 "rroad"（图 10.1.15）。

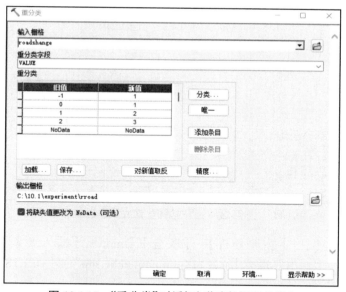

图 10.1.15　"重分类"对话框（道路数据重分类）

【步骤 8】居民区条件等级划分评定

打开【转换工具】—【由栅格转出】—【栅格转面】(Raster To Polygon)；【输入栅格】为 "residential.tif"，【输出面要素】命名为 "juminqu1.shp"，将居民区转化为矢量数据（图 10.1.16）。之后，使用【分析工具】—【邻域分析】—【多环缓冲区】；【输入要素】为 "jumin-qu1"，【输 出 要 素 类】命 名 为 "juminquhuanchong.shp"，【距 离】添 加 "300" "5000" 和 "10000"，【缓冲区单位】选择 "Meters"（图 10.1.17）。

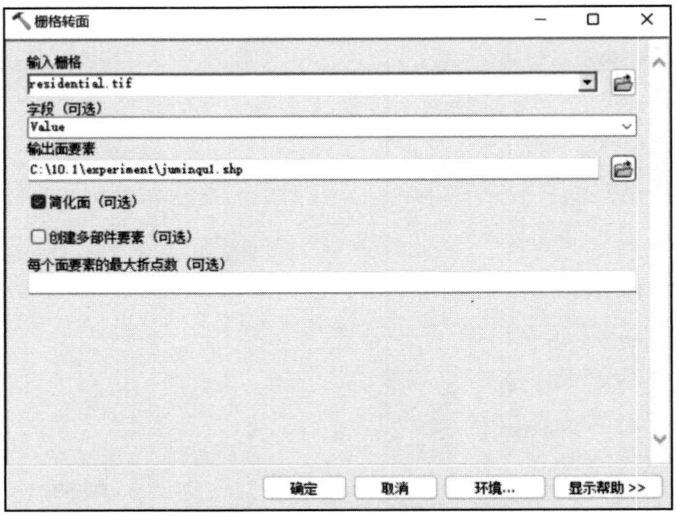

图 10.1.16 "栅格转面"对话框

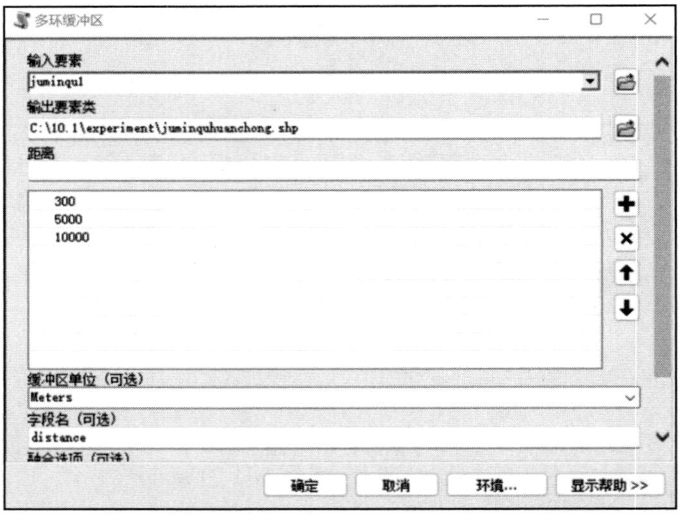

图 10.1.17 "多环缓冲区"对话框(建立居民区多环缓冲区)

打开【 分析工具 】—【 叠加分析 】—【 联合 】(Union)。【 输入要素 】为 "juminquhuanchong" 和 "TParea",【 输出要素类 】命名为 "juminqulianhe.shp"(图 10.1.18)。

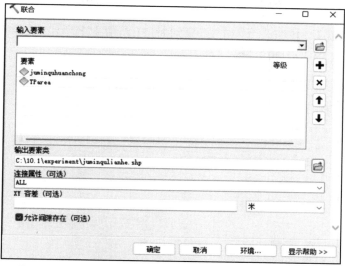

图 10.1.18 "联合"对话框(居民区缓冲区与边界联合计算)

打开【转换工具】—【转为栅格】—【要素转栅格】(Feature To Raster)。【输入要素】为 "juminqulianhe",【字段】为 "FID_juminq",【输出栅格】命名为 "juminqushange"(图 10.1.19)。

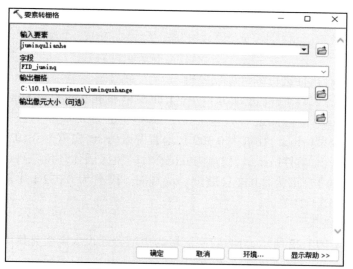

图 10.1.19 "要素转栅格"对话框

打开【空间分析工具】—【重分类】—【重分类】(Reclassify)。【输入栅格】为"juminqushange",按【旧值】"-1""0""1"和"2"分别对应【新值】"1""1""3"和"2",【输出栅格】命名为"rjuminqu"（图 10.1.20）。

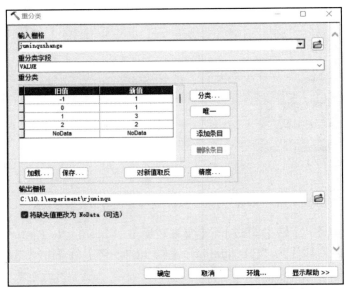

图 10.1.20　"重分类"对话框（居民区数据重分类）

（三）叠置分析

【步骤 1】对所有指标进行综合加权分析

打开【空间分析工具】—【叠加分析】—【加权总和】(Weighted Sum)，按层次分析法计算结果表 10.1.7，对各指标进行权重分配。权重确定为太阳辐射强度（rfushe）权重为 0.309 1，土地利用类型（rlucc）权重为 0.309 1，地表温度（rlst）权重为 0.103 0，高程（rdem）权重为 0.103 0，交通运输条件（rroad）权重为 0.055 7，居民区居住环境条件（rjuminqu）权重为 0.055 7，坡度（rpodu）权重为 0.032 1，坡向（rpoxiang）权重为 0.032 1；【输出栅格】命名为 "zonghefenxi"（图 10.1.21）。

【步骤 2】分析结果

最终结果如图 10.1.22 所示，分数较高区域为更适合建设太阳能光伏电站的区域。

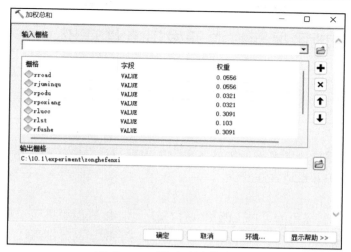

图 10.1.21　"加权总和"对话框

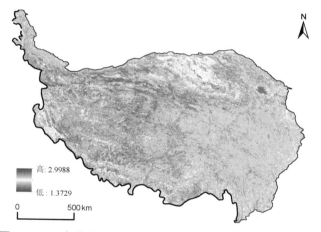

图 10.1.22　青藏高原地区太阳能光伏电站选址叠置分析结果

10.2 环渤海地区风能资源开发适宜性评价

> 解落三秋叶,能开二月花。过江千尺浪,入竹万竿斜。 ——李峤《风》

【实验目的】

综合考虑发展风能资源开发所需的各类自然地理与社会经济条件,利用 GIS 技术开展环渤海地区风能资源开发适宜性评价。

【实验意义】

风能是一种清洁、绿色的可再生能源,风力发电对于解决能源供应、减轻环境污染、调整能源结构等方面具有重要意义。渤海,三面环陆,北、西、南三面分别与辽宁省、河北省、天津市和山东省毗邻。渤海湾漫长的海岸线除了拥有丰富的海洋资源外,更有取之不尽、用之不竭的风能资源。风电能选址是风电项目建设前期工作的重要内容,其不仅要考虑当地的风能资源,还需要综合考虑地形等因素,以便对选址方案进行定量、全面和综合的评价。GIS技术为环渤海地区风能资源开发适宜性评价提供了解决方案,研究者和决策者可以在此结果基础上进行风电能选址。

【知识点】

1. 了解风能资源开发适宜性评价方法和过程;

2. 掌握应用 ArcGIS 软件进行数据格式变换、邻域分析、表面分析、栅格计算等操作;

3. 掌握应用 ArcGIS 软件进行专题图绘制等操作;

4. 理解 ArcGIS 软件中 Con、IsNull 等多种函数的联合应用;

5. 理解 ArcGIS 软件中算术运算和逻辑运算的内涵。

【实验数据】

1. 将渤海湾边界矢量数据命名为 Bohaibay.shp。

2. 将渤海湾建设用地矢量数据命名为 lu.shp。

3. 将渤海湾风速栅格数据命名为 windspeed.tif,数据的空间分辨率为 250 m。

4. 将渤海湾高程栅格数据命名为 DEM.tif,数据的空间分辨率为 90 m。

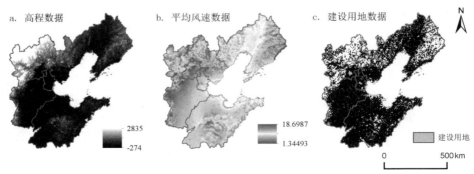

图 10.2.1 渤海湾 DEM、平均风速、建设用地空间分布图

【实验软件】

ArcGIS 10.8。

【思维导图】

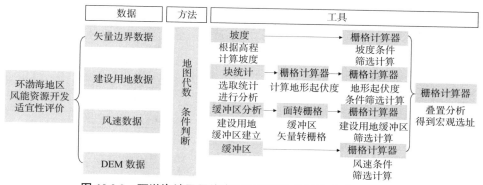

图 10.2.2　环渤海地区风能资源开发适宜性评价实验思维导图

【实验步骤】

风电能宏观选址的具体条件包括:地形起伏度 < 300 m,坡度 <10°,平均风速 >6 m/s,距离居民区 >300 m。通过以上条件要素的叠置分析,确定风电场位置,具体步骤如下。

(一)数据预处理

【步骤 1】计算地形起伏度

计算地形起伏度时,首先需要统计像元邻域内最大值和最小值,用最大值减最小值即得到该像元的地形起伏度。

打开【空间分析工具】—【邻域分析】—【块统计】(Block Statistics),通过选取统计方式(包括最大值、最小值、平均值等),分别计算邻域(5×5)内最大值和最小值(图 10.2.3)。新栅格数据分别包括 DEM 某一像元 5×5 邻域内最大值和最小值。

具体参数设置如下:【输入栅格】选择 "DEM.tif",【输出栅格】命名为 "1_DEM_MAX.tif",【邻域分析】选择 "矩形",【邻域设置】中【高度】和【宽度】均设置为 "5",【单位】勾选 "像元"。其中,计算邻域最大值时,【统计类型】选择 "MAXIMUM";计算邻域最小值时,【统计类型】选择 "MINIMUM"(图 10.2.3)。

图 10.2.3　"块统计"对话框(邻域最大值与最小值统计)

打开【空间分析工具】—【地图代数】—【栅格计算器】(Raster Calculator)。利用"栅格计算器",分别计算单个像元最大值和最小值的差值;表达式为 "1_DEM_MAX" −"1_DEM_MIN";【输出栅格】命名为"1_TR.tif"(图10.2.4)。

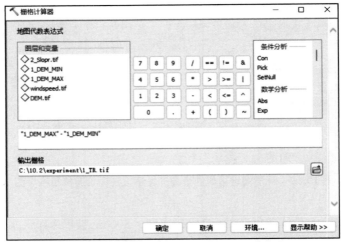

图10.2.4 "栅格计算器"对话框(地形起伏度计算)

【步骤2】计算坡度

打开【3D分析工具】—【栅格表面】—【坡度】(Slope)。【输入栅格】选择"DEM.tif",【输出栅格】命名为"2_Slope.tif",【输出测量单位】选择"DEGREE",【方法】选择"PLA-NAR",【Z因子】默认为"1"(图10.2.5)。

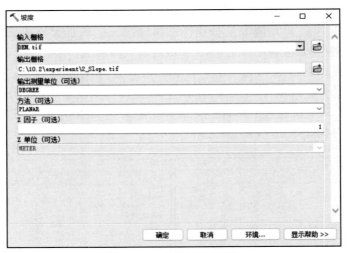

图10.2.5 "坡度"对话框

【步骤3】计算建设用地缓冲区

打开【空间分析工具】—【邻域分析】—【缓冲区】(Buffer)。【输入要素】选择"lu",【输出要素类】命名为"3_lu_buffer.shp",【距离】的【线性单位】为"300""米"(表示创建300 m的缓冲区),【侧类型】默认为"FULL",【方法】默认为"PLANAR",【融合类型】默认为"NONE"（图 10.2.6）。

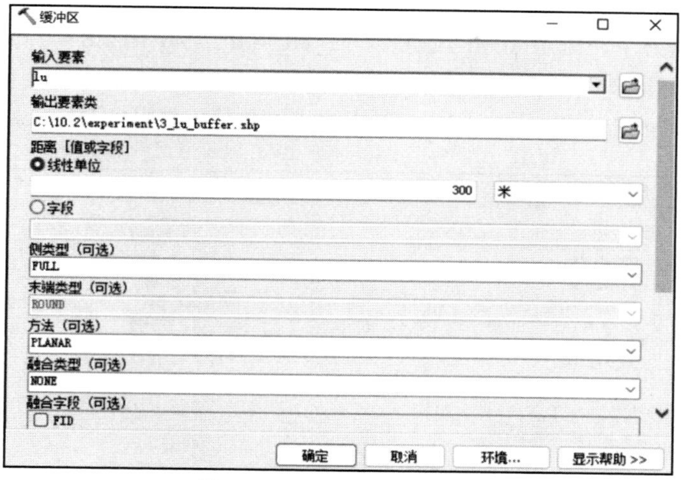

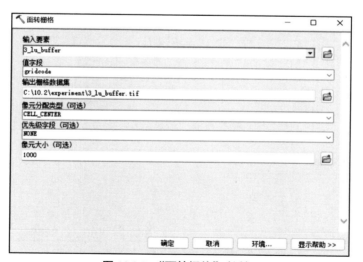

图 10.2.6　"缓冲区"对话框

为便于后续计算，将建设用地缓冲区矢量数据转换为栅格数据。打开【Conversion Tools.tbx】—【转为栅格】—【面转栅格】（Polygon to Raster）。【输入要素】为"3_lu_buffer"，【值字段】选择"gridcode"，【输出栅格数据集】命名为"3_lu_buffer.tif"，【像元分配类型】默认为"CELL_CENTER"，【优先级字段】默认为"NONE"，【像元大小】填写"1000"（图 10.2.7）。

图 10.2.7　"面转栅格"对话框

（二）风电场宏观选址单因素适宜性分析

【步骤 4】计算风电场宏观选址适宜条件

计算风电场宏观选址，需要综合地形起伏度（<300 m）、坡度（<10°）、风速（>6 m/s）、与建设用地距离（>300 m）等 4 个因素进行分析。

　　以地形起伏度为例,打开【空间分析工具】—【地图代数】—【栅格计算器】(Raster Calculator)。在"栅格计算器"中输入公式 Con("1_TR.tif" < 300,1),表示像元值低于 300 m 时,赋值为 1,否则为空;【输出栅格】命名为"1_TR_S.tif"(图 10.2.8)。同理,坡度适宜条件的公式为 Con("2_Slope.tif" < 10,1),【输出栅格】命名为"2_Slope_S.tif"(图 10.2.9);风速适宜条件的公式为 Con("windspeed.tif" > 6,1),【输出栅格】命名为"4_WS_S.tif"(图 10.2.10)。

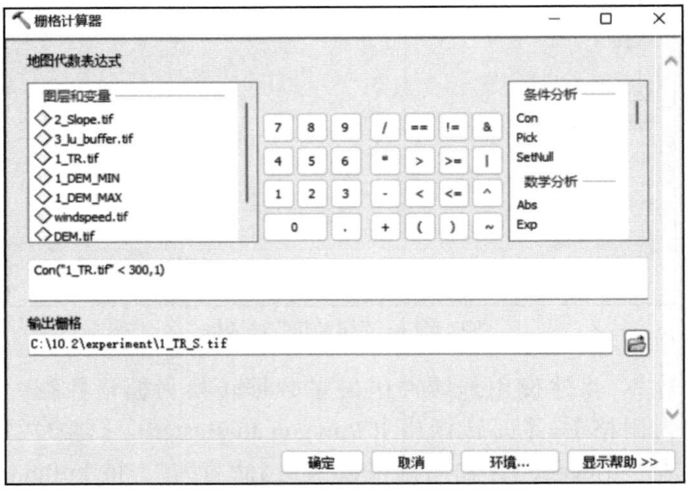

图 10.2.8　"栅格计算器"对话框(地形起伏度适宜性计算)

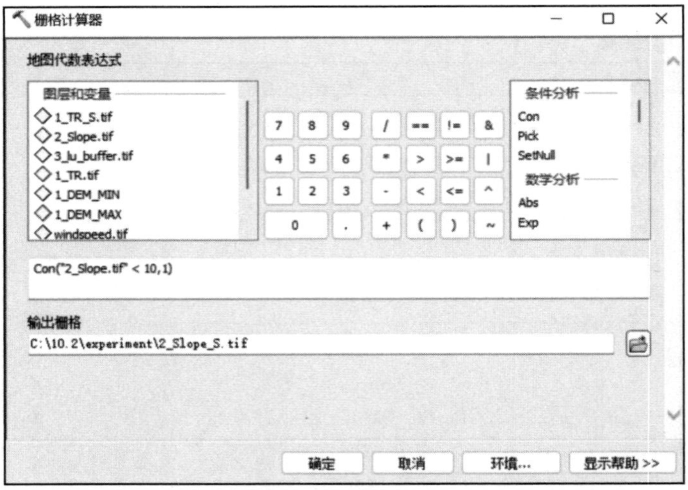

图 10.2.9　"栅格计算器"对话框(坡度适宜性计算)

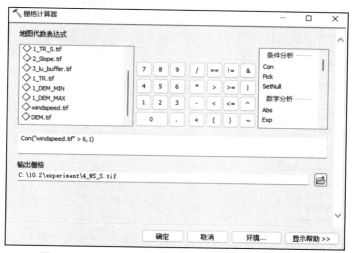

图 10.2.10 "栅格计算器"对话框（风速适宜性计算）

与地形起伏度、坡度和风速条件不同，建设用地距离适宜性评价需要同时应用 Con 和 IsNull 两个函数，其公式为 Con(IsNull("3_lu_buffer.tif"),1)，表示若像元值为空（即与建设用地距离大于 300 m），则赋值为 1；【输出栅格】命名为 "3_lu_buffer_S.tif"（图 10.2.11）。接着，在【环境设置】中，【像元大小】设置为"与数据集 windspeed.tif 相同"，以保证输出数据范围与研究区一致（图 10.2.12）。

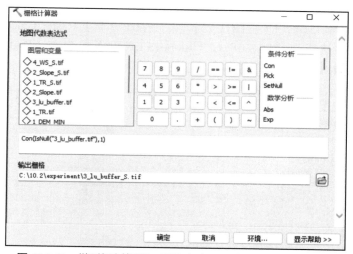

图 10.2.11 "栅格计算器"对话框（建设用地距离适宜性计算）

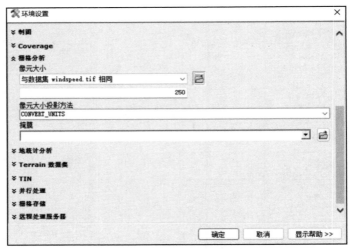

图 10.2.12　"栅格计算器"的"环境设置"对话框

（三）风电场宏观选址适宜性叠置分析

计算风电场宏观选址，需要筛选同时满足地形起伏度（<300 m）、坡度（<10°）、风速（>6 m/s）与建设用地距离（>300 m）等 4 个条件的像元。

方法一：算术运算法

【步骤 5】风电场宏观选址适宜性分析

打开【空间分析工具】—【地图代数】—【栅格计算器】（Raster Calculator）。在"栅格计算器"中，输入表达式 "1_TR_S.tif" * "2_Slope_S.tif" * "3_lu_buffer_S.tif" * "4_WS_S.tif"，【输出栅格】命名为"Location.tif"（图 10.2.13），即可得到风电场宏观选址地点。

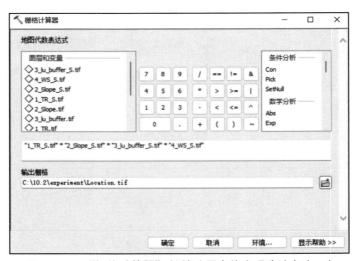

图 10.2.13　"栅格计算器"对话框（风电能宏观选址方法一）

方法二：逻辑运算法

【步骤 5】风电场宏观选址适宜性分析

打开【空间分析工具】—【地图代数】—【栅格计算器】(Raster Calculator)。在"栅格计算器"中,输入公式 "1_TR_S.tif" & "2_Slope_S.tif" & "3_lu_buffer_S.tif" & "4_WS_S.tif",【输出栅格】命名为"Location2.tif"(图 10.2.14),使用"并(&)"的布尔运算方法,即可得到风电场宏观选址地点(图 10.2.15)。

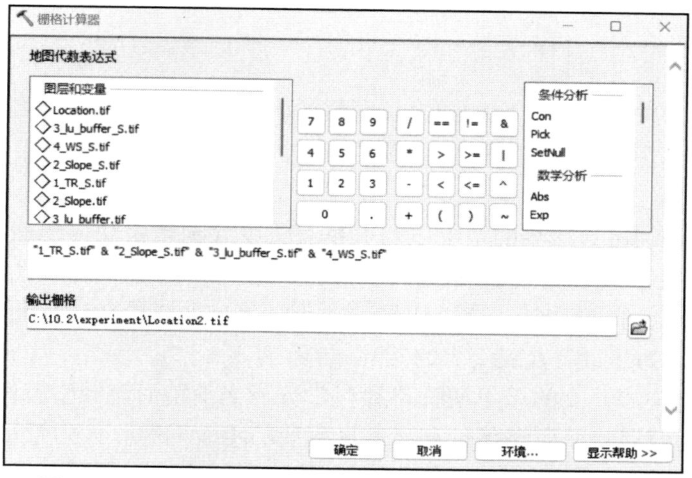

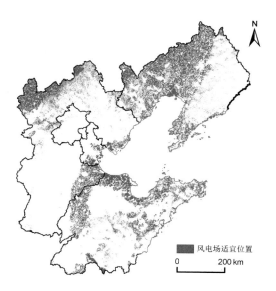

图 10.2.14　"栅格计算器"对话框(风电能宏观选址方法二)

图 10.2.15　环渤海地区风电场宏观选址结果

10.3 黄河流域生物质能源作物种植潜力评价

> 不违农时,谷不可胜食也。 ——《孟子·梁惠王章句上·第三节》

【实验目的】

综合考虑生物质能源作物种植和生长所需的各类自然地理与社会经济条件,利用 GIS 技术识别黄河流域生物质能源作物种植潜在区域,并估算其生产潜力。

【实验意义】

生物质能源是利用自然界的植物以及城乡有机废弃物转化获得的能源。在碳达峰、碳中和背景下,生物乙醇被认为是替代化石能源的最佳途径。在众多非粮乙醇作物中,甜高粱以其种质资源丰富、适应范围广、抗逆性强、产量高、茎汁含糖量高、生产成本相对较低等优点而被众多研究认为是最有发展潜力的乙醇原料。

"黄河安澜是中华儿女的千年期盼。"要科学分析当前黄河流域生态保护和高质量发展形势,把握好推动黄河流域生态保护和高质量发展的重大问题。大力推动生态环境保护治理,抓好上中游水土流失治理和荒漠化防治;加快构建国土空间保护利用新格局,适度发展生态特色产业;在高质量发展上迈出坚实步伐,推进能源革命,稳定能源保供。本实验综合考虑生物质能源作物种植所需的降水、积温、土壤等因素,通过 GIS 技术寻找黄河流域生物质能源作物种植适宜区域并估算其生产潜力。

【知识点】

1. 了解生物质能源作物种植潜力评价方法和过程;

2. 熟练掌握应用 ArcGIS 软件进行栅格计算器、数据属性表等操作;

3. 掌握应用 ArcGIS 软件进行专题图绘制等操作。

【实验数据】

1. 将黄河流域年降水量栅格数据命名为 1_Pre.tif,数据的空间分辨率为 500 m(图 10.3.1(a))。

2. 将黄河流域 ≥ 10 ℃积温空间分布栅格数据命名为 2_AAT.tif,数据的空间分辨率为 500 m(图 10.3.1(b))。

3. 将黄河流域土壤酸碱度栅格数据命名为 3_PH.tif,数据的空间分辨率为 1000 m(图 10.3.1(c))。

4. 将黄河流域坡度栅格数据命名为 4_Slope.tif,数据的空间分辨率为 1000 m(图 10.3.1 (d))。

5. 将黄河流域土地利用类型栅格数据命名为 5_Landuse.tif,数据的空间分辨率为 1000 m(图 10.3.1(e))。

6. 将黄河流域范围矢量数据命名为 yellowriverbasin.shp。

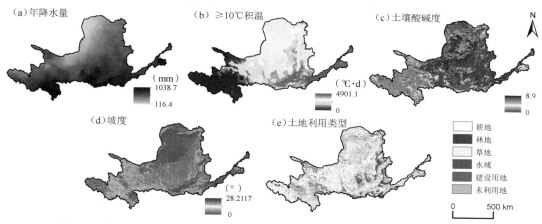

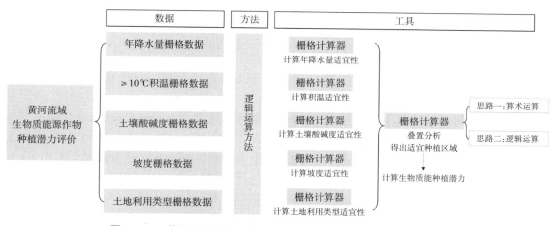

图 10.3.1 黄河流域年降水量、积温、土壤酸碱度(pH)、坡度、土地利用空间类型分布

【实验软件】

ArcGIS 10.8。

【思维导图】

图 10.3.2　黄河流域生物质能源作物种植潜力评价实验思维导图

【实验步骤】

甜高粱适宜种植区域的具体条件包括:年降水量 ≥ 400 mm; ≥ 10 ℃积温介于 2 500~4 000 ℃·d;土壤酸碱度(pH)介于 6.0~8.5;坡度≤ 5°。其中,可用于种植甜高粱的土地利用类型包括:低覆盖草地、滩涂、滩地、沙地、盐碱地、裸土地。

参考以上限制条件与土地利用类型情况,通过叠置分析,确定甜高粱适宜种植区域,计算乙醇生产潜力,具体步骤如下。

(一)确定甜高粱适宜种植区域

【步骤 1】计算年降水量适宜性

计算年降水量适宜性,需要筛选年降水量≥ 400 mm 的像元,作为年降水量适宜的潜在区域。

　　打开【空间分析工具】—【地图代数】—【栅格计算器】(Raster Calculator);输入公式"1_Pre.tif" >= 400(表示像元值≥ 400 mm 为 1,否则为 0),【输出栅格】命名为"1_Pre_S.tif",点击【确定】得到年降水量适宜区域(图 10.3.3)。

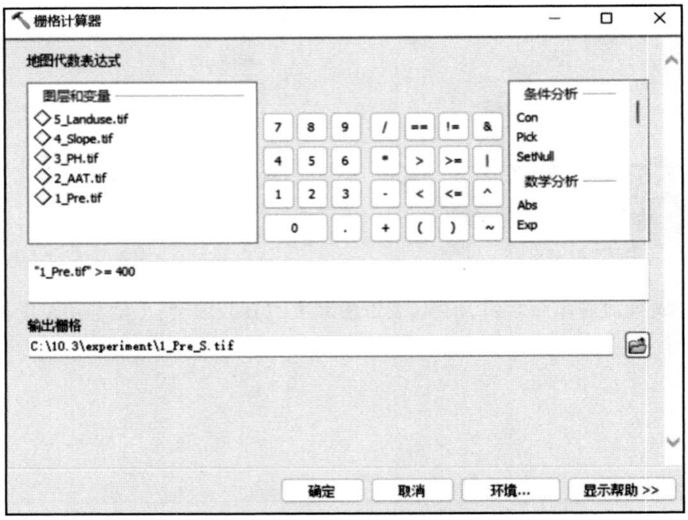

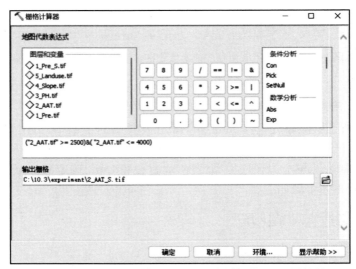

图 10.3.3　"栅格计算器"对话框(年降水量适宜性计算)

　　【步骤 2】计算≥ 10 ℃积温适宜性

　　计算≥ 10 ℃积温适宜性,需要筛选≥ 10 ℃积温分布于 2500~4000 ℃·d 的像元,作为≥ 10 ℃积温适宜的潜在区域。

　　打开【空间分析工具】—【地图代数】—【栅格计算器】(Raster Calculator);输入公式("2_AAT.tif" >= 2500)&("2_AAT.tif" <= 4000)(表示像元值≥ 2500 且≤ 4000 为 1,否则为 0),【输出栅格】命名为"2_AAT_S.tif",点击【确定】得到≥ 10 ℃积温适宜区域(图 10.3.4)。

图 10.3.4　"栅格计算器"对话框(≥ 10 ℃积温适宜性计算)

【步骤 3】计算土壤酸碱度适宜性

计算土壤酸碱度适宜性,需要筛选土壤酸碱度介于 6.0~8.5 的像元,作为土壤酸碱度适宜的潜在区域。

打开【空间分析工具】—【地图代数】—【栅格计算器】(Raster Calculator)。输入公式 ("3_PH.tif" >= 6.0) & ("3_PH.tif" <= 8.5),【输出栅格】命名为"3_PH_S.tif"(表示像元值 ≥ 6.0 且 ≤ 8.5 时赋值为 1,否则为 0),点击【确定】输出结果即为土壤酸碱度适宜区域(图 10.3.5)。

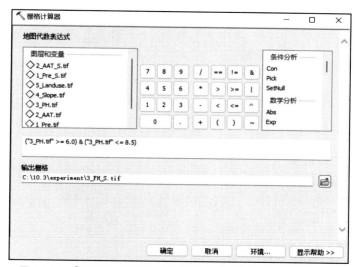

图 10.3.5　【栅格计算器】工具对话框 - 土壤酸碱度适宜性计算

【步骤 4】计算坡度适宜性

计算坡度适宜性,需要筛选坡度 ≤ 5° 的像元,作为坡度适宜的潜在区域。

打开【空间分析工具】—【地图代数】—【栅格计算器】(Raster Calculator),输入公式 "4_Slope.tif" <= 5,【输出栅格】命名为"4_Slope_S.tif"(表示像元值 ≤ 5,赋值为 1,否则为 0),点击【确定】,输出结果即为坡度适宜区域(图 10.3.6)。

【步骤 5】计算土地利用类型适宜性

计算土地利用类型适宜性,需要筛选可用于种植甜高粱的土地利用类型,包括:低覆盖草地、滩涂、滩地、沙地、盐碱地、裸土地,对应的土地利用数据的代码分别为 33、45、46、61、63 和 65,筛选后得到的区域即为土地利用类型适宜的潜在区域。

打开【空间分析工具】—【地图代数】—【栅格计算器】(Raster Calculator);输入公式 ("5_Landuse.tif" == 33) | ("5_Landuse.tif" == 45) | ("5_Landuse.tif" == 46) | ("5_Landuse.tif" == 61) | ("5_Landuse.tif" == 63) | ("5_Landuse.tif" == 65),【输出栅格】命名为"5_Landuse_S.tif",(表示像元值符合上述代码的栅格,赋值为 1,否则为 0),点击【确定】,输出结果即为土地利用类型适宜区域(图 10.3.7)。

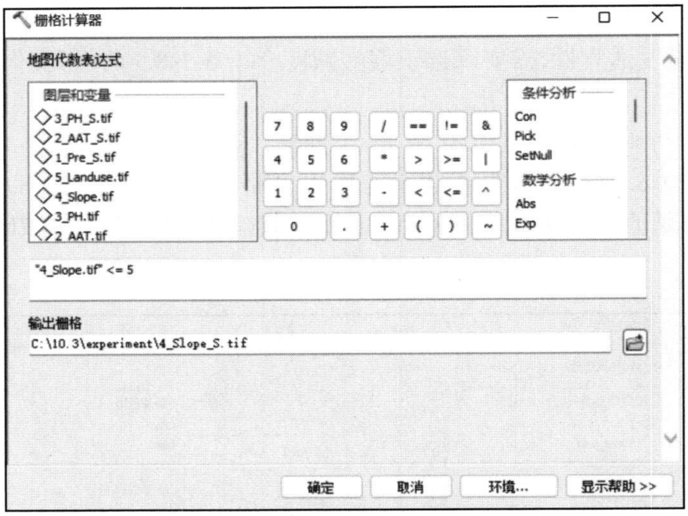

图 10.3.6　"栅格计算器"对话框(坡度适宜性计算)

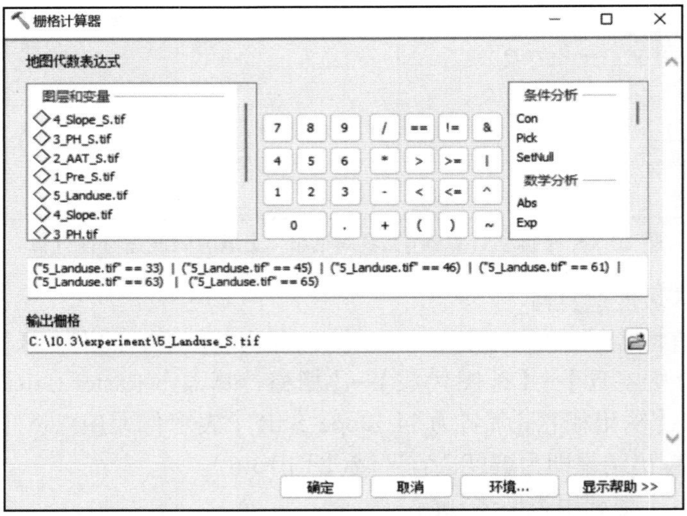

图 10.3.7　"栅格计算器"对话框(土地利用类型适宜性计算)

【步骤 6】叠置分析并计算甜高粱适宜种植区域

计算甜高粱适宜种植区域,需要筛选出同时满足年降水量(≥ 400 mm)、≥ 10 ℃积温(2500~4000 ℃·d)、土壤酸碱度(6.0~8.5)、坡度(≤ 5°)和可种植土地利用类型(低覆盖草地、滩涂、滩地、沙地、盐碱地、裸土地)5 个条件的像元,作为甜高粱适宜种植区域。

打开【空间分析工具】—【地图代数】—【栅格计算器】(Raster Calculator);输入公式 "1_Pre_S.tif" * "2_AAT_S.tif" * "3_PH_S.tif" * "4_Slope_S.tif" * "5_Landuse_S.tif",【输出栅格】命名为"planting_area.tif"(图 10.3.8(a)),点击【确定】即可得到甜高粱适宜种植区域(图 10.3.9)。

也可使用另一种方法。打开【空间分析工具】—【地图代数】—【栅格计算器】(Raster Calculator);输入公式 "1_Pre_S.tif" & "2_AAT_S.tif" & "3_PH_S.tif" & "4_Slope_S.tif" &

"5_Landuse_S.tif",【输出栅格】命名为"planting_area2.tif"(图 10.3.8(b)),点击【确定】,得到甜高粱适宜种植区域(图 10.3.9)。

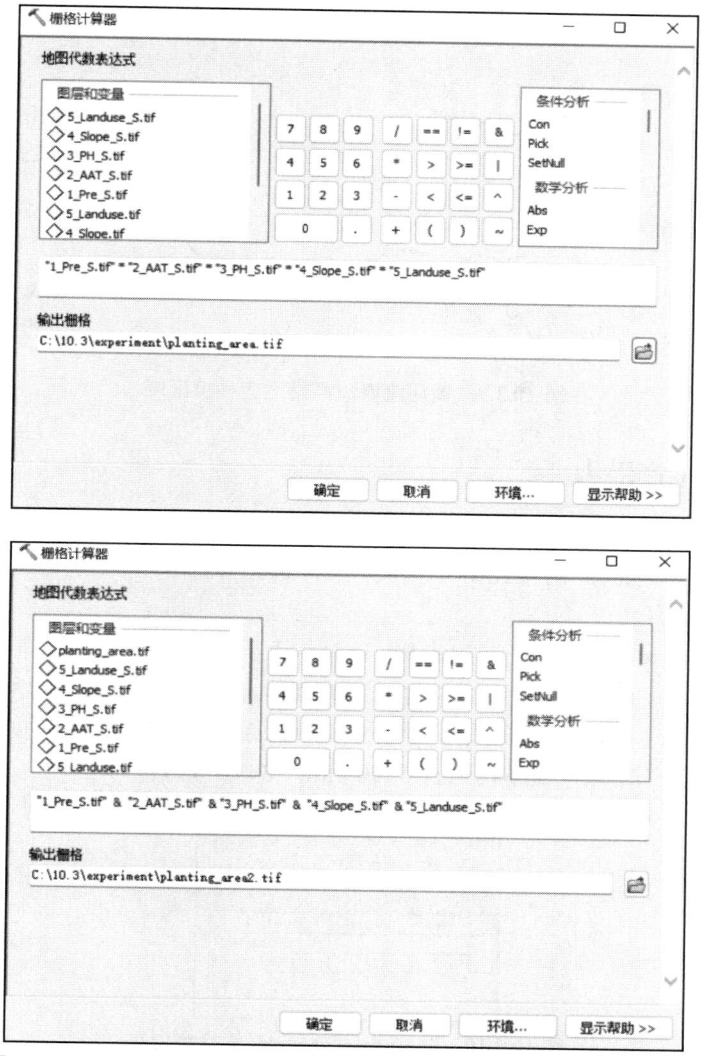

图 **10.3.8** "栅格计算器"对话框(甜高粱适宜种植区域两种计算方法)

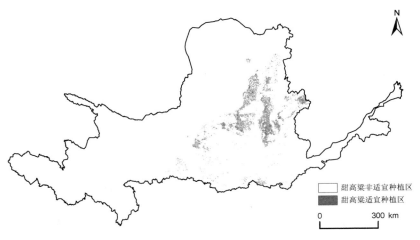

图 10.3.9　黄河流域甜高粱适宜种植区域

（二）计算乙醇生产潜力

【步骤 7】计算甜高粱乙醇产量潜力

参考现有研究结论，甜高粱乙醇产量约为 3.9 t/hm²（即 390 t/km²），以此计算研究区内甜高粱乙醇产量潜力。

在"planting_area.tif"上单击鼠标右键，选择【打开属性表】（图 10.3.10），"Count"字段代表甜高粱种植适宜种植区域像元数，可见甜高粱种植区域的像元个数为 20 692。由于像元大小为 1 000 m × 1 000 m，可知甜高粱种植区域的面积为 20 692 km²，据此可估算研究区内甜高粱乙醇的生产潜力为 20 692 km² × 390 t/km²=8 069 880 t。

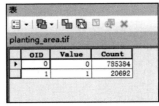

图 10.3.10　"planting_area.tif"属性表信息

第十一章　环境经济与管理实验

11.1　环境管理数据库构建

> 夫运筹策帷帐之中,决胜於千里之外。　　——司马迁《史记·高祖本纪》

【实验目的】

掌握多源数据导入地理数据库以期实现生态环境大数据管理的目的。

【实验意义】

环境管理数据库是指利用计算机信息处理技术,有组织地动态存储大量环境数据的集合系统。环境管理数据库会涉及多种途径来源的数据并且以不同格式进行存储。本实验列举三种不同格式的数据——TXT、NetCDF、HDF,展示自文件下载到建立数据库的操作过程。

【知识点】

1. 了解环境管理数据库建设意义和过程;

2. 掌握应用 ArcGIS 软件地理数据库等操作;

3. 熟练掌握应用 ArcGIS 软件进行数据属性表、投影变换等操作;

4. 理解应用 ArcGIS 软件处理 TXT、NetCDF、HDF 格式数据的方法;

5. 熟悉 ArcGIS 软件和 Excel 软件互动操作方法。

【实验数据】

1. 将京津冀气象站点矢量数据命名为"stationsJJJ.shp"。

2. 将 2018 年 4 月京津冀逐日蒸发量(EVP)的 TXT 文本格式数据命名为"SURF_CLI_CHN_MUL_DAY-EVP-13240-201804.txt"。

3. 将 2018 年中国逐月降水量 NetCDF 格式数据命名为"pre_2018.nc",空间分辨率为1000 m。数据来源为国家青藏高原科学数据中心(http://data.tpdc.ac.cn)提供的中国 1 km分辨率逐月降水量数据集(1901—2020)。

4. 2018 年 4 月涵盖天津市的地表温度(LST)HDF 格式数据,共 4 景,空间分辨率为1000 m。数据来源为美国国家航空航天局(National Aeronautics and Space Administration, NASA)提供的 Aqua MODIS 8 天 3 级(L3)LST 全球产品(MYD11A2)(https://ladsweb. modaps.eosdis.nasa.gov/search/)。

5. 将天津市地图矢量数据命名为"TJWGS84.shp"。

【实验软件】

ArcGIS 10.8、Excel 2016。

【思维导图】

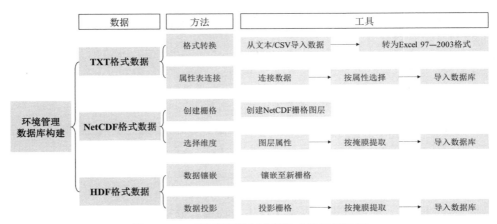

图 11.1.1　环境管理数据库制作实验思维导图

【实验步骤】

（一）基于 TXT 格式文件

【步骤 1】导入 Excel 并转换为".xls"格式

与蒸发相关的原始数据"SURF_CLI_CHN_MUL_DAY-EVP-13 240-201 804.txt"为 TXT 格式,可在记事本软件中查看（图 11.1.2）,具体数据内容见表格 11.1.1。

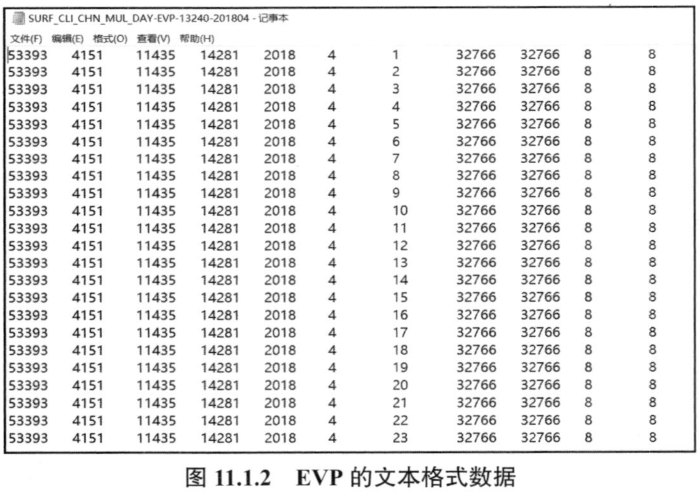

图 11.1.2　EVP 的文本格式数据

表 11.1.1　EVP 数据内容

序号	中文名	数据类型	单位
1	区站号	Number（5）	
2	纬度	Number（5）	（度、分）
3	经度	Number（6）	（度、分）
4	观测场拔海高度	Number（7）	0.1　米

续表

序号	中文名	数据类型	单位
5	年	Number（5）	年
6	月	Number（3）	月
7	日	Number（3）	日
8	小型蒸发量	Number（7）	0.1　mm
9	大型蒸发量	Number（7）	0.1　mm
10	小型蒸发量质量控制码	Number（2）	
11	大型蒸发量质量控制码	Number（2）	

新建并打开 Excel 表格,点击【数据】中的【从文本/CSV】(图 11.1.3),选择需要导入 Excel 的数据(图 11.1.4),页面会展示即将导入的数据,点击【加载】(图 11.1.5)。导入结果如图 11.1.6 所示。

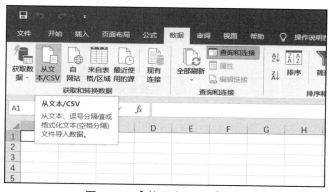

图 11.1.3　【从文本/CSV】选项

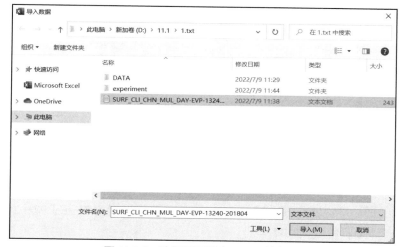

图 11.1.4　选择需要导入 Excel 的数据

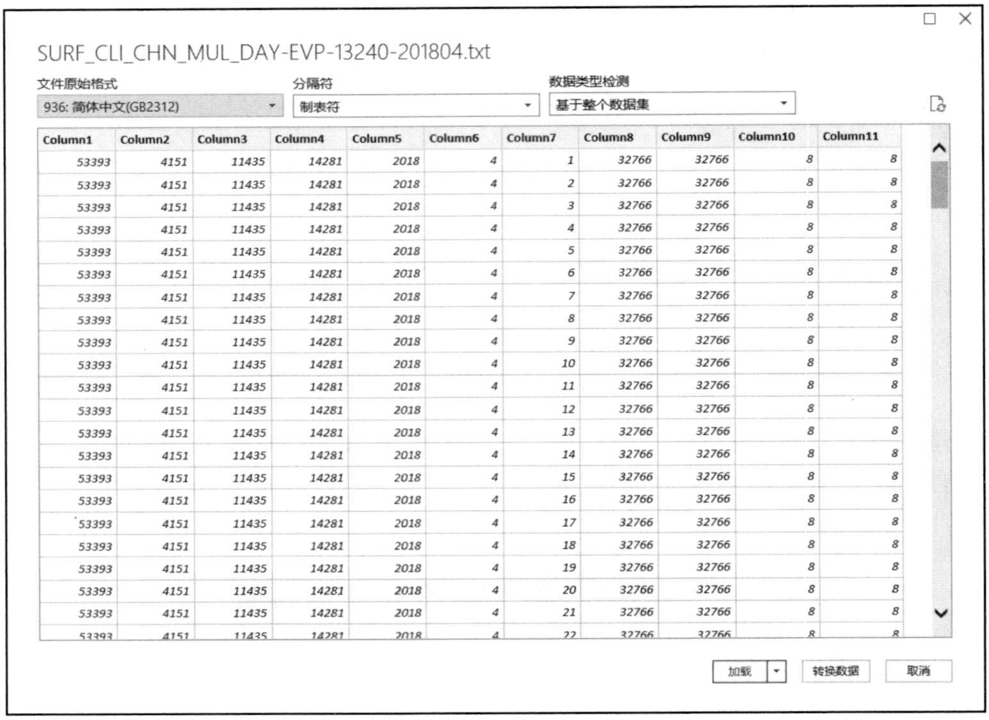

SURF_CLI_CHN_MUL_DAY-EVP-13240-201804.txt

文件原始格式：936: 简体中文(GB2312)　分隔符：制表符　数据类型检测：基于整个数据集

Column1	Column2	Column3	Column4	Column5	Column6	Column7	Column8	Column9	Column10	Column11
53393	4151	11435	14281	2018	4	1	32766	32766	8	8
53393	4151	11435	14281	2018	4	2	32766	32766	8	8
53393	4151	11435	14281	2018	4	3	32766	32766	8	8
53393	4151	11435	14281	2018	4	4	32766	32766	8	8
53393	4151	11435	14281	2018	4	5	32766	32766	8	8
53393	4151	11435	14281	2018	4	6	32766	32766	8	8
53393	4151	11435	14281	2018	4	7	32766	32766	8	8
53393	4151	11435	14281	2018	4	8	32766	32766	8	8
53393	4151	11435	14281	2018	4	9	32766	32766	8	8
53393	4151	11435	14281	2018	4	10	32766	32766	8	8
53393	4151	11435	14281	2018	4	11	32766	32766	8	8
53393	4151	11435	14281	2018	4	12	32766	32766	8	8
53393	4151	11435	14281	2018	4	13	32766	32766	8	8
53393	4151	11435	14281	2018	4	14	32766	32766	8	8
53393	4151	11435	14281	2018	4	15	32766	32766	8	8
53393	4151	11435	14281	2018	4	16	32766	32766	8	8
53393	4151	11435	14281	2018	4	17	32766	32766	8	8
53393	4151	11435	14281	2018	4	18	32766	32766	8	8
53393	4151	11435	14281	2018	4	19	32766	32766	8	8
53393	4151	11435	14281	2018	4	20	32766	32766	8	8
53393	4151	11435	14281	2018	4	21	32766	32766	8	8
53393	4151	11435	14281	2018	4	22	32766	32766	8	8

加载　转换数据　取消

图 11.1.5　数据展示

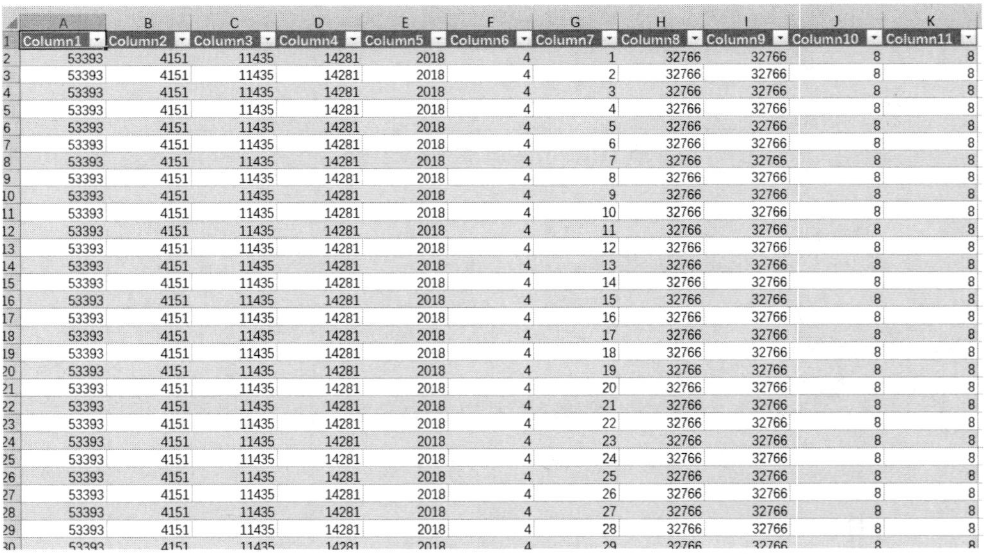

	A	B	C	D	E	F	G	H	I	J	K
1	Column1	Column2	Column3	Column4	Column5	Column6	Column7	Column8	Column9	Column10	Column11
2	53393	4151	11435	14281	2018	4	1	32766	32766	8	8
3	53393	4151	11435	14281	2018	4	2	32766	32766	8	8
4	53393	4151	11435	14281	2018	4	3	32766	32766	8	8
5	53393	4151	11435	14281	2018	4	4	32766	32766	8	8
6	53393	4151	11435	14281	2018	4	5	32766	32766	8	8
7	53393	4151	11435	14281	2018	4	6	32766	32766	8	8
8	53393	4151	11435	14281	2018	4	7	32766	32766	8	8
9	53393	4151	11435	14281	2018	4	8	32766	32766	8	8
10	53393	4151	11435	14281	2018	4	9	32766	32766	8	8
11	53393	4151	11435	14281	2018	4	10	32766	32766	8	8
12	53393	4151	11435	14281	2018	4	11	32766	32766	8	8
13	53393	4151	11435	14281	2018	4	12	32766	32766	8	8
14	53393	4151	11435	14281	2018	4	13	32766	32766	8	8
15	53393	4151	11435	14281	2018	4	14	32766	32766	8	8
16	53393	4151	11435	14281	2018	4	15	32766	32766	8	8
17	53393	4151	11435	14281	2018	4	16	32766	32766	8	8
18	53393	4151	11435	14281	2018	4	17	32766	32766	8	8
19	53393	4151	11435	14281	2018	4	18	32766	32766	8	8
20	53393	4151	11435	14281	2018	4	19	32766	32766	8	8
21	53393	4151	11435	14281	2018	4	20	32766	32766	8	8
22	53393	4151	11435	14281	2018	4	21	32766	32766	8	8
23	53393	4151	11435	14281	2018	4	22	32766	32766	8	8
24	53393	4151	11435	14281	2018	4	23	32766	32766	8	8
25	53393	4151	11435	14281	2018	4	24	32766	32766	8	8
26	53393	4151	11435	14281	2018	4	25	32766	32766	8	8
27	53393	4151	11435	14281	2018	4	26	32766	32766	8	8
28	53393	4151	11435	14281	2018	4	27	32766	32766	8	8
29	53393	4151	11435	14281	2018	4	28	32766	32766	8	8
30	53393	4151	11435	14281	2018	4	29	32766	32766	8	8

图 11.1.6　导入结果

点击文件,进入开始界面,选择【另存为】,保存类型设置为“Excel 97—2003 工作簿”,即将数据转换为“.xls”格式(图 11.1.7)。

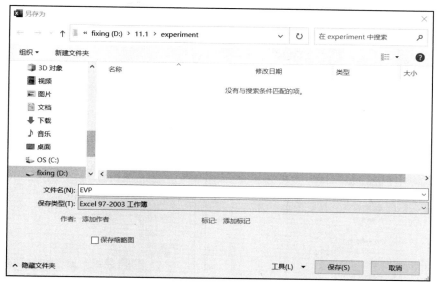

图 11.1.7　【保存类型】设置

【步骤 2 】Excel 数据与属性表连接

打开 ArcGIS 软件,添加数据"stationsJJJ.shp"。

【步骤 1 】中输出的"EVP.xls"包含 2018 年 4 月 1 日至 4 月 30 日与区站号相对应的蒸发量数据,其中的"Column1"代表区站号,与站点数据"stationsJJJ.shp"属性表中的"stationid *" 一一对应。据此,可进行连接。

在"EVP.xls"中筛选出 4 月 1 日的所有数据,命名为"4.1"。右键点击站点数据"station-sJJJ.shp",选择【连接和关联】—【连接】(图 11.1.8)。

打开"连接数据"对话框,【要将哪些内容连接到该图层】选择"某一表的属性",【该图层中将基于的字段】选择"stationid",【连接到此图层的表】选择"4#1$",【选择此表中要作为连接基础的字段】为"Column1",点击【确定】(图 11.1.9)。打开属性表,检查是否完成数据连接。

【步骤 3 】基于属性表筛选天津市气象站点数据

此时的数据仍是京津冀气象站点的矢量数据,若想要特定范围内的数据,则可运用【按属性选择】进行筛选。

右键点击"stationsJJJ"图层,选择【打开属性表】,在表选项中选择【按属性选择】(图 11.1.10)。

在对话框中通过双击相应字段及获取唯一值输入:"stationsJJJ.sheng" = "天津",应用,即可筛选出天津市范围内的气象站点及数据(图 11.1.11)。在将数据选中的情况下,导出数据,命名为"TJ20180401EVP",即为天津市 2018 年 4 月 1 日各气象站点的蒸发量相关数据集(图 11.1.12)。

图 11.1.8 【连接】选项

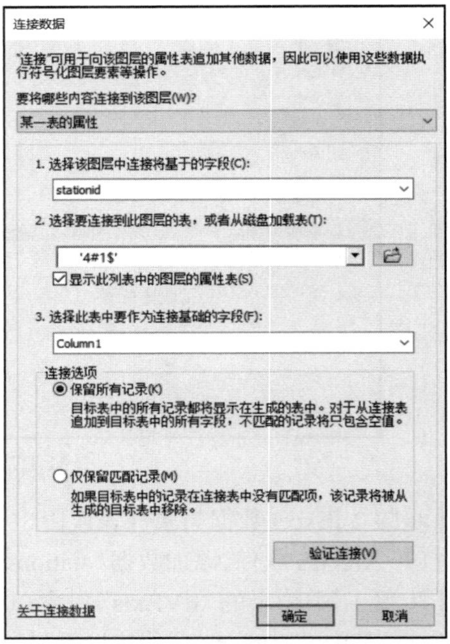

图 11.1.9 【连接数据】工具对话框

图 11.1.10 【按属性选择】选项

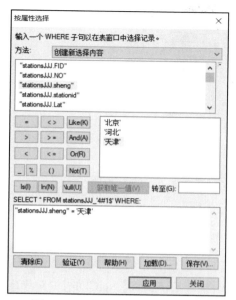

图 11.1.11 "按属性选择"对话框

图 11.1.12 【导出数据】选项

（二）基于 NetCDF 格式文件

【步骤 1】创建 NetCDF 栅格图层

打开【多维工具】—【创建 NetCDF 栅格图层】（Make NetCDF Raster Layer）。【输入 netCDF 文件】选择"pre_2018.nc"，【变量】为"pre"，【X 维度】为"lon"，【Y 维度】为"lat"，其他默认（图 11.1.13）；点击【确定】即可将下载的数据加载入 ArcGIS 软件（图 11.1.14）。

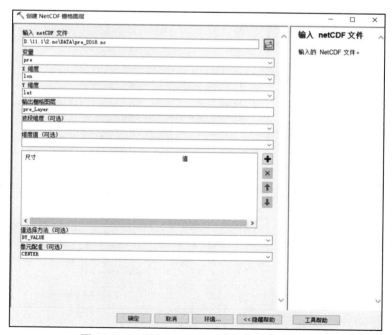

图 11.1.13 "创建 NetCDF 栅格图层"对话框

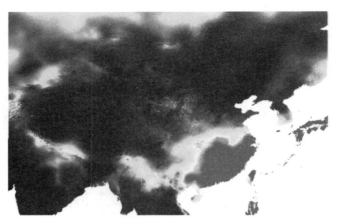

图 11.1.14 "创建 NetCDF 栅格图层"结果

【步骤 2】根据波段维度选择图层

右键点击【步骤 1】生成的栅格图层,选择【属性】(图 11.1.15),在【NetCDF】中对维度值进行选择(图 11.1.16)。该数据存储 2018 年 12 个月的逐月降水量,分别对应 12 个数字。选择"4"后点击【确定】,展现的就是 2018 年 4 月降水量,并将数据导出,命名为"201804pre"。结果如图 11.1.17 所示。

图 11.1.15 【属性】选项

图 11.1.16 【图层属性】—【NetCDF】

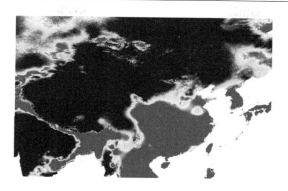

图 11.1.17　根据波段维度选择图层结果

【步骤 3】输出特定区域

打开【空间分析工具】—【提取分析】—【按掩膜提取】(Extract by Mask)工具。【输入栅格】选择"201804pre.tif",【输入栅格数据或要素掩膜数据】选择"TJWGS84.shp",即用天津市的矢量图层对降水量栅格图层进行掩膜(图 11.1.18),掩膜后的结果如图 11.1.19 所示。

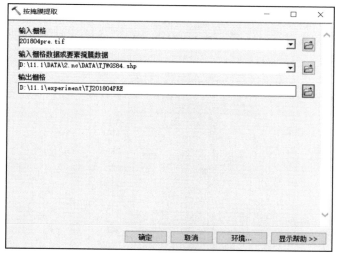

图 11.1.18　"按掩膜提取"对话框

图 11.1.19　"按掩膜提取"结果

(三)基于 HDF 格式文件

【步骤 1】数据镶嵌

在 ArcGIS 软件中添加包含天津市的 4 景 MODIS 数据产品(图 11.1.20),结果如图 11.1.25 所示。

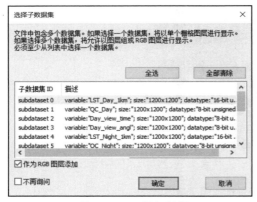

图 11.1.20　添加数据　　　　　　　　图 11.1.21　添加数据结果

　　打开【数据管理工具】—【栅格】—【栅格数据集】—【镶嵌至新栅格】(Mosaic To New Raster)工具。【输入栅格】栏依次选择 4 景数据,【具有扩展名的栅格数据集名称】为 "Mosaic",【波段数】为 1(图 11.1.21)。

　　【步骤 2】数据投影

　　打开【数据管理工具】—【投影和变换】—【栅格】—【投影栅格】(Project Raster)工具。【输入栅格】选择 "Mosaic",【输出坐标系】选择 "GCS_WGS_1984",【输出栅格数据集】命名为 "ProjectRaster"(图 11.1.23)。

图 11.1.22　"镶嵌至新栅格"对话框

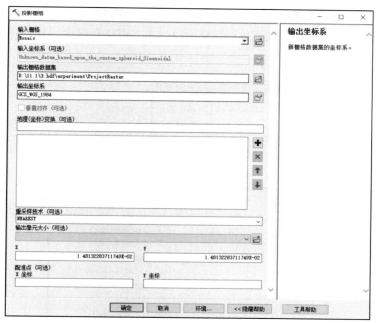

图 11.1.23　"投影栅格"对话框

【步骤3】按掩膜提取

打开【空间分析工具】—【提取分析】—【按掩膜提取】(Extract by Mask)工具。【输入栅格】选择"ProjectRaster",【输入栅格数据或要素掩膜数据】选择"TJWGS84.shp",【输出栅格】命名为"TJ2018LST"（图11.1.24）。掩膜结果如图11.1.25所示。

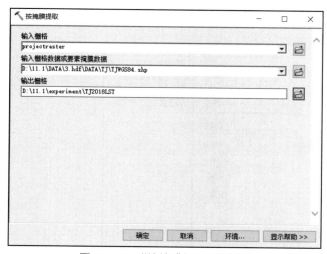

图 11.1.24　"按掩膜提取"对话框

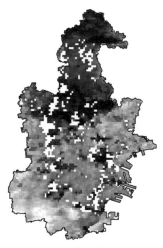

图 11.1.25　按掩膜提取结果

（四）建立地理数据库

【步骤1】建立地理数据库

在目录中合适的位置右键点击,选择【新建】—【文件地理数据库】。将新建立的地理数据库命名为"Environmental management database.gdb"（图 11.1.26）。右键点击数据库，导入要素类，可将生成的矢量数据导入数据库（图 11.1.27）；导入栅格数据集，可将栅格数据导入数据库（图 11.1.28）。

图 11.1.26　新建文件地理数据库

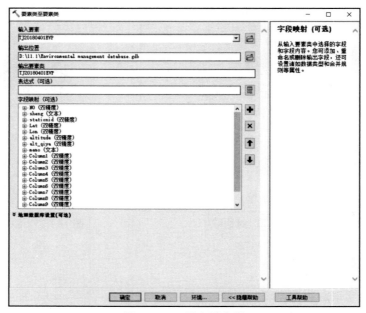

图 11.1.27　导入要素类

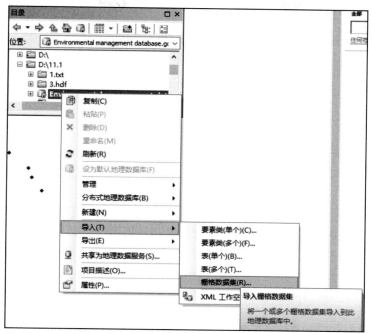

图 11.1.28　导入栅格数据集

在"Environmental management database.gdb"中导入处理后的三种数据,本实验环境管理数据库构建完成(图 11.1.29)。

图 11.1.29　环境管理数据库

11.2　基于投入产出分析的京津冀城市群 NO_x 隐含转移计算

> 东市买骏马，西市买鞍鞯，南市买辔头，北市买长鞭。　　——《木兰辞》

【实验目的】

通过搭建投入产出模型，计算京津冀城市群城市间及其与中国其他省市 NO_x 隐含转移流，并绘制城市 - 产业 NO_x 隐含转移网络。

【实验意义】

中国大气污染呈现多类污染源、多种污染物叠加污染、复合污染等显著特征，治理难度大。当前，大气污染物 SO_2、NO_x 和烟粉尘等末端处理技术已相对成熟。之前研究大多集中在污染物本身，更关注于工程技术减排，而较少考虑隐藏在背后的经济社会原因。但目前，我国大气污染治理已经不能只靠技术和工程投资解决，亟需通过联防联控政策形成防污治污合力，以稳定实现大气环境质量改善目标。虽然政府把联防联控作为大气污染防治的关键，强调区域及污染物协同治理和协同减排。但是，社会经济系统错综复杂，各行业、区域间均可能存在直接或间接的经济贸易联系，只有考虑复杂的社会经济系统，才能保障大气污染防治的长久性和科学性。

投入产出分析是由美国经济学家、诺贝尔经济学奖获得者瓦西里·列昂惕夫在 20 世纪 30 年代首次提出的一种分析方法。投入产出表揭示了所有行业消费与产品供应之间的内在联系，为分析行业排放之间的关联提供了有效工具。投入产出技术能够有助于跟踪分析大气污染物直接和间接排放情况，了解大气污染物排放在区域间和行业间的转移路径，并确定消费端排放的主要城市和关键行业，有助于建立更加完善的空气污染责任分担机制。

【知识点】

1. 了解投入产出分析原理和方法；

2. 理解应用 Excel 和 MATLAB 软件处理投入产出表等操作；

3. 熟练掌握应用 ArcGIS 软件进行数据属性表等操作；

4. 掌握应用 ArcGIS 软件进行专题图绘制等操作；

5. 理解应用 ArcGIS 软件巧妙运用点转线功能绘制转移流的方法；

6. 熟悉 ArcGIS 软件和 Excel 软件互动操作方法。

【实验数据】

1. 将京津冀城市群多区域投入产出表命名为 2012 年京津冀城市群多区域投入产出表.xlsx。它是基于自下而上的局部调查法来编制的多区域投入产出（MRIO）表，应用引力模型估计城市间的贸易流量，用来研究城市间和行业间的联系，包含农业、煤矿、建筑业、服务业等 30 个行业，京津冀城市群 13 个地市及其他省市共 40 个地区。数据来自 CEAD（China Emission Accounts and Datasets）数据库（https：//www.ceads.net.cn/data/input_output_tables？#927）。

2. 将 NO_x 排放清单数据命名为 NO_x 排放清单数据.xlsx。数据来自 "Critical supply chains of NO_x emissions in the Beijing-Tianjin-Hebei urban agglomeration" 研究，与城市级的

MRIO 表相匹配,其中包含京津冀城市群 13 个地市及其他省市共 40 个地区中 26 个行业的 NO_x 排放数据。数据来自前述研究的补充材料 "Appendix A. Supplementary data" 中 Table S5(https://doi.org/10.101 6/j.jclepro.202 2.132 379)。

3. 将京津冀城市群矢量数据命名为 jingjinji.shp。

4. 将中国省级行政边界矢量数据命名为 Provinces.shp、十段线.shp(标准地图请于国家测绘地理信息标准地图服务网站下载)。

【实验软件】

ArcGIS 10.8、Excel 2016、MATLAB R2018。

【思维导图】

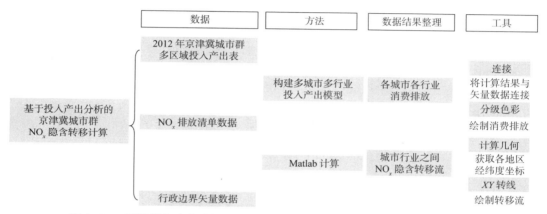

图 11.2.1 基于投入产出分析的京津冀城市群 NO_x 隐含转移计算实验思维导图

【实验步骤】

(一)行业合并与数据整理

【步骤 1】行业合并

"2012 年京津冀城市群多区域投入产出表.xlsx" 包含 30 个行业,"NO_x 排放清单数据.xlsx" 包含 26 个行业,将 "2012 年京津冀城市群多区域投入产出表.xlsx" 中行业 26~30 合并以更新行业 26,并将之命名为 "Service",即服务业。将行业合并后的表格命名为 "2012 年京津冀城市群多区域投入产出表合并行业.xlsx"。

【步骤 2】数据整理

将数据整理为 "DATA.xlsx"。其中,Sheet1 为 "2012 年京津冀城市群多区域投入产出表合并行业" 中的 "E9: AND1048",为中间投入矩阵;Sheet2 为 "2012 年京津冀城市群多区域投入产出表合并行业" 中的 "AUW9: AUW1048",为最终使用矩阵;Sheet3 为 "2012 年京津冀城市群多区域投入产出表合并行业" 中的 "AUZ9: AUZ1048",为总产出矩阵;Sheet4 为 "NO_x 排放清单数据" 删去第一列的行业号。

(二)投入产出计算和结果整理

【步骤 1】使用 MATLAB 进行投入产出计算

打开 MATLAB 软件,找到 "DATA.xlsx" 所在的位置,并替换以下代码中的文件位置绝对路径,将以下代码输入运算。

```
clear;
Z=xlsread('D:\11.2\DATA\DATA.xlsx','Sheet1')
Y=xlsread('D:\11.2\DATA\DATA.xlsx','Sheet2')
Output=xlsread('D:\11.2\DATA\DATA.xlsx','Sheet3')
E=xlsread('D:\11.2\DATA\DATA.xlsx','Sheet4')


O=eye(1040)
B1=1./Output               % 矩阵中每一个元素的倒数
B1(B1==inf)=0              % 分母为 0 的改为 0
B2=diag(B1)
A= Z*B2                    % 每行除以总产出
I=O-A
P=inv(I)


EP=E (:)                   % 按列堆叠, 将排放变为一列


% 计算排放强度
C=EP./Output              % 点除, 对应元素相除
C(C==inf)=0
C(isnan(C))=0
CF=diag(C)


EC=CF*P* Y                % 最终消费核算


FLOW=CF*P*diag(Y)         % 转移流计算


xlswrite('D:\11.2\experiment\ 消费排放.xlsx',EC)          % 输出结果
xlswrite('D:\11.2\experiment\ 转移流.xlsx',FLOW)
```

【步骤 2】整理输出结果

对照 "2012 年京津冀城市群多区域投入产出表合并行业.xlsx" 中的行政区和行业,为输出结果加上行政区名和行业号,如图 11.2.2 所示。

各行政区中的 26 个行业依次为: 1. Agriculture; 2. Coal mining; 3. Petroleum and gas; 4. Metal mining; 5. Nonmetal mining; 6. Food processing and tobaccos; 7. Textile; 8. Clothing, leather, fur, etc.; 9. Wood processing and furnishing; 10. Paper making, printing, stationery, etc.; 11. Petroleum refining, coking, etc.; 12. Chemical industry; 13. Nonmetal products; 14. Metallurgy; 15. Metal products; 16. General and specialist machinery; 17. Transport equipment;

18. Electrical equipment；19. Electronic equipment；20. Instrument and meter；21. Other manufacturing；22. Electricity and hot water production and supply；23. Gas and water production and supply；24. Construction；25. Transport and storage；26. Service。

行政区依次为：Beijing；Tianjin；Shijiazhuang；Tangshan；Qinhuangdao；Handan；Xingtai；Baoding；Zhangjiakou；Chengde；Cangzhou；Langfang；Hengshui；Shanxi；Inner Mongolia；Liaoning；Jilin；Heilongjiang；Shanghai；Jiangsu；Zhejiang；Anhui；Fujian；Jiangxi；Shandong；Henan；Hubei；Hunan；Guangdong；Guangxi；Hainan；Chongqing；Sichuan；Guizhou；Yunnan；Shaanxi；Gansu；Qinghai；Ningxia；Xinjiang。

	A	B	C	D	E
1	城市序列	城市	行业	行业序列	消费排放
2	1	Beijing	Agriculture	1	7191.311321
3			Coal mining	2	71.77156199
4			Petroleum and gas	3	76.92908044
5			Metal mining	4	50.11572635
6			Nonmetal mining	5	55.69987089
7			Food processing and tobaccos	6	1341.68463
8			Textile	7	56.68765827
9			Clothing, leather, fur, etc.	8	65.64188392
10			Wood processing and furnishing	9	7.726797506
11			Paper making, printing, stationery, etc.	10	168.4988569
12			Petroleum refining, coking, etc.	11	9096.206559
13			Chemical industry	12	2539.047712
14			Nonmetal products	13	15199.37109
15			Metallurgy	14	299.9482968
16			Metal products	15	220.3890404
17			General and specialist machinery	16	131.2304178
18			Transport equipment	17	968.8546278
19			Electrical equipment	18	28.02882842
20			Electronic equipment	19	90.89021134
21			Instrument and meter	20	4.86303018
22			Other manufacturing	21	10.84149317
23			Electricity and hot water production and supply	22	64997.14956
24			Gas and water production and supply	23	210.3636524
25			Construction	24	6791.008133
26			Transport and storage	25	107418.8196
27			Service	26	0
28	2	Tianjin	Agriculture	1	7401.579013
29			Coal mining	2	0
30			Petroleum and gas	3	1855.167382
31			Metal mining	4	0
32			Nonmetal mining	5	574.5348925
33			Food processing and tobaccos	6	3009.63193
34			Textile	7	366.0685253
35			Clothing, leather, fur, etc.	8	111.9823745
36			Wood processing and furnishing	9	227.3319932
37			Paper making, printing, stationery, etc.	10	4275.340218

	A	B	C	D	E	F	G	H	I	J	K	L
1					1							
2					Beijing							
3			Unit: 10,000 RMB	Code	Agriculture	Coal mining	Petroleum a	Metal minin	Nonmetal n	Food proce	Textile	Clothing, le
4			Sector	-	1	2	3	4	5	6	7	8
5	1	Beijing	Agriculture	1	3504.889	0.113504	0.000221	0.007414	0.396744	496.4143	5.916206	7.4313
6			Coal mining	2	0.030769	1.617375	7.73E-07	0.000407	0.003053	0.064996	0.00236	0.018271
7			Petroleum and gas	3	0.010313	0.001616	0.467869	0.000129	0.006641	0.033798	0.001275	0.00954
8			Metal mining	4	0.001094	0.000623	1.06E-07	0.304455	0.000648	0.006483	0.000195	0.001522
9			Nonmetal mining	5	0.004182	0.003156	1.54E-06	0.001024	9.288018	0.067516	0.000519	0.003679
10			Food processing and tobaccos	6	7.93314	0.018261	3.89E-05	0.00111	0.050403	802.612	0.04082	0.286249
11			Textile	7	0.01239	0.007888	1.75E-06	0.000104	0.010189	0.109916	16.44846	6.02028
12			Clothing, leather, fur, etc.	8	0.004991	0.002699	4.64E-06	0.000104	0.005196	0.064436	0.001926	45.55949
13			Wood processing and furnishing	9	0.013296	0.00022	6.14E-07	9.78E-06	0.000521	0.015332	0.001313	0.007883
14			Paper making, printing, stationery, etc.	10	0.088524	0.004225	1.44E-05	0.000308	0.016789	1.50684	0.006231	0.156448
15			Petroleum refining, coking, etc.	11	7.576863	1.192067	0.000691	0.06526	5.127618	12.0075	0.308149	2.756649
16			Chemical industry	12	4.807561	0.099831	7.71E-05	0.006477	1.215149	16.10907	0.754197	1.861355
17			Nonmetal products	13	3.07598	0.240609	0.001	0.035823	3.226311	136.2985	0.143601	2.441888
18			Metallurgy	14	0.029435	0.006066	4.62E-06	0.000956	0.025652	0.161163	0.00165	0.019911
19			Metal products	15	0.377144	0.015185	1.86E-05	0.00123	0.107637	2.944852	0.008299	0.143424
20			General and specialist machinery	16	0.105343	0.004201	8.78E-06	0.001119	0.273658	0.160595	0.002944	0.043788
21			Transport equipment	17	0.159264	0.016154	5.02E-06	0.000577	0.053105	0.146667	0.003193	0.033416
22			Electrical equipment	18	0.004602	0.0005	1.31E-06	8.82E-05	0.005391	0.01874	0.000433	0.00561
23			Electronic equipment	19	0.013157	0.000992	3.3E-06	9.9E-05	0.008364	0.052096	0.000938	0.015125
24			Instrument and meter	20	0.001932	0.000119	6.6E-07	1.51E-05	0.005183	0.007844	0.000112	0.001849
25			Other manufacturing	21	0.012082	0.001024	4.3E-06	0.000236	0.008952	0.064745	0.003113	0.041376
26			Electricity and hot water production and supply	22	123.4889	3.387388	0.012098	1.440995	11.08126	260.9674	9.784718	57.66703
27			Gas and water production and supply	23	0.401413	0.011084	4.04E-05	0.003951	0.050073	1.721009	0.054942	0.276377
28			Construction	24	0.433325	0.024905	0.000684	0.007661	0.107974	2.746421	0.033622	0.627786
29			Transport and storage	25	144.6231	27.55466	0.008916	0.775644	24.11525	671.1698	12.10714	101.2382
30			Service	26	0	0	0	0	0	0	0	0
31	2	Tianjin	Agriculture	1	2.27094	0.21598	0.000302	0.011867	0.838108	77.69293	0.085913	1.134007
32			Coal mining	2	0	0	0	0	0	0	0	0
33			Petroleum and gas	3	0.191723	0.465644	3.75E-05	0.006013	0.410349	1.322131	0.021465	0.204531
34			Metal mining	4	0	0	0	0	0	0	0	0
35			Nonmetal mining	5	0.02634	0.067785	8.48E-06	0.003657	1.024995	0.363242	0.002342	0.023002
36			Food processing and tobaccos	6	1.783759	0.085157	0.000215	0.006864	0.331795	64.57909	0.059239	0.653752
37			Textile	7	0.017962	0.02238	8.03E-06	0.000506	0.052879	0.161398	0.010005	0.550015

	C	M	N	O	P	Q	R	S	T	U	V
1											
2											
3	Unit: 10,000 RMB	Wood proce	Paper maki	Petroleum r	Chemical in	Nonmetal p	Metallurgy	Metal produ	General and	Transport e	Electrical e
4	Sector	9	10	11	12	13	14	15	16	17	18
5	Agriculture	2.099781	0.905556	0.346504	23.07028	0.384233	0.111101	1.221713	7.365322	21.80675	3.591805
6	Coal mining	0.004403	0.008707	0.007017	0.023406	0.015924	0.002218	0.023578	0.079147	0.153021	0.044873
7	Petroleum and gas	0.003583	0.006923	0.478153	0.020943	0.007176	0.001613	0.014575	0.080963	0.139823	0.036762
8	Metal mining	0.000873	0.002095	0.000609	0.011414	0.004674	0.003249	0.024412	0.053053	0.061987	0.044293
9	Nonmetal mining	0.005495	0.003921	0.001076	0.064044	0.328497	0.001879	0.042469	0.066896	0.153949	0.058741
10	Food processing and tobaccos	0.070282	0.085138	0.049825	0.748851	0.047206	0.011757	0.15031	1.136231	2.770058	0.552735
11	Textile	0.073566	0.064319	0.01208	0.031654	0.015246	0.000825	0.015181	0.113658	0.715649	0.041329
12	Clothing, leather, fur, etc.	0.026549	0.00947	0.003059	0.018745	0.005548	0.000654	0.011722	0.091036	0.809188	0.026961
13	Wood processing and furnishing	3.03209	0.012853	0.00107	0.003469	0.001541	0.000185	0.005069	0.034946	0.485646	0.020057
14	Paper making, printing, stationery, etc.	0.062568	26.54469	0.018152	0.193876	0.019259	0.002879	0.061536	0.5277	1.432032	0.222822
15	Petroleum refining, coking, etc.	1.162224	2.351253	1115.942	7.442808	3.694244	0.414782	4.966953	23.25887	45.69015	9.034206
16	Chemical industry	1.168477	2.500205	1.026007	256.434	1.096149	0.355599	2.246117	12.36918	66.96448	8.307792
17	Nonmetal products	10.76936	1.667044	0.563071	9.970181	1012.956	0.356152	33.09589	65.53546	203.7648	105.6106
18	Metallurgy	0.07007	0.22489	0.005392	0.054211	0.102952	9.198391	1.528631	3.741342	5.162464	2.017638
19	Metal products	0.219269	0.090132	0.038348	0.200342	0.160363	0.009255	61.21999	8.506589	13.45851	2.775666
20	General and specialist machinery	0.017181	0.018904	0.009795	0.0482	0.028599	0.003402	0.07026	86.2597	4.825311	1.666653
21	Transport equipment	0.010773	0.01311	0.014253	0.031068	0.019754	0.006285	0.068942	1.071368	764.0927	0.1351
22	Electrical equipment	0.002285	0.002286	0.00129	0.00477	0.002022	0.000432	0.01057	0.521184	0.870631	15.15101
23	Electronic equipment	0.004874	0.00408	0.00335	0.01195	0.003236	0.000721	0.013902	0.667949	0.987136	0.509699
24	Instrument and meter	0.00051	0.000571	0.000709	0.001899	0.000617	0.000116	0.002823	0.090176	0.484261	0.022403
25	Other manufacturing	0.00517	0.010879	0.005395	0.018501	0.016688	0.001885	0.018999	0.148209	0.192382	0.051658
26	Electricity and hot water production and supply	27.48277	35.99652	27.85888	94.2055	31.12874	6.456001	94.51862	332.8549	653.5517	153.6766
27	Gas and water production and supply	0.111135	0.182258	0.15848	0.409648	0.205763	0.082345	0.420493	1.48749	4.164483	0.612803
28	Construction	0.499813	0.249563	0.138781	0.536744	0.815141	0.022432	4.260506	5.210602	7.742315	3.054254
29	Transport and storage	48.40795	39.97449	83.07621	109.8841	44.85188	6.602874	95.48373	633.4826	1310.473	304.0126
30	Service	0	0	0	0	0	0	0	0	0	0
31	Agriculture	0.338962	0.876069	0.339254	3.509997	0.290962	0.075373	2.40875	10.34434	34.4523	3.988735
32	Coal mining	0	0	0	0	0	0	0	0	0	0
33	Petroleum and gas	0.080999	0.240618	0.338612	0.439776	0.126542	0.038343	1.066305	2.968675	10.5286	1.195205
34	Metal mining	0	0	0	0	0	0	0	0	0	0
35	Nonmetal mining	0.014934	0.03056	0.008162	0.086893	0.132649	0.006868	0.235238	0.375523	1.455433	0.204864
36	Food processing and tobaccos	0.221533	0.43366	0.231837	2.527542	0.181513	0.038027	1.149326	5.788586	11.60002	2.212469
37	Textile	0.01793	0.107396	0.008297	0.035146	0.010876	0.002173	0.087307	0.316661	2.985984	0.095109

图 11.2.2　整理“消费排放”和“转移流”输出数据

（三）绘制城市间转移流

【步骤 1】筛选数据

本实验将以农业（Agriculture）、电力和热水生产与供应业（Electricity and hot water production and supply）为例绘制京津冀城市间转移流。首先，筛选出“消费排放.xlsx”中的京津冀城市群 13 个地市中农业的 NO_x 消费排放，另存为“京津冀农业消费排放.xls”（图 11.2.3）。

	A	B	C	D	E
1	市代码	城市	行业	行业序列	消费排放
2	110000	北京市	Agriculture	1	7191.311321
3	120000	天津市	Agriculture	1	7401.579013
4	130100	石家庄市	Agriculture	1	6891.574786
5	130200	唐山市	Agriculture	1	7751.441489
6	130300	秦皇岛市	Agriculture	1	2855.389045
7	130400	邯郸市	Agriculture	1	9621.033029
8	130500	邢台市	Agriculture	1	2668.503698
9	130600	保定市	Agriculture	1	5631.68378
10	130700	张家口市	Agriculture	1	7883.284597
11	130800	承德市	Agriculture	1	5105.784021
12	130900	沧州市	Agriculture	1	5891.876221
13	131000	廊坊市	Agriculture	1	718.3847658
14	131100	衡水市	Agriculture	1	987.4012438

图 11.2.3　京津冀城市群农业 NO_x 消费排放数据整理

【步骤 2】将京津冀城市群农业 NO_x 消费排放结果与矢量数据连接

添加图层"jingjinji.shp",右键点击【连接和关联】—【连接】。【选择该图层中连接将基于的字段】设置为"市代码";【选择要连接到此图层的表,或者从磁盘加载表】选择上步的"京津冀农业消费排放.xls"中"Sheet1";【选择此表中要作为连接基础的字段】为"市代码",点击【确定】(图 11.2.4)。

图 11.2.4　"连接数据"对话框

【步骤 3】绘制京津冀城市群农业 NO_x 消费排放底图

右键点击图层"jingjinji.shp",选择【符号系统】,选择【数量】—【分级色彩】。【值】设置为"消费排放",选择合适的色带,点击【确定】(图 11.2.5)。京津冀城市群农业 NO_x 消费排放空间分布如图 11.2.6 所示。

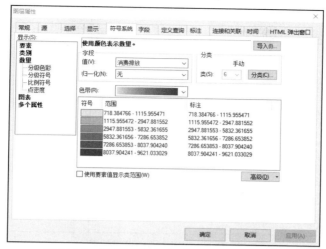

图 11.2.5 "图层属性"对话框(设置符号系统)

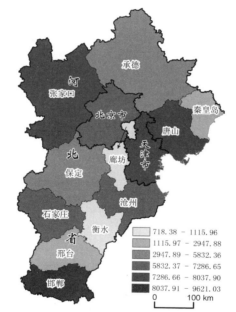

图 11.2.6 京津冀城市群农业 NO$_x$ 消费排放空间分布图

【步骤 4】获取各地区经纬度坐标

右键点击图层"jingjinji.shp",选择【打开属性表】。在显示的属性表中,点击左上角按钮,选择【添加字段】。在"添加字段"对话框中,新建字段名为"city_X",【类型】为"浮点型"(图 11.2.7);以同样方式添加字段名为"city_Y"。

选中字段"city_X",点击右键,选择【计算几何】(图 11.2.8)。

在"计算几何"对话框中,【属性】选择"质心的 X 坐标",【单位】选择"十进制度"。用同样方法获取地区的 Y 坐标(图 11.2.9)。

图 11.2.7 "添加字段"对话框

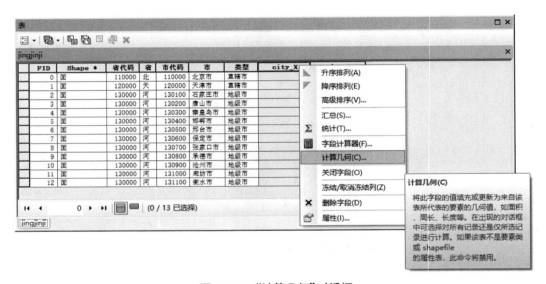

图 11.2.8 "计算几何"对话框

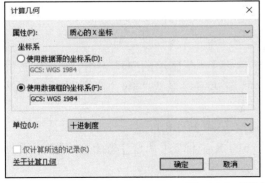

图 11.2.9 "计算几何"对话框

获得所有地区的经纬度坐标。点击属性表的左上角,选择【导出】,将属性表导出为 TXT 文件。

【步骤 5】整理数据

将导出的含有经纬度坐标信息的".txt"文件添加到 Excel 中,并筛选出"转移流.xlsx"里与京津冀城市群 13 个地市农业及电力和热水生产与供应业相关的 NO_x 转移流数据,与输出地及输入地的经纬度坐标相匹配,输出地经纬度分别为"cityA_X"和"cityA_Y",输入地经纬度分别为"cityB_X"和"cityB_Y";转移流数据为"inten"。

本实验将农业 NO_x 输出京津冀城市群的转移流放置于"Sheet1";将农业 NO_x 输入京津冀城市群的转移流放置于"Sheet2";将电力和热水生产与供应业 NO_x 输出京津冀城市群的转移流放置于"Sheet3";将电力和热水生产与供应业 NO_x 输入京津冀城市群的转移流放置于"Sheet4",最后命名为"mapping.xls"(图 11.2.10)。

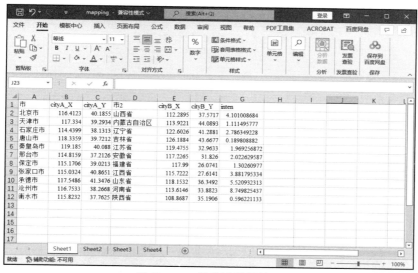

图 11.2.10 转移流数据整理

【步骤 6】绘制转移流

打开【数据管理工具】—【要素】—【XY 转线】(XY To Line)。【输入表】选择上步保存好的 mapping.xls 中的"Sheet1";【起点 X 字段】为线起点的 X 坐标,选择"cityA_X";【起点 Y 字段】为线起点的 Y 坐标,选择"cityA_Y";【终点 X 字段】为线终点的 X 坐标,选择"cityB_X";【终点 Y 字段】为线终点的 Y 坐标,选择"cityB_Y";ID 选择"inten"(图 11.2.11),得到农业 NO_x 输出京津冀城市群的转移流。依照同样的方法,分别得到农业 NO_x 输入京津冀城市群的转移流、电力和热水生产与供应业 NO_x 输出京津冀城市群的转移流、电力和热水生产与供应业 NO_x 输入京津冀城市群的转移流(图 11.2.12)。

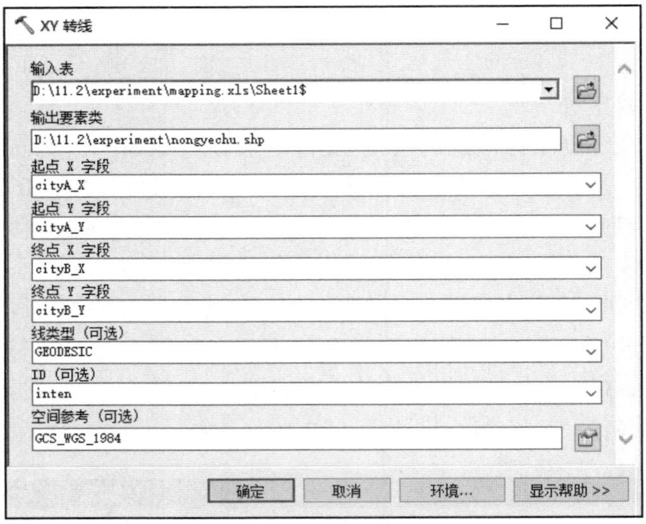

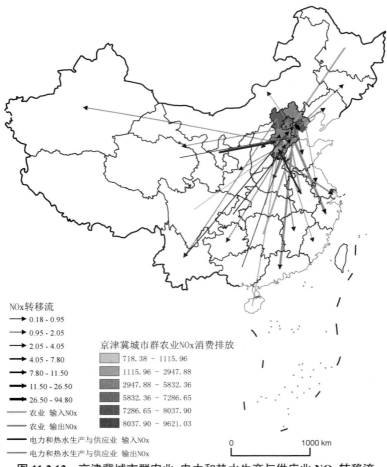

图 11.2.11　"XY 转线"对话框

图 11.2.12　京津冀城市群农业、电力和热水生产与供应业 NO$_x$ 转移流

11.3　环太湖地区生态系统服务价值核算

> 太湖烟波阔，洞庭渺难收。　　——湛若水《太湖二章·其二·西崦》

【实验目的】

基于生态服务价值系数当量表，利用 GIS 技术核算环太湖地区生态系统服务价值。

【实验意义】

"绿水青山就是金山银山。"建立生态产品价值实现机制，把看不见、摸不着的生态效益转化为经济效益、社会效益，既是践行绿水青山就是金山银山理念的重要举措，更是完善生态文明制度体系的有益探索。

生态系统服务，作为搭建人与自然的桥梁，是指人类直接或间接从生态系统中获得的惠益，其价值评估研究有利于深入了解生态系统功能状况和人地关系，越来越成为全球环境变化中关键而迫切的研究课题。随着城市化进程推进，区域自然生态系统和农业生态系统不断向城市生态系统转化，造成生态系统服务功能受损。生态系统服务价值评估是用货币的形式评估生态系统的能力，能直观反映出生态系统服务效益变化。生态系统服务价值评估可以提高人们的生物多样性保护意识和对"自然资源有价"的认识，进而重视生物多样性保护与可持续利用，促进将自然资源纳入国民经济核算体系，推动经济社会的可持续发展。

本实验揭示环太湖区域生态系统服务价值时空动态过程能定量描述该地区生态系统服务功能演化特征，对太湖地区生态保护和生态安全具有重要意义。

【知识点】

1. 了解生态系统服务价值核算原理和方法；

2. 掌握应用 ArcGIS 软件进行数据属性表等操作；

3. 熟悉 ArcGIS 软件和 Excel 软件互动操作方法。

【实验数据】

将 1980 年、2000 年和 2018 年土地利用矢量数据分别命名为 1980.shp、2000.shp 和 2018.shp，包括耕地、林地、草地、水域、建设用地、未利用地等 6 种生态系统类型；数据的空间分辨率均为 30 m，研究范围为环太湖岸线 5 km，如图 11.3.1 所示。

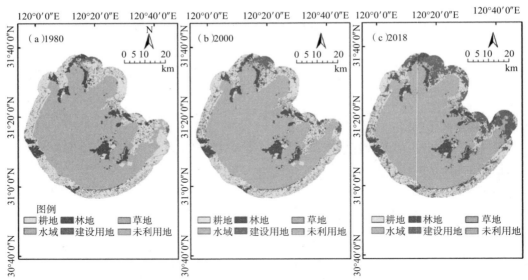

图 11.3.1　1980—2018 年环太湖地区生态系统类型空间分布图

【实验软件】

ArcGIS 10.8、Excel 2016。

【思维导图】

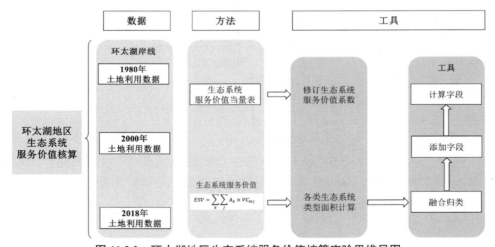

图 11.3.2　环太湖地区生态系统服务价值核算实验思维导图

【实验步骤】

(一)生态服务价值系数当量表

单位面积生态系统服务功能价值的基础当量是指不同类型生态系统单位面积上各类服务功能年均价值当量(以下简称基础当量)。基础当量体现了不同生态系统及其各类生态系统服务功能在全国范围内的年均价值量,也是合理构建表征生态系统服务价值区域空间差异和时间动态变化的动态当量表的前提和基础。

　　Costanza(科斯坦萨)等把全球土地利用分为 16 种类型,为每种服务功能赋予单位面积的价值,求和得出全球生态系统服务价值。谢高地根据中国实际生态系统服务状况,于 2003 年在 Costanza 等提出的生态系统服务价值化评估方法的基础上,得出中国生态系统服务评估单价体系。该体系将 Costanza 等分类的 17 种生态系统服务功能重新整合为 9 大类:气体调节、气候调节、水源涵养、土壤形成与保护、废物处理、生物多样性保护、食物生产、原材料、娱乐和文化。该生态系统服务价值量化方法将单位面积的农田食物生产服务的价值当量设为 1.0,得到其他土地类型与生态系统服务功能的对应价值当量。单位面积的农田食物生产服务的价值当量相当于 1 公顷全国年平均产量的农田自然粮食产量的经济价值,以此可将各土地类型与生态系统服务功能的价值当量转换成当年的生态系统服务单价。在 2003 年研究基础上,谢高地等于 2008 年发表修订后的单位面积生态系统服务价值当量表(表 11.3.1)。

表 11.3.1　生态系统服务价值当量表

一级类型	二级类型	森林	草地	农田	湿地	河流/湖泊	荒漠
供给服务	食物生产	0.33	0.43	1.00	0.36	0.53	0.02
	原材料生产	2.98	0.36	0.39	0.24	0.35	0.04
调节服务	气体调节	4.32	1.50	0.72	2.41	0.51	0.06
	气候调节	4.07	1.56	0.97	13.55	2.06	0.13
	水文调节	4.09	1.52	0.77	13.44	18.77	0.07
	废物处理	1.72	1.32	1.39	14.40	14.85	0.26
支持服务	保持土壤	4.02	2.24	1.47	1.99	0.41	0.17
	维持生物多样性	4.51	1.87	1.02	3.69	3.43	0.40
文化服务	提供美学景观	2.08	0.87	0.17	4.69	4.44	0.24
合计		28.12	11.67	7.90	54.77	45.35	1.39

　　生态系统在不同区域、同一年内不同时间段的内部结构与外部形态是不断变化的,因而其所具有的生态服务功能及其价值量也是不断变化的。本实验将谢高地建立的中国陆地生态系统单位面积生态服务价值当量表作为生态系统服务价值核算依据,根据实验区实际情况,将进一步修订生态系统服务价值系数。

(二)生态系统服务价值系数修订

　　通过实验区 2018 年统计年鉴相关数据汇总,得到实验区粮食产量为 6 883.00 kg/hm²,同期全国地均粮食产量为 5 621.17 kg/hm²,确定修订系数为 1.22。以此修正谢高地确定的中国 1 个生态系统服务价值当量经济价值 3 406.50 元/hm²,即得到该地区 1 个标准当量的生态系统服务价值为 4 171.18 元/hm²。为了更好地对比实验区生态系统服务价值变化,确定以 2018 年价格指数进行计算(公式(1)):

$$VC = E_1 \times VC_O \tag{11.3.1}$$

式中:VC 为生态系统服务价值系数[元/(hm²·a)];E_1 为生态系统服务价值当量;VC_O 为实

验区耕地生产服务经济价值 [元 /（ hm²·a ）]（ 表 11.3.2 ）。

表 11.3.2　环太湖地区单位面积生态系统服务价值系数表

生态系统服务功能	生态系统服务价值系数（元·hm⁻²·a⁻¹）					
	耕地	林地	草地	水域	建设用地	未利用地
食物生产	4 171.00	1 376.43	1 793.53	2 210.63	0	83.42
原材料生产	1 626.69	12 429.58	1 501.56	1 459.85	0	166.84
气体调节	3 003.12	18 018.72	6 256.50	2 127.21	0	250.26
气候调节	4 045.87	16 975.97	6 506.76	8 592.26	0	542.23
水文调节	3 211.67	17 059.39	6 339.92	78 289.67	−31 491.05	291.97
废物处理	5 797.69	7 174.12	5 505.72	61 939.35	−10 260.66	1 084.46
保持土壤	6 131.37	16 767.42	9 343.04	1 710.11	0	709.07
维持生物多样性	4 254.42	18 811.21	7 799.77	14 306.53	0	1 668.40
提供美学景观	709.07	8 675.68	3 628.77	18 519.24	0	1 001.04
总计	32 950.9	117 288.52	48 675.57	189 154.85	−41 751.71	5 797.69

（三）各类生态系统类型面积计算

【步骤 1】融合归类

运用【融合】工具将矢量数据 1980.shp 进行融合归类生成 re1980.shp。【数据管理工具】—【制图综合】—【融合】（ Dissolve ）；【融合字段】选择 "Class"（ 图 11.3.3 ）。对 2000. shp 和 2018.shp 的操作同上。

图 11.3.3　融合工具参数设置

【步骤 2】添加字段

添加双精度字段。右键点击 re1980.shp，选择【打开属性表】（ 图 11.3.4 ）。在属性表中【添加字段】（ Add Field ）（ 图 11.3.5 ），【名称】为 "面积"，【类型】为 "双精度"，点击【确定】（ 图 11.3.6 ）。

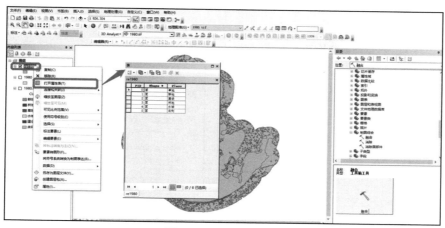

图 11.3.4 打开属性表

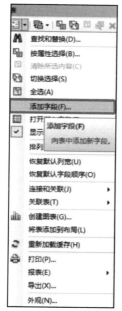

图 11.3.5 【添加字段】选项

图 11.3.6 "添加字段"对话框（添加属性表字段）

【步骤3】计算生态系统类型面积

选中【面积】字段—右键—【计算几何】（Calculate Geometry Attributes）（图 11.3.7）；【属性】选择"面积"，【单位】选择"公顷 [ha]"（图 11.3.8）。

图 11.3.7　计算字段

图 11.3.8　计算几何参数设置

相同地,依次计算 2000 年、2018 年各种生态系统类型面积,结果如表 11.3.3 所示。

表 11.3.3　1980—2018 年各种生态系统类型面积表

生态系统类型	1980		2000		2018	
	面积(hm²)	占比(%)	面积(hm²)	占比(%)	面积(hm²)	占比(%)
耕地	110 260.98	27.44	95 717.15	23.82	70 675.02	17.59
林地	27 585.66	6.86	26 178.00	6.51	26 444.63	6.58
草地	1 228.68	0.31	521.27	0.13	2 560.01	0.64
水域	248 394.62	61.81	254 997.62	63.45	254 143.70	63.24
建设用地	14 012.06	3.49	23 992.99	5.97	47 551.17	11.83
未利用地	391.77	0.10	466.74	0.12	499.23	0.12
总计	401 873.77	—	401 873.77	—	401 873.77	—

(四)生态系统服务价值计算

运用 Excel 软件,在得到上述修正的研究区生态系统服务价值系数(VC)的基础上,计算研究区生态系统服务价值(ESV),公式(2)如下:

$$ESV = \sum_{k} \sum_{j} A_k \times VC_{ikj} \tag{11.3.2}$$

式中: VC_{ikj} 为第 i 年 k 类生态系统 j 项生态系统服务功能的生态系统服务价值系数 [元 / (hm²·a)]; A_k 为 k 类生态系统类型面积(hm²)。

最终,统计出环太湖地区生态系统服务价值表(表 11.3.4)和变化图(图 11.3.9)。

表 11.3.4 环太湖地区生态系统服务价值表（亿元）

生态系统服务价值	1980 年	2000 年	2018 年
食物生产	10.49	10.00	8.98
原材料生产	8.87	8.54	8.19
气体调节	13.64	13.05	12.46
气候调节	30.57	30.26	29.35
水文调节	198.38	199.66	190.94
废物处理	160.86	162.94	158.68
保持土壤	15.75	14.67	13.36
维持生物多样性	45.52	45.53	44.55
提供美学景观	49.22	50.20	49.96
总价值	533.31	534.85	516.45

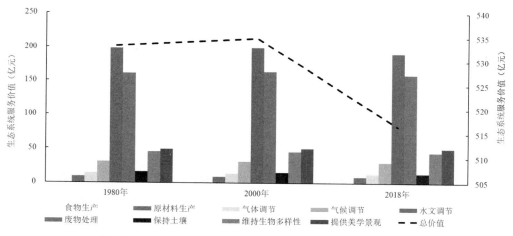

图 11.3.9 1980—2018 年环太湖地区生态系统服务价值变化图

第十二章　生态环境综合制图实验

12.1　基于数据驱动的"绿水青山"美丽中国生态环境地图集综合制图

> 绿水丰涟漪,青山多绣绮。　——谢朓《往敬亭路中》

【实验目的】

利用 ArcGIS 软件数据驱动功能制作中国生态环境专题地图集。

【实验意义】

党的二十大指出:"我们坚持绿水青山就是金山银山的理念,坚持山水林田湖草沙一体化保护和系统治理……生态文明制度体系更加健全……生态环境保护发生历史性、转折性、全局性变化,我们的祖国天更蓝、山更绿、水更清。"并强调:"我们要推进美丽中国建设,坚持山水林田湖草沙一体化保护和系统治理,统筹产业结构调整、污染治理、生态保护、应对气候变化,协同推进降碳、减污、扩绿、增长,推进生态优先、节约集约、绿色低碳发展。"

通过综合制图实验,可以增强 ArcGIS 制图技能,包括索引地图、数据驱动页面、范围指示器、动态图片和动态文本等。"绿水青山"美丽中国生态环境地图集不仅展现了中国 34 个省级行政区(包括 23 个省、5 个自治区、4 个直辖市、2 个特别行政区)的地理位置、生态环境状况,还为省域特色山水选取了中华传统诗词作为配文,以中华文化认同为着力点,坚持正确的中华民族历史观,增强对中华民族的认同感和自豪感。

【知识点】

1. 了解生态文明和美丽中国时代背景和重要意义;

2. 熟悉应用 ArcGIS 软件进行山体阴影、图层文件导入等操作;

3. 掌握应用 ArcGIS 软件进行专题地图绘制等操作;

4. 理解应用 ArcGIS 软件数据驱动功能制作地图集的方法。

【实验数据】

1. 将中国省级行政区矢量数据、国界线矢量数据、南海诸岛矢量数据分别命名为行政区 _Albers、国界线 _Albers、南海诸岛 _Albers,存储在文件地理数据库 Database.gdb 中,如图 12.1.1 所示(本处仅提供"行政区 -Albers"的同名属性表,读者可自行连接至 Shapefile 文件,标准地图请至国家测绘地理信息标准地图服务网站下载)。

2. 将基于中国海拔高度(DEM)空间分布得到的山体阴影栅格数据命名为 Hillshade.tif;空间分辨率为 1 000 m。

3. 将某年夏季中国归一化植被指数(Normalized Difference Vegetation Index, NDVI)栅格数据命名为 NDVI.tif;空间分辨率为 1 000 m,数值越高代表植被生长状况越良好。

4. 将 NDVI 栅格数据分类配色图层文件命名为 NDVI.lyr。

5. 中国各省级行政区自然风光图片,按省份名称命名,存储文件夹命名为图片。

6. 已经完成实验数据 1~3 基础设置的 ArcGIS 工程文件,命名为创建美丽中国地图集.mxd。

图 12.1.1　中国省级行政区划及归一化植被指数等基础数据图

【实验软件】

ArcGIS 10.8。

【思维导图】

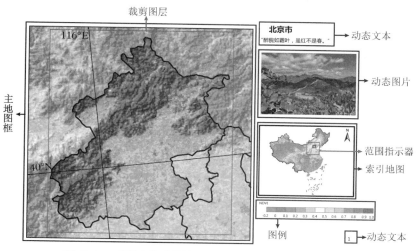

图 12.1.2　"绿水青山"美丽中国生态环境地图集主要构件

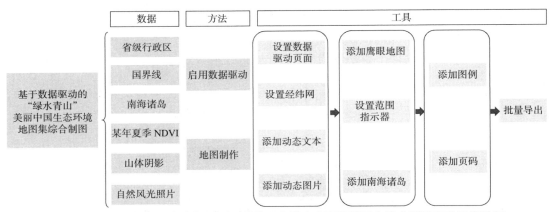

图 12.1.3　基于数据驱动的"绿水青山"美丽中国生态环境地图集综合制图实验思维导图

【实验步骤】

【步骤 1】设置 NDVI 分类配色

打开"创建美丽中国地图集.mxd"工程文件,右击图层"NDVI",选择【属性】—【显示】—【已分类】(Classified);点击【导入】图标,选择图层文件"NDVI.lyr",点击【确定】并应用(图 12.1.4)。

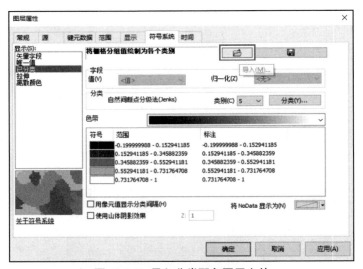

图 12.1.4　导入分类配色图层文件

【步骤 2】设置地图布局

设置地图布局格式,点击【视图】—【布局视图】(Layout View)(图 12.1.5)。

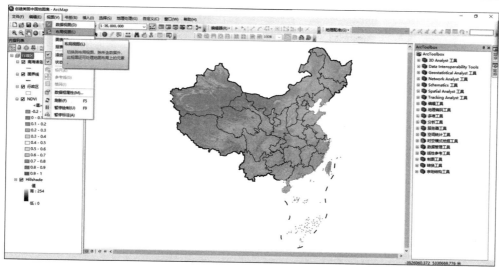

图 12.1.5 设置布局视图

点击【文件】—【页面和打印设置】(Page and Print Setup)(图 12.1.6)。在"页面和打印设置"对话框中,【宽度】为"30",【高度】为"21",【方向】为"横向",然后选择【确定】(图 12.1.7)。

图 12.1.6 设置页面宽度和方向 1

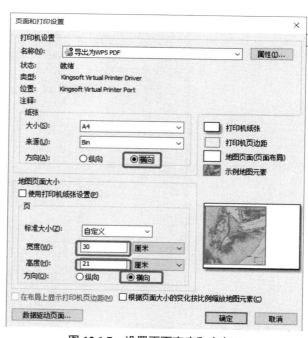

图 12.1.7 设置页面宽度和方向 2

选中"行政区"数据框,用右键点击(图 12.1.8)。【属性】—【大小和位置】(Size and Position);【位置】的【 X 】选择"0.5 cm",【 Y 】选择"0.5 cm";【大小】的【高度】选择"20 cm",【宽度】选择"19.5 cm";【锚点】选择左下角;再选择【确定】(图 12.1.9)。

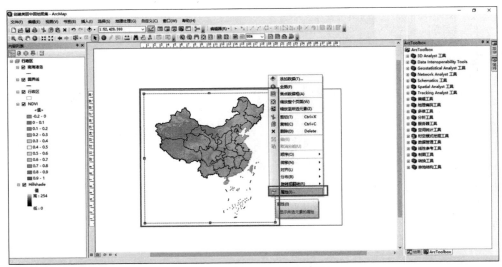

图 12.1.8　设置行政区数据框属性 1

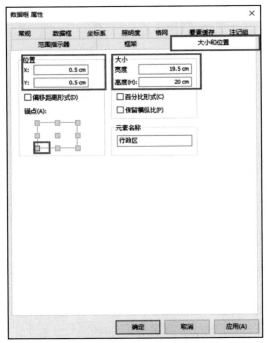

图 12.1.9　设置中国行政区数据框属性 2

【步骤 3】设置数据驱动页面

设置驱动页面以批量生成各个省份的地图。选中"行政区"图层,复制并粘贴至【行政区】数据框内,重命名为"索引图层",取消选择(图 12.1.10)。

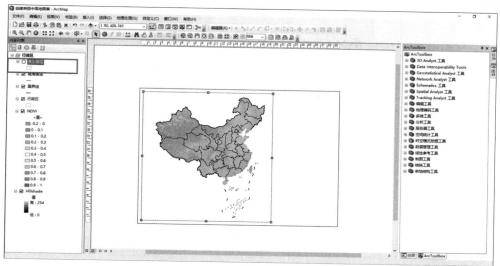

图 12.1.10　构建索引图层

将鼠标移动至界面顶端空白部分,单击右键,在下拉菜单中选择【数据驱动页面】(Data Driven Pages)(图 12.1.11);打开【数据驱动页面】(图 12.1.12);【图层】选择"索引图层";【名称字段】选择"NAME";【排序字段】选择"OBJECTID";勾选【升序排序】(图 12.1.13),点击【确定】。在"设置数据驱动页面"对话框中,选择【范围】,【最佳大小】选择【110%】,点击【确定】(图 12.1.14)。

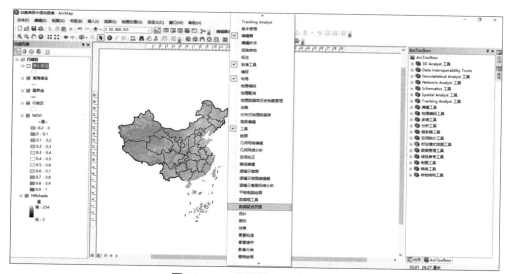

图 12.1.11　设置数据驱动页面 1

图 12.1.12　设置数据驱动页面 2

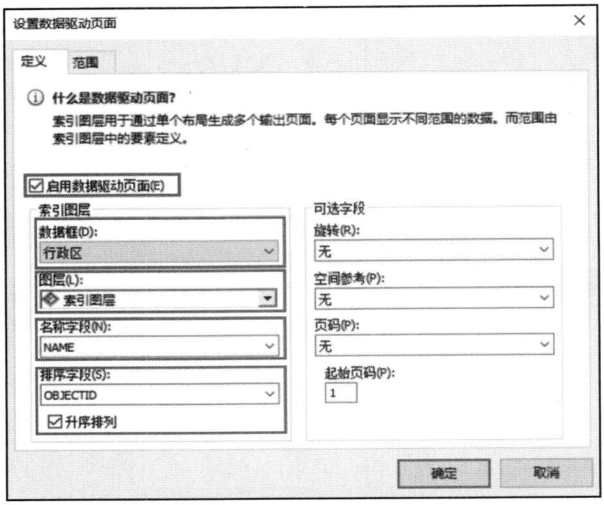

图 12.1.13　设置数据驱动页面 3

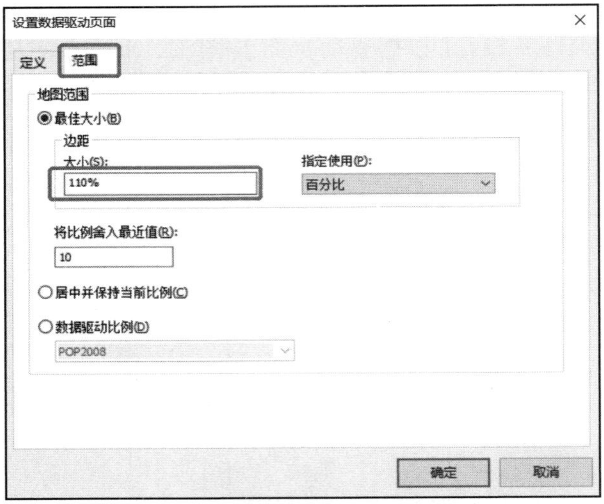

图 12.1.14　设置数据驱动页面 4

　　选中"行政区"图层,单击右键,选择【属性】—【定义查询】(Definition Query)—【页面定义】(图 12.1.15),勾选【启用】,【页面名称字段】为"NAME",【显示符合以下条件的要素为"不匹配",点击【确定】并应用(图 12.1.16)。

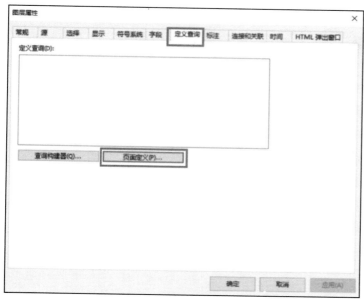

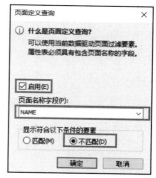

图 12.1.15　设置页面定义查询 1

图 12.1.16　设置页面定义查询 2

【步骤 4】添加经纬网

为地图设置经纬网。选中"行政区"数据框,单击右键,选择【属性】(图 12.1.17);选择【格网】(Grids)—【新建格网】(图 12.1.18);点选【经纬网:用经线和纬线分割地图】(图 12.1.19),点击【下一页】;选【外观:经纬网和标注】,【放置纬线间隔】和【放置经线间隔】均为 2 度(图 12.1.20);点击【下一页】,保持默认选项,点击【完成】,点击【确定】。

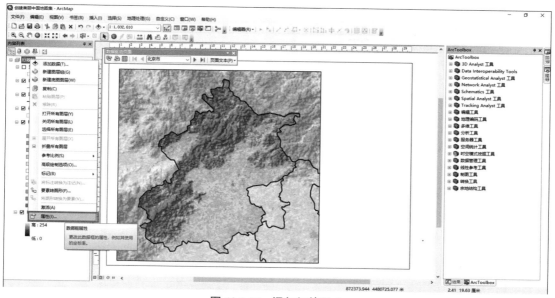

图 12.1.17　添加经纬网 1

图 12.1.18　添加经纬网 2

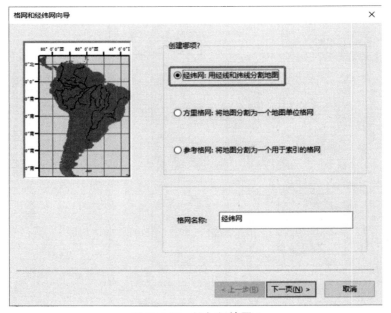

图 12.1.19　添加经纬网 3

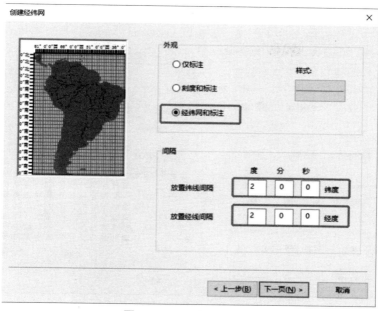

图 12.1.20　添加经纬网 4

【步骤 5】调整经纬网格式

调整经纬网的格式和文字。选中"行政区"数据框,单击右键,选择【格网】—【属性】(Properties)—【轴】。【显示数据框】为"内部",选择【边框属性】的【属性】(图 12.1.21)。选择【颜色】—【无颜色】(图 12.1.22),点击【确定】。

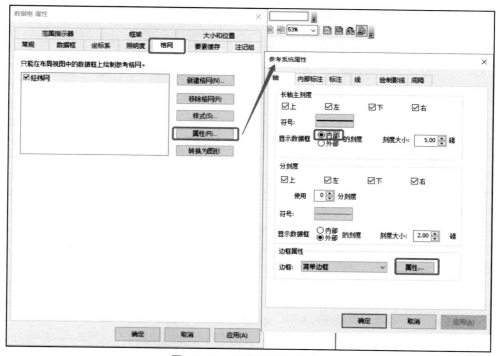

图 12.1.21　调整经纬网格式 1

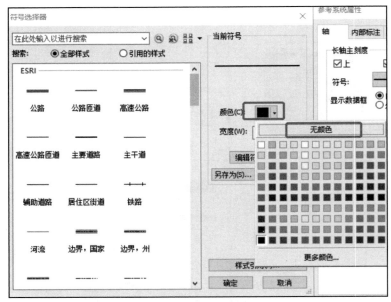

图 12.1.22　调整经纬网格式 2

在"参考系统属性"对话框中选择【标注】；【标注样式】的【大小】为"10"，【标注偏移为"2"磅】；在【垂直标注】选择"左"和"右"】，选择【其他属性】(图 12.1.23)；取消勾选【显示零分钟】和【显示零秒】(图 12.1.24)，点击【确定】。

图 12.1.23　调整经纬网格式 3

图 12.1.24　调整经纬网格式 4

【步骤6】设置动态文本

为各个省份的地图插入相应的名称。在主菜单上点击【插入】—【动态文本】—【数据驱动页面名称】（Data Driven Page Name）（图12.1.25）；右键点击出现的文字,选择【属性】—【文本】（Text）；点击"左对齐"图标（图12.1.26）,点击【字体】,选择【微雅软黑】,【大小】为"20",【样式】为"加粗"（图12.1.27）,点击【确定】。

图12.1.25　设置动态文本1

图12.1.26　设置动态文本2

图12.1.27　设置动态文本3

在"属性"对话框中选择【大小和位置】（Size and Position）,【锚点】选择"上居中",【位置】为 X=23 cm, Y=20.5 cm,点击【确定】（图12.1.28）。在【数据驱动】对话框点击左右箭头查询,即可浏览各个省份的地图和文字情况。

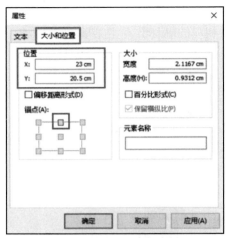

图 12.1.28　设置动态文本 4

为各个省份的地图插入相应的中华传统诗词。在主菜单上点击【插入】—【动态文本】—【数据驱动页面属性】(Data Driven Page Attribute)（图 12.1.29 ）；选择属性字段"POEM"（图 12.1.30 ）。

图 12.1.29　设置动态文本 5

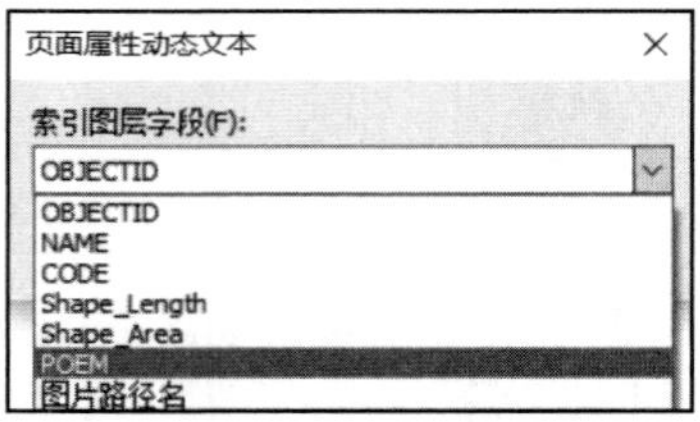

图 12.1.30　设置动态文本 6

点击出现的文字,单击右键,选择【属性】—【文本】(Text);选择"居中"图标,【字体】选择"微雅软黑 12.00"(12 号字),点击【确定】。在"属性"对话框选择【大小和位置】(Size and Position),【锚点】选择"左下角",【位置】设置为 X=20.65 cm,Y=18.6 cm},点击【确定】(图 12.1.31)。

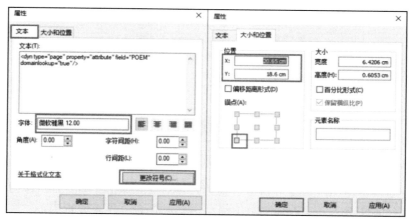

图 12.1.31　设置动态文本 7

【步骤 7】插入动态图片

为各个省份的地图搭配图片。在主菜单上点击【插入】—【图片】(Picture)(图 12.1.31);找到实验数据文件夹中的"图片"文件夹;任意点击一张图片(图 12.1.32),点击【打开】。

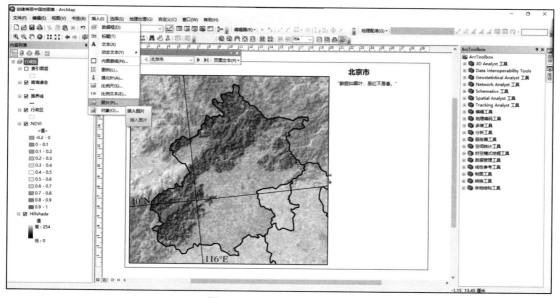

图 12.1.32　插入动态图片 1

图 12.1.33　插入动态图片 2

插入图片后，调整图片大小和位置。点击刚刚插入的图片，单击右键，选择【属性】；切换至【大小和位置】（Size and Position），【锚点】选择"下居中"，【位置】设置为 X=24.75 cm，Y=12 cm，【大小】设置宽度为 8.5 cm，高度为默认，勾选【保持纵横比】（图 12.1.34）点击【应用】。

切换至"图片属性"（Picture），勾选【数据驱动页面的简单路径】，在【索引图层字段】下拉选择【图片】（图 12.1.35），点击【确定】，可以看到图片自动匹配到了相应的省份。

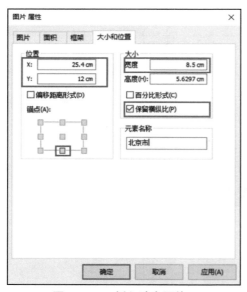

图 12.1.34　插入动态图片 3

图 12.1.35　插入动态图片 4

【步骤 8】插入鹰眼地图数据框

创建"鹰眼地图"数据框。在主菜单上点击【插入】—【数据框】（Data Frame）（图 12.1.36）；重命名为"鹰眼地图"（图 12.1.37）；选中"鹰眼地图"数据框，单击右键—【属性】；在"数据框 属性"切换至【大小和位置】（Size and Position），【锚点】为"下居中"，【位置】设置为 X=25.4 cm, Y=4.5 cm,【大小】设置宽度为 9.5 cm,高度为 7 cm(图 12.1.38),点击
【确定】。注:新创建的数据框注意设置数据框的坐标系统,坐标系的差异,会导致【步骤 9】
中添加范围指示器(使用简单范围)后生成的指示框形状不同。

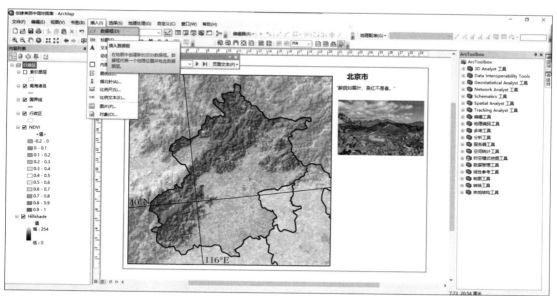

图 12.1.36　插入鹰眼地图数据框 1

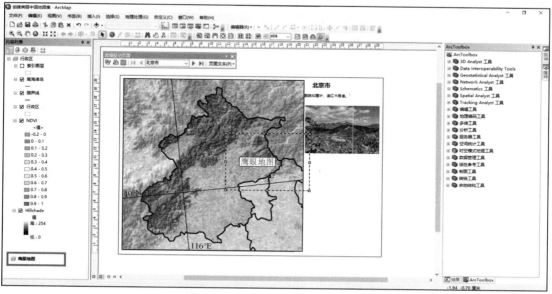

图 12.1.37　插入鹰眼地图数据框 2

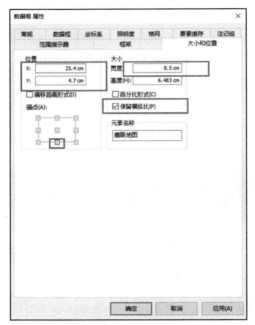

图 12.1.38　插入鹰眼地图数据框 3

向"鹰眼地图"数据框中添加数据。复制"NDVI"图层,粘贴至"鹰眼地图"数据框。同样方法向"鹰眼地图"数据框中添加"国界线"和"南海诸岛"图层(图 12.1.39)。

图 12.1.39　插入鹰眼地图数据框 4

设置"鹰眼地图"数据框比例尺。点击界面上方比例尺的地方,输入"1∶90000000",回车确定,并调整到合适位置(图 12.1.40)。

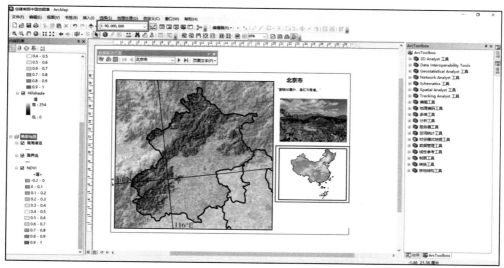

图 12.1.40　插入鹰眼地图数据框 5

【步骤 9】添加范围指示器

添加范围指示器,方便让读者知道所显示省份的地理方位。选中"鹰眼地图",单击右键,选择【属性】—切换至【范围指示器】(Extent Indicators)—【显示这些数据框的范围指示器】下移入"行政区",勾选【使用简单范围】;点击【框架】,【边框】为"2"磅,【颜色】为托卡斯纳红(图 12.1.41),点击【确定】。

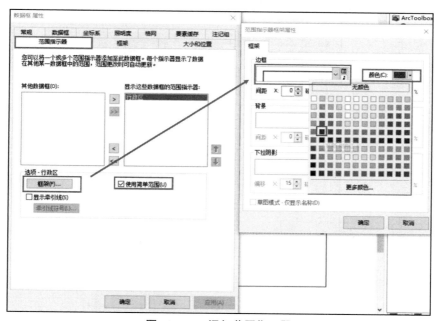

图 12.1.41　添加范围指示器

【步骤 10】添加南海诸岛数据框

添加南海诸岛数据框使得地图完整正确。在主菜单【插入】—【数据框】(Data

Frame）；重命名为"南海诸岛"，复制"国界线""南海诸岛"和"NDVI"图层至"南海诸岛"数据框（图 12.1.42）。

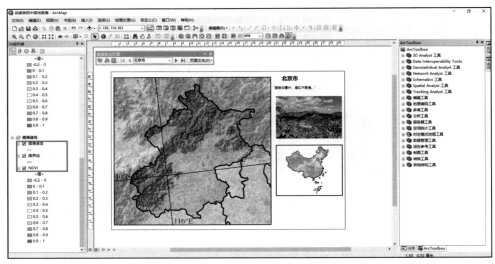

图 12.1.42　插入南海诸岛地图数据框 1

调整"南海诸岛"数据框大小和位置。选中"南海诸岛"数据框，单击右键，选择【属性】，切换至【大小和位置】（Size and Position），【锚点】"右下角"，【位置】设置为 X=29.65 cm，Y=4.7 cm，【大小】设置宽度为 1.6 cm，高度为 2 cm（图 12.1.43），点击【确定】。

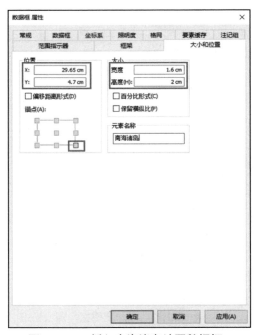

图 12.1.43　插入南海诸岛地图数据框 2

调整"南海诸岛"数据框显示的内容。点击"南海诸岛"图层，单击右键，选择【缩放至图层】(Zoom to Layer)(图 12.1.44)。可以看到该数据框中南海诸岛刚好完整显示出来。

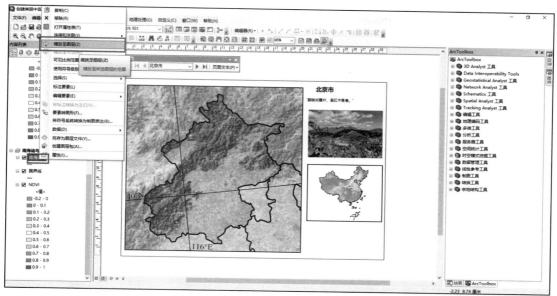

图 12.1.44 插入南海诸岛地图数据框 3

【步骤 11】添加指北针与图例

激活"行政区"数据框,为地图添加图例。点击"行政区"数据框,单击右键,选择【激活】(Activate)(图 12.1.45)。

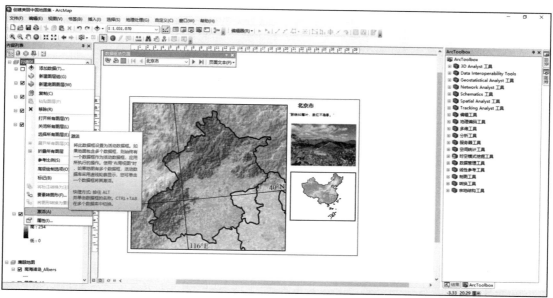

图 12.1.45 添加图例 1

插入指北针。在主菜单上点击【插入】—【指北针】(North Arrow)—【ESRI 指北针 3】(图 12.1.46);双击指北针,选择【大小和位置】(Size and Position),大小和位置的设置数据如图 12.1.47 所示,点击【确定】。

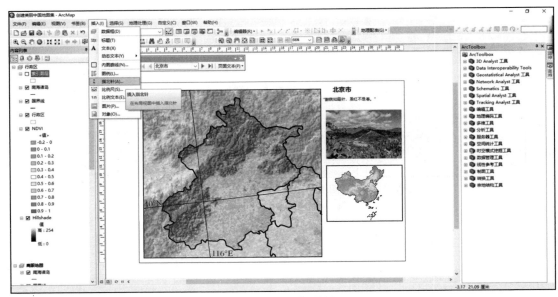

图 12.1.46　添加图例 2

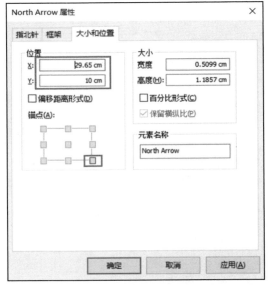

图 12.1.47　添加图例 3

　　插入图例。在主菜单上点击【插入】—【图例】(Legend),图例项选择"NDVI",点击【下一页】,清空图例标题(图 12.1.48),其余均保持默认,点击【下一页】至最后一页点击【完成】。

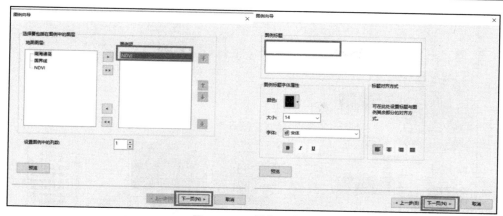

图 12.1.48　添加图例 4

　　调整图例格式和位置。双击图例,切换至【项目】(Items);全选图层,【字体】为"微软雅黑",【大小】为"10",勾选【仅显示当前地图范围可见的类】(图 12.1.49);【样式】—【具有标题、标注和描述的水平条形图】—【属性】—【条块】;【条块上方的文本角度】为"0"度,【条块下方的文本角度】为"0"度(图 12.1.50),点击【确定】。

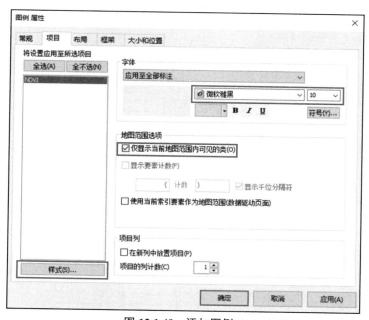

图 12.1.49　添加图例 5

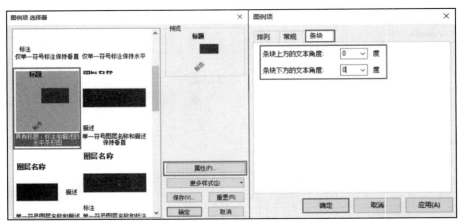

图 12.1.50　添加图例 6

　　右击图例,点击【转换为图形】(Convert To Graphic)(图 12.1.51)。再次右击图例,选择【取消分组】(Ungroup),双击文字框可以修改文字内容,图例色块与文字标注仍然组合在一起的,可以再次用右键点击并选择【取消分组】(图 12.1.52),再双击文字框修改文字内容,根据需要调整文字间距,修改后的图例如图 12.1.53 所示。

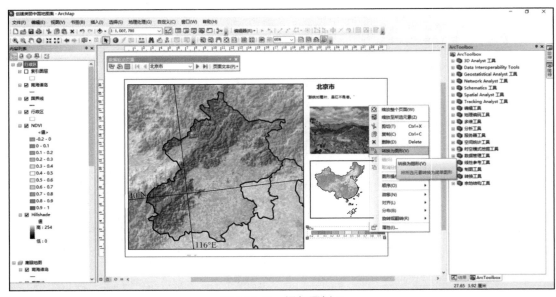

图 12.1.51　添加图例 7

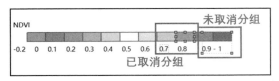

图 12.1.52　添加图例 8

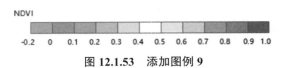

图 12.1.53　添加图例 9

【步骤 12】添加页码

插入页码。在主菜单上点击【插入】—【动态文本】—【数据驱动页面页码】(Data Driven Page Number)(图 12.1.54);拖动页面页码至页面右下角,双击页码;切换至【文本】—【更改符号】,【字体】为"微软雅黑",【大小】为"14"(图 12.1.55);【确定】,切换至【大小和位置】,【锚点】为"右下角",为【位置】设置为 $X=29.5\ cm$, $Y=0.5\ cm$(图 12.1.56),点击【确定】。

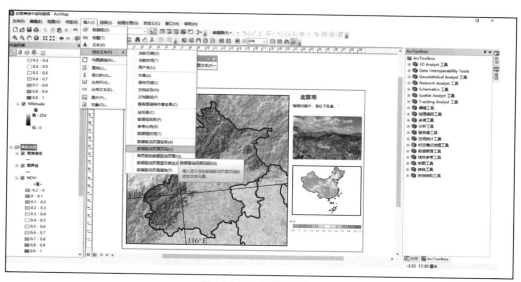

图 12.1.54　插入页码 1

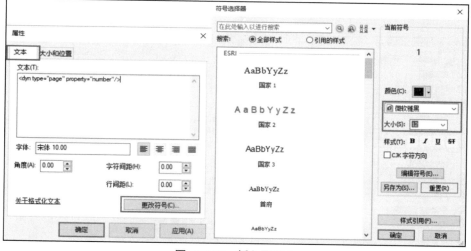

图 12.1.55　插入页码 2

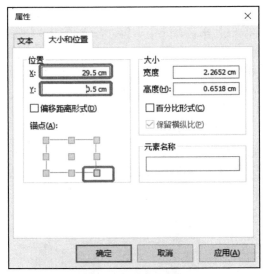

图 12.1.56　插入页码 3

【步骤 13】批量导出地图

导出地图设置。点击【文件】—【导出地图】(Export Map)(图 12.1.57);【保存类型】选择"PDF(*.pdf)";【选项】切换至【页面】,勾选【全部(34 页)】,【将页面导出为】选择"单个 PDF 文件"(图 12.1.58),点击【保存】,等待导出结束查看地图册(图 12.1.59)。

图 12.1.57　批量导出地图 1

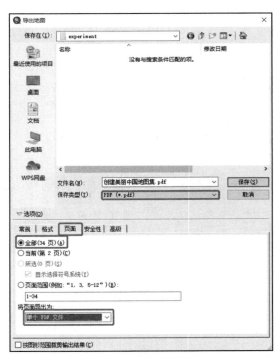

图 12.1.58　批量导出地图 2

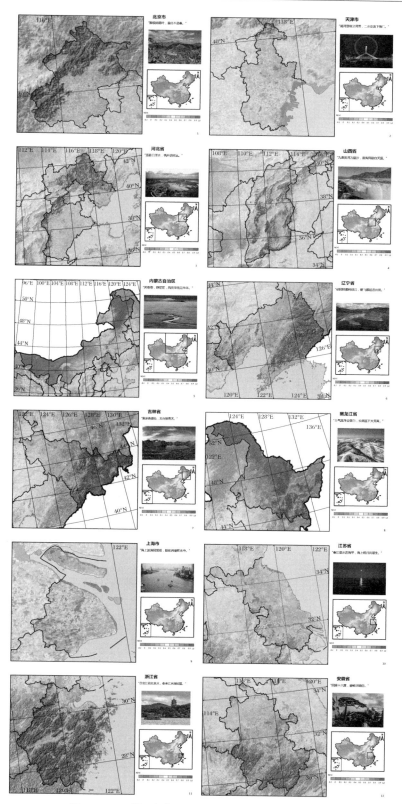

图 12.1.59　"绿水青山"美丽中国生态环境地图集

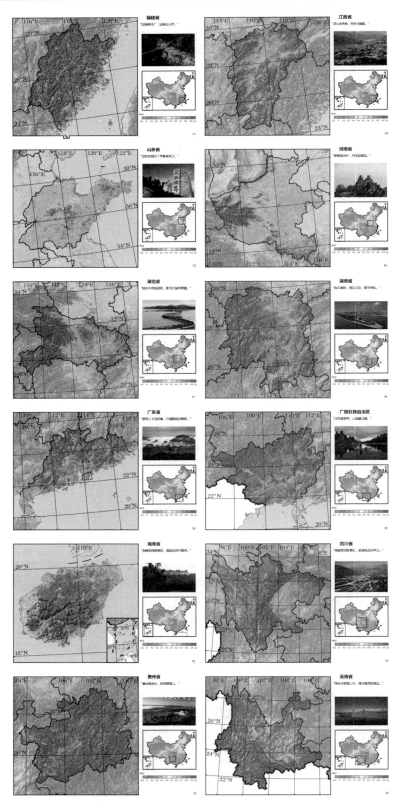

图 12.1.59 "绿水青山"美丽中国生态环境地图集（续）

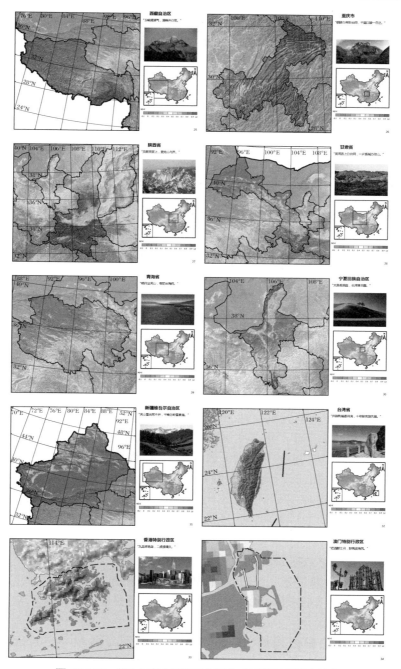

图 12.1.59　"绿水青山"美丽中国生态环境地图集（续）

12.2 基于时间滑块的中国夜间灯光遥感动态制图

> 缛彩遥分地,繁光远缀天。 ——卢照邻《十五夜观灯》

【实验目的】

利用 ArcGIS 软件时间滑块功能制作 2000—2020 年长时间序列中国夜间灯光遥感动画。

【实验意义】

我国当代诗人顾城曾在其诗作《一代人》中写到:"黑夜给了我黑色的眼睛,我却用它寻找光明。"与传统的光学遥感卫星获取地物辐射信息不同,夜间灯光遥感是获取夜间无云条件下地表发射的可见光 - 近红外电磁波信息。相比于普通遥感卫星影像,夜间灯光遥感所使用的夜间灯光影像记录的地表灯光强度信息能够直接反映出人类活动差异,已成为一个地区发展和文明程度的表征。当前,DMSP-OLS 夜间灯光数据和 NPP-VIIRS 夜间灯光数据是应用最为广泛的两类夜间灯光遥感数据。近年来,中国已发射了夜光遥感卫星,突破了夜光遥感数据源完全依赖国外的局面。其中,"吉林一号"是国内首颗能够获取夜间灯光遥感数据的商业卫星,其分辨率可达到亚米级;2018 年 6 月成功发射的"珞珈一号"是我国首颗专业夜间灯光遥感卫星;2021 年底中科院发射的"可持续发展科学卫星 1 号(SDGSAT-1)"也可以提供夜间灯光遥感数据。2015 年 11 月 23 日召开中共中央政治局会议,审议通过《关于打赢脱贫攻坚战的决定》,确保到 2020 年农村贫困人口实现脱贫。2021 年 2 月 25 日全国脱贫攻坚总结表彰大会庄严宣告我国脱贫攻坚战取得全面胜利。夜间灯光遥感数据不仅在"精准脱贫、精确扶贫"过程中提供了数据支持,还将继续在"全面推进乡村振兴,巩固拓展脱贫攻坚成果,为全面建设社会主义现代化国家、实现中华民族伟大复兴的中国梦"战略实施中具有重要的理论和现实意义。本实验利用 ArcGIS 软件时间滑块功能进行长时间序列中国夜间灯光遥感动态制图,彰显中国脱贫攻坚战这一彪炳史册的人间奇迹。

【知识点】

1. 了解夜间灯光遥感数据的研究意义及其应用过程;

2. 掌握应用 ArcGIS 软件建立镶嵌数据集的方法;

3. 理解应用 ArcGIS 软件时间滑块功能动态显示多时相栅格数据的方法。

【实验数据】

1. 将中国夜光遥感栅格数据(2015—2021 年)分别命名为 nightlight2015.tif, nightlight2016.tif, nightlight2017.tif, nightlight2018.tif, nightlight2019.tif, nightlight2020.tif, nightlight2021.tif。 数 据 来 源: https://dataverse.harvard.edu/dataset.xhtml? persistentId=doi:10.7910/DVN/GIYGJU。

2. 将十段线矢量数据、南海诸岛矢量数据分别命名为十段线 _Albers、南海诸岛 _Albers,存储在文件地理数据库 Database.gdb 中(标准地图请于国家测绘地理信息标准地图服务网站下载)。

3. 将夜间灯光遥感数据分类配色图层文件命名为 nightlight.lyr。

【实验软件】

ArcGIS 10.8。

【思维导图】

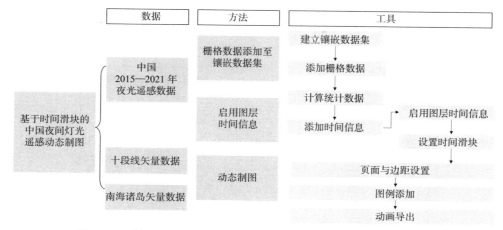

图 12.2.1　基于时间滑块的中国夜间灯光遥感动态制图实验思维导图

【实验步骤】

【步骤 1】创建文件地理数据库

右击目录存储文件夹，点击【新建】—【文件地理数据库】（File Geodatabase）（图 12.2.2），命名为"夜间灯光数据.gdb"。

图 12.2.2　新建文件地理数据库

【步骤 2】创建镶嵌数据集

打开【数据管理工具】—【栅格】—【镶嵌数据集】—【创建镶嵌数据集】(Create Mosaic Dataset),【输出位置】选择"夜间灯光数据.gdb",【镶嵌数据集名称】设置为"夜间灯光",【坐标系】设置为"WGS_1984_Albers",其余保持默认(图 12.2.3),点击【确定】。生成后的界面如图 12.2.4 所示。

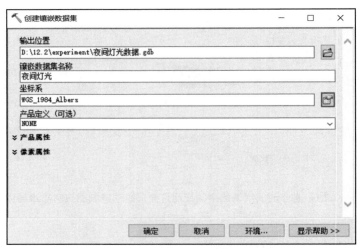

图 12.2.3 "创建镶嵌数据集"对话框

图 12.2.4 "成功创建镶嵌数据集"后界面

【步骤 3】向镶嵌数据集中添加栅格数据

右击"夜间灯光"镶嵌数据集,点击【添加栅格数据】(Add Rasters)(图 12.2.5)。【栅格类型】选择"Raster Dataset",【输入数据】下拉框选择"Dataset",将 2015 年至 2021 年的夜间灯光数据选中输入,【栅格处理】勾选"构建栅格金字塔",其余设置保持默认(图 12.2.6),点击【确定】。

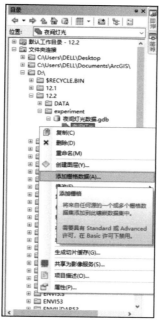

图 12.2.5　右击镶嵌数据集文件【添加栅格数据】

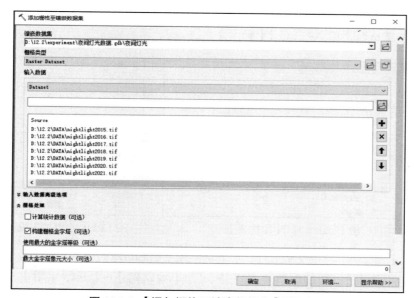

图 12.2.6　【添加栅格至镶嵌数据集】设置界面

【步骤 4】计算统计数据

　　向镶嵌数据集中添加栅格数据后,栅格数据的取值范围可能出现异常变化,故对已经导入数据的镶嵌数据集进行计算统计数据,以恢复正常的数据范围(如【步骤 3】中已经勾选了"计算统计数据",仍建议完成此步骤来确保数值统计正确)。打开【数据管理工具】—【栅格】—【栅格属性】—【计算统计数据】(Calculate Statistics),【输入栅格数据集】选择"夜间灯光",其余保持默认(图 12.2.7),点击【确定】。

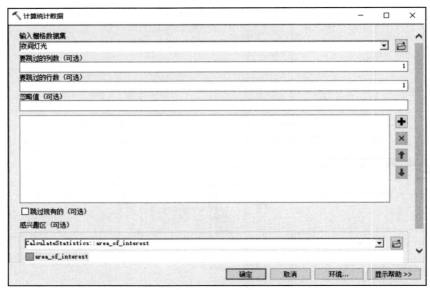

图 12.2.7 【计算统计数据】设置

【步骤 5】向镶嵌数据集属性表中添加时间信息

右键点击图层"夜间灯光",选择【打开】—【属性表】(Attribute Table)(图 12.2.8)。点击属性表左上角【表选项】—【添加字段】(Add Field);【名称】为"Year",【类型】选择"文本",其余保持默认(图 12.2.9),点击【确定】。

图 12.2.8 打开【属性表】

图 12.2.9 【添加字段】设置界面

点击【自定义】—【自定义模式】—【工具条】(Customize),勾选【编辑器】(Editor)(图 12.2.10),点击【关闭】。在编辑器工具条中,点击【编辑器】—【开始编辑】(Start Editing)(图 12.2.11),此时可以手动编辑镶嵌数据集的属性表,输入各年份灯光数据对应的年份(图 12.2.12)。完成后,点击【编辑器】—【保存编辑内容】(Save Edits),并点击【停止编辑】(Stop Editing)(图 12.2.13);退出编辑状态,打开属性表查看内容是否更新(图 12.2.14)。

图 12.2.10 勾选【编辑器】　　　　图 12.2.11 在【编辑器】工具条中点击【开始编辑】

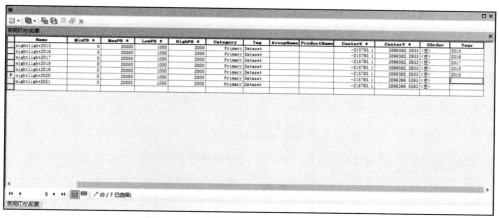

图 12.2.12 在【属性表】中编辑时间信息

图 12.2.13 在【编辑器】工具条中【保存编辑内容】并【停止编辑】

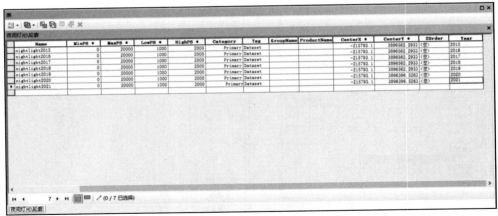

图 12.2.14　【步骤 5】结束后的【属性表】状态

【步骤 6】在图层中启用时间信息

右键点击图层"夜间灯光",选择【属性】—【时间】(Time)(图 12.2.15)。勾选"在此图层中启用时间",【时间字段】选择"Year",【字段格式】选择"YYYY",【时长步长间隔】设置为"1 年",点击【计算】自动获取该图层属性中"Year"字段的全部年份,【时区】设置为"(UTC+8:00)北京,重庆,香港特别行政区,乌鲁木齐",其余保持默认(图 12.2.16),点击【确定】。

图 12.2.15　打开"夜间灯光"图层的
　　　　　　【属性】

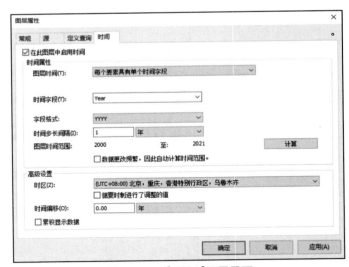

图 12.2.16　【时间】设置界面

完成以上设置后,可以看到工具栏中的【时间滑块】(Time Slider)工具已经被激活(图 12.2.17)。

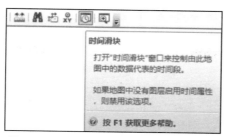

图 12.2.17　已经激活的【时间滑块】图标

【步骤 7】设置时间滑块

打开【时间滑块】，界面中功能如图 12.2.18 所示。

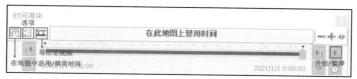

图 12.2.18　【时间滑块】设置界面

点击左上角【在地图中启用时间】（Enable time on map），点击【选项】（Options），【时间选项】（Time Display）中，【时区】设置为"（UTC+8：00）北京，重庆，香港特别行政区，乌鲁木齐＜计算机时区＞"，【时间步长间隔】设置为"1.0 年"，【显示日期格式】设置为"2022（yyyy）"，【显示时间格式】设置为"＜无＞"，勾选【在地图显示画面上显示时间】，点击【确定】（图 12.2.19）。

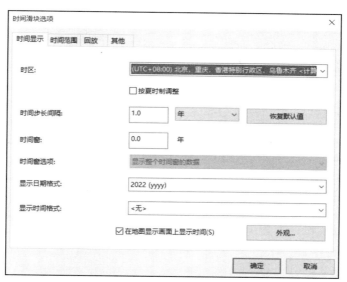

图 12.2.19　【时间显示】界面

点击【外观】（Appearance），进入对时间文本外观的修改界面。在【文本】中去掉"时间："，点击【更改符号】，修改【字体】为"微软雅黑"，【大小】为"18"，点击【确认】，关闭"符号选择器"。点击【大小和位置】，【锚点】设置为"左下角"（图 12.2.20），点击【确定】。

图 12.2.20 【外观】设置界面

在"时间滑块选项"对话框中,点击【回放】(Playback),选择【显示每个时间戳的数据】,可以拖动滑块调整各年份灯光数据切换的快慢,其余保持默认(图 12.2.21),点击【确认】。

图 12.2.21 【回放】页面

【步骤 8】导入图层文件修改地图配色

添加数据库文件"Database.gdb"中的"南海诸岛 _Albers""十段线 _Albers"数据,将"南海诸岛 _Albers"的图例设置为黑色。取消勾选"夜间灯光"镶嵌数据集下的"边界"与"轮廓"(图 12.2.22)。

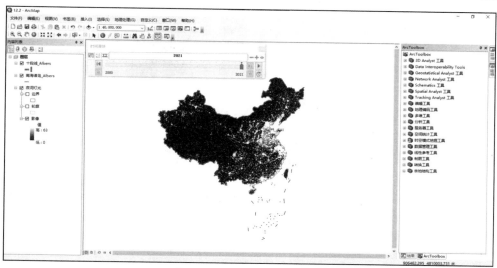

图 12.2.22　加载数据后界面

右击"影像"图层,点击【属性】—【符号系统】—【已分类】(Symbology),导入图层配色文件"nightlight.lyr"(图 12.2.23);在【标注】中双击数值修改为整数,点击【确定】。导入后效果如图 12.2.24 所示。

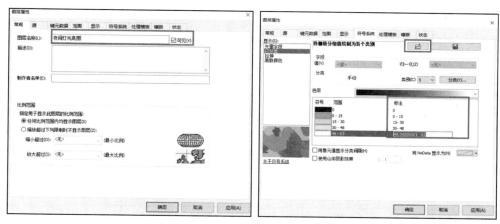

图 12.2.23　【图层属性】设置

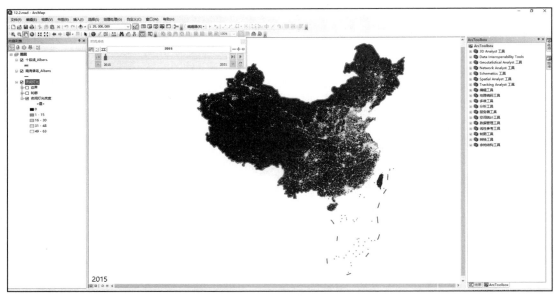

图 12.2.24　图层文件导入后效果

【步骤 9】修改页面与数据框设置

进入【布局视图】（Layout View），右键数据框与纸张的空白边距处，选择【页面和打印设置】；设置纸张【方向】为"纵向"（图 12.2.25），点击【确定】。

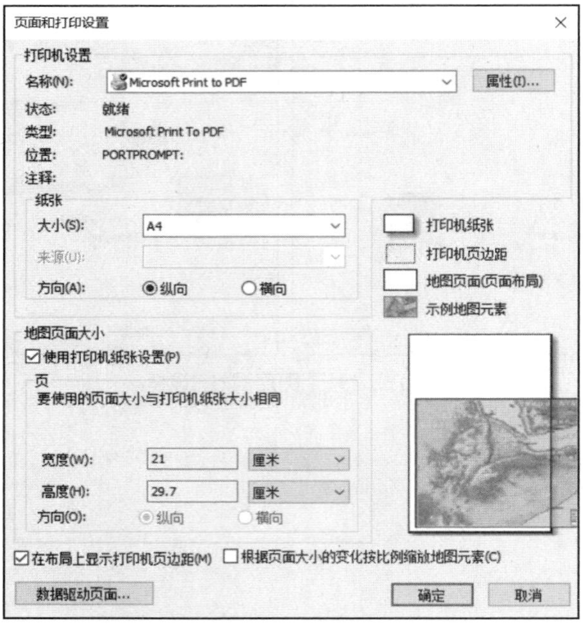

图 12.2.25　【页面与打印设置】界面

右键点击数据框，选择【全图】（Full Extent），使地图完整显示（图 12.2.26）；点击【属性】—【大小和位置】（Size and Position），数据框位置与大小的设置如图 12.2.26 所示。

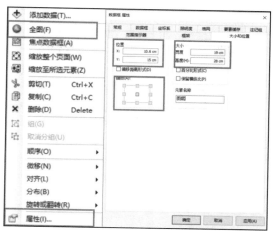

图 12.2.26 "数据框 属性"对话框(设置位置和大小)

【步骤 10】插入指北针

在主菜单上点击【插入】—【指北针】(North Arrow),选择【ESRI 指北针 3 】(图 12.2.27),点击【确定】,将生成的指北针拖放至地图右上角。

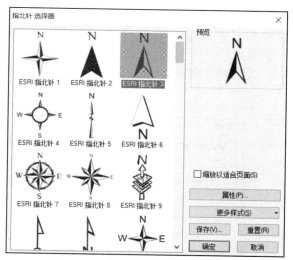

图 12.2.27 【指北针 选择器 】设置界面

【步骤 11】插入比例尺

在主菜单上点击【插入】—【比例尺】(Scar Bar),选择【比例线 1 】(图 12.2.28)。

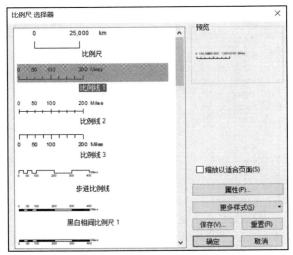

图 12.2.28 【比例尺 选择器】设置界面

点击【属性】—【比例与单位】(Scale and Units),【主刻度数】设置为"1",【分刻度数】设置为"0",【主刻度单位】设置为"千米",【标注】设置为"km",【间距】设置为"3.6 pt"。

点击【数字与刻度】(Numbers and Marks),【数字】部分的【频数】设置为"结束(和零)";打开【数字格式】,取消勾选"显示千位分隔符";【刻度】部分的【频数】设置为"结束(和零)",【主刻度高度】设置为"8.4 pt",【分刻度高度】设置为"6 pt"。

点击【格式】(Format),【字体】设置为"微软雅黑",【大小】设置为"12",其余保持默认,点击【确定】。

图 12.2.28 【比例尺】设置界面

拖动插入的比例尺至右下角,调整宽度使之刻度显示为合适的整数即可。本实验示例设置为"1000 km"。

【步骤 12】插入图例

在主菜单上点击【插入】—【图例】(Legend),【图例项】仅保留"影像";点击【下一页】,清空【图例标题】(图 12.2.29),其余选项保持默认,一直点击【下一页】,最后点击【完成】。

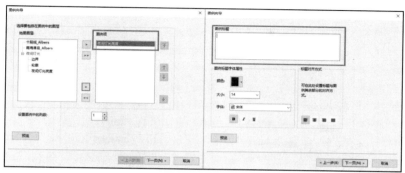

图 12.2.29　"图例向导"对话框

双击插入的图例,点击【项目】—【样式】—【单一符号图层名称和标注保持水平】(Horizontal Single Symbol Layer Name and Label),点击【确定】并应用(图 12.2.30)。修改图例完成后如图 12.2.31 所示。

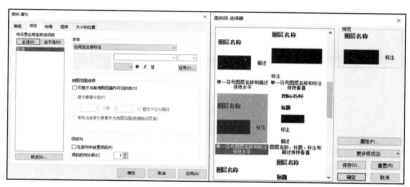

图 12.2.30　修改图例样式的设置

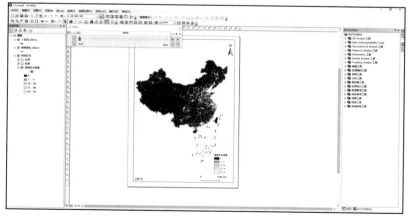

图 12.2.31　修改图例样式的设置后的效果

【步骤 13】导出 avi 视频文件

点击时间滑块中的【导出到视频】(Export to Video),设置导出路径与文件名,【保存类型】设置为 "AVI(*.avi)"(图 12.2.32)。点击【选项】,勾选【启用离屏录制】,点击【确定】,点击【导出】。【压缩程序】设置为 "全帧(非压缩的)",点击【确定】(图 12.2.33)。完成导出,导出后的播放效果如图 12.2.34 所示。

图 12.2.32 "导出动画"对话框

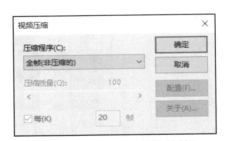

图 12.2.33 "视频压缩"对话框

图 12.2.34 导出后播放效果

参考文献

[1] 李晓静. 利用 MODIS 资料遥感北京及其周边地区气溶胶光学厚度研究 [D]. 北京: 中国气象科学研究院, 2003.

[2] 覃志豪, LI W J, ZHANG M H, 等. 单窗算法的大气参数估计方法 [J]. 国土资源遥感, 2003, 56(2): 37-43.

[3] SOBRINO J A, JIMÉNEZ-MUÑOZ J C, PAOLINI L. Land surface temperature retrieval from LANDSAT TM 5[J]. Remote sensing of environment, 2004, 90(4): 434-440.

[4] 覃志豪, 李文娟, 徐斌, 等. 陆地卫星 TM6 波段范围内地表比辐射率的估计 [J]. 国土资源遥感, 2004, 61(3): 28-32, 36-41, 74.

[5] 陈松林, 王天星. 等间距法和均值标准差法界定城市热岛的对比研究 [J]. 地球信息科学学报, 2009, 11(2): 45-150.

[6] 赵璃璃, 冯莉, 郭松, 等. 景观格局影响下的南京市热舒适度动态变化 [J]. 长江流域资源与环境, 2018, 27(8): 1712-1724.

[7] 梁永春, 尹芳, 赵英芬, 等. 基于 Landsat 8 影像的太湖生化需氧量遥感反演 [J]. 生态环境学报, 2021, 30(7): 1492-1502.

[8] NASA. NASA Ocean Color - MODIS L2 OC Format Specifications[EB/OL]. https: //ocean-color.gsfc.nasa.gov/docs/format/l2oc_modis/.

[9] 王晓梅, 唐军武, 丁静, 等. 黄海、东海二类水体漫衰减系数与透明度反演模式研究 [J]. 海洋学报(中文版), 2005, 27(5): 38-45.

[10] 王云才. 上海市城市景观生态网络连接度评价 [J]. 地理研究, 2009, 28(2): 284-292.

[11] 徐慧, 徐向阳, 崔广柏. 景观空间结构分析在城市水系规划中的应用 [J]. 水科学进展, 2007, 18(1): 108-113.

[12] ZHAO D, XIE D, YIN F, et al. Estimation of Pb content using reflectance spectroscopy in farmland soil near metal mines, central China[J]. Remote sensing, 2022, 14(10): 2420.

[13] YIN F, WU M, LIU L, et al. Predicting the abundance of copper in soil using reflectance spectroscopy and GF5 hyperspectral imagery[J]. International journal of applied earth observation and geoinformation, 2021, 102(9): 102420.

[14] 费坤, 汪甜甜, 邹文嵩, 等. 土壤重金属污染空间插值及其验证方法研究综述 [J]. 环境监测管理与技术, 2022, 34(2): 1-6.

[15] 张海平, 周星星, 代文. 空间插值方法的适用性分析初探 [J]. 地理与地理信息科学, 2017, 33(6): 14-18, 105.

[16] MA W, HUANG Z, CUI J, et al. Inhalation health risk assessment of incineration and landfill in the Bohai Rim, China[J]. Chemosphere, 2023, 314.

[17] 乔治, 田光进. 北京市热环境时空分异与区划 [J]. 遥感学报, 2014, 18(3): 715-734.

[18] 乔治, 田光进. 基于 MODIS 的 2001 年—2012 年北京热岛足迹及容量动态监测 [J]. 遥

感学报,2015,19(3):476-484.

[19] 乔治,孙宗耀,孙希华,等. 城市热环境风险预测及时空格局分析 [J]. 生态学报，2019，39(2):649-659.

[20] 乔治,黄宁钰,徐新良,等. 2003—2017 年北京市地表热力景观时空分异特征及演变规律 [J]. 地理学报,2019,74(3):475-489.

[21] 乔治,卢应爽,贺瞳,等. 城市热岛斑块遥感识别及空间扩张路径研究:以北京市为例 [J]. 地理科学,2022,42(8):1492-1501.

[22] 乔治,贺瞳,卢应爽,等. 全球气候变化背景下基于土地利用的人类活动对城市热环境变化归因分析:以京津冀城市群为例 [J]. 地理研究,2022,41(7):1932-1947.

[23] QIAO Z，LU Y，HE T，et al. Spatial expansion paths of urban heat islands in Chinese cities: analysis from a dynamic topological perspective for the improvement of climate resilience[J]. Resources,conservation and recycling,2023,188.

[24] LIU J，YANG X，LIU H，et al. Algorithms and Applications in Grass Growth Monitoring[N]. Abstract and applied analysis，2013-04-18(7).

[25] YAN Y，KUANG W，ZHANG C，et al. Impacts of impervious surface expansion on soil organic carbon-a spatially explicit study[J]. Scientific reports,2015,5(1):17905.

[26] YAN Y,ZHANG C,HU Y,et al. Urban land-cover change and its impact on the ecosystem carbon storage in a dryland city[J]. Remote sensing,2015,8(1):6.

[27] 冯章献,王士君,金珊合,等. 长春市城市形态及风环境对地表温度的影响 [J]. 地理学报,2019,74(5):902-911.

[28] LI C,LIU M,HU Y,et al. Evaluating the runoff storage supply-demand structure of green infrastructure for urban flood management[J]. Journal of cleaner production,2021,280.

[29] LU X,YU H,YANG X,et al. Estimating tropical cyclone size in the Northwestern Pacific from geostationary satellite infrared images[J]. Remote sensing,2017,9(7):728.

[30] 刘雅玉. 基于案例推理的台风灾害快速评估方法 [D]. 武汉:武汉大学,2018.

[31] WU F,HUANG N,LIU G,et al. Pathway optimization of China's carbon emission reduction and its provincial allocation under temperature control threshold[J]. Journal of environmental management,2020,271.

[32] 凡雨宸. 基于 GIS-GWR 的湖南省土地利用碳排放时空演变及其影响因素分析 [D]. 株洲:湖南工业大学,2020.

[33] 魏燕茹,陈松林. 福建省土地利用碳排放空间关联性与碳平衡分区 [J]. 生态学报，2021,41(14):5814-5824.

[34] 杨静媛,张明,多玲花,等. 江西省土地利用碳排放空间格局及碳平衡分区 [J]. 环境科学研究,2022,35(10): 2312-2321.

[35] 赵先超,牛亚文,肖杰,等. 基于土地利用变化的岳阳市碳排放时空格局研究 [J]. 湖南工业大学学报,2022,36(1):10-19,2.

[36] LEVIN K，RICH D.Turning Points: Trends in Countries' Reaching Peak Greenhouse Gas Emissions Over Time[R/OL].(2017-11-02)[2022-10-28]. https://www.wri.org/research/turning-points-trends-countries-reaching-peak-greenhouse-gas-emissions-over-time

[37] IPCC. Climate Change 2022：Impacts，Adaptation and Vulnerability. Contribution of Working Group II to the Sixth Assessment Report of the Intergovernmental Panel on Climate Change[M]. UK，Cambridge：Cambridge University Press，2022.

[38] LIU W，SUN Y，CAI W，et al. A study on the spatial association network of CO_2 emissions from the perspective of city size：evidence from the Yangtze River delta urban agglomeration[J]. Buildings，2022，12（5）：617.

[39] 冯冬. 京津冀城市群碳排放：效率、影响因素及协同减排效应 [D]. 天津：天津大学，2020.

[40] 马翼飞. 基于 GIS 的太阳能光伏能源电站选址方法的研究与应用 [D]. 银川：北方民族大学，2020.

[41] PENG S，GANG C，CAO Y，et al. Assessment of climate change trends over the Loess Plateau in China from 1901 to 2100：assessment of climate change trends over the Loess Plateau[J]. International journal of climatology，2018，38（5）：2250-2264.

[42] PENG S，DING Y，WEN Z，et al.Spatiotemporal change and trend analysis of potential evapotranspiration over the Loess Plateau of China during 2011-2100[J]. Agricultural and forest meteorology，2017，233：183-194.

[43] DING Y，PENG S. Spatiotemporal trends and attribution of drought across China from 1901-2100[J]. Sustainability，2020，12（2）：477.

[44] 徐增让,成升魁,谢高地. 甜高粱的适生区及能源资源潜力研究 [J]. 可再生能源，2010，28（4）：118-122.

[45] 张彩霞,谢高地,李士美,等. 中国能源作物甜高粱的空间适宜分布及乙醇生产潜力 [J]. 生态学报,2010,30（17）:4765-4770.

[46] SUN Y，WANG Y，ZHENG H，et al. Critical supply chains of NO_x emissions in the Beijing-Tianjin-Hebei urban agglomeration[J]. Journal of cleaner production，2022，362.

[47] ZHENG H，MENG J，MI Z，et al. Linking city-level input-output table to urban energy footprint：construction framework and application[J]. Journal of industrial ecology，2019，23（4）：781-795.

[48] 胡喻璇,陈德超,金鼎,等. 环太湖区域景观格局演变及其生态系统服务影响 [J]. 城市问题,2021,4:95-103.

[49] WU Y，SHI K，CHEN Z，et al. Developing improved time-series DMSP-OLS-like data（1992-2019）in China by integrating DMSP-OLS and SNPP-VIIRS[J]. IEEE transactions on geoscience and remote sensing，2022，60：1-14.

[50] 汤国安,杨昕,张海平,等.ArcGIS 地理信息系统空间分析实验教程 [M].3 版. 北京：科学出版社,2021.

[51] 汤国安. 地理信息系统教程 [M].2 版. 北京：高等教育出版社,2019.

[52] 汤国安,钱柯健,熊礼阳,等. 地理信息技术实训系列教程：地理信息系统基础实验操作 100 例 [M]. 北京：科学出版社,2017.

[53] 张书亮,戴强,辛宇,等.GIS 综合实验教程 [M]. 北京：科学出版社,2020.

[54] 吴涛,李凤全,陈梅花,等. 地理信息科学实践应用教学案例 [M]. 武汉：武汉大学出版

社,2021.

[55] 闫磊,张海龙. ArcGIS 地理信息系统从基础到实战 [M]. 北京:中国水利水电出版社, 2021.

[56] 黄焕春,贾琦,朱柏葳,等. 国土空间规划 GIS 技术应用教程 [M]. 南京:东南大学出版 社,2021.

[57] 刘美玲,明冬萍. 遥感地学应用实验教程 [M]. 北京:科学出版社,2018.

[58] 杨树文,董玉森,詹云军,等. 遥感数字图像处理与分析:ENVI 5.x 实验教程 [M].2 版. 北京:电子工业出版社,2015.

[59] 韦玉春,汤国安,汪闽,等. 遥感数字图像处理教程 [M].3 版. 北京:科学出版社,2019.

[60] 徐永明. ENVI 遥感软件综合实习教程 [M]. 北京:科学出版社,2019.

附录 1 全书实验思维导图

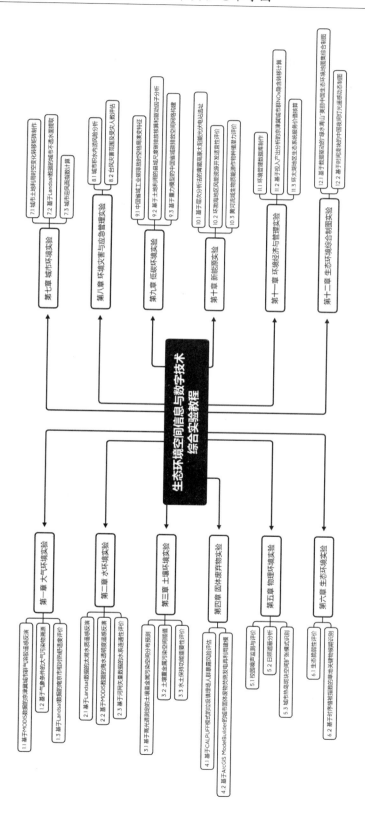

附录 2　全书实验 ArcGIS 软件 ArcToolbox 工具检索表

工具箱	工具集		工具	实验
3D Analyst 工具	栅格表面		坡度	3.3 【实验】水土保持功能重要性评价
				6.1 【实验】生态脆弱性评价
				10.2 【实验】环渤海地区风能资源开发适宜性评价
	转换	由栅格转出	栅格范围	7.1 【实验】城市土地利用转移矩阵制作
地统计工具（Geostatistical Analyst Tools）	工具		子集要素	3.2 【实验】土壤重金属污染空间插值
空间分析工具（Spatial Analyst Tools）	区域分析		以表格显示分区统计	7.3 【实验】城市迎风面指数计算
				8.1 【实验】城市积水内涝风险分析
				8.2 【实验】台风灾害范围及受灾人数评估
			分区统计	4.2 【实验】基于 ArcGIS ModelBuilder 的城市固体废物焚烧发电再利用建模
			面积制表	7.1 【实验】城市土地利用转移矩阵制作
				8.1 【实验】城市积水内涝风险分析
				9.2 【实验】基于土地利用的县域尺度碳排放核算和驱动因子分析
	叠加分析		加权总和	10.1 【实验】基于层次分析法的青藏高原太阳能光伏电站选址
	地图代数		栅格计算器	3.3 【实验】水土保持功能重要性评价
				4.1 【实验】基于 CALPUFF 模式的垃圾填埋场人群暴露风险评估
				4.2 【实验】基于 ArcGIS ModelBuilder 的城市固体废物焚烧发电再利用建模
				5.2 【实验】日照遮蔽分析
				5.3 【实验】城市热岛斑块空间扩张模式识别
				6.1 【实验】生态脆弱性评价
				7.1 【实验】城市土地利用转移矩阵制作
				7.3 【实验】城市迎风面指数计算
				8.1 【实验】城市积水内涝风险分析
				10.2 【实验】环渤海地区风能资源开发适宜性评价
				10.3 【实验】黄河流域生物质能源作物种植潜力评价

工具箱	工具集	工具	实验
空间分析工具（Spatial Analyst Tools）	太阳辐射	太阳辐射区域	10.1 【实验】基于层次分析法的青藏高原太阳能光伏电站选址
	局部分析	像元统计数据	6.1 【实验】生态脆弱性评价
	提取分析	多值提取至点	2.1 【实验】基于 Landsat 数据的太湖水质遥感反演
			3.2 【实验】土壤重金属污染空间插值
			6.2 【实验】基于时序植被指数的草地关键物候期识别
		值提取至点	2.1 【实验】基于 Landsat 数据的太湖水质遥感反演
			4.2 【实验】基于 ArcGIS ModelBuilder 的城市固体废物焚烧发电再利用建模
		按属性提取	5.3 【实验】城市热岛斑块空间扩张模式识别
		按掩膜提取	4.2 【实验】基于 ArcGIS ModelBuilder 的城市固体废物焚烧发电再利用建模
			6.1 【实验】生态脆弱性评价
			6.2 【实验】基于时序植被指数的草地关键物候期识别
			7.3 【实验】城市迎风面指数计算
			11.1 【实验】环境管理数据库制作
	插值分析	克里金法	3.2 【实验】土壤重金属污染空间插值
			5.1 【实验】校园噪声监测与评价
			6.1 【实验】生态脆弱性评价
		反距离权重法	3.1 【实验】基于高光谱测定的土壤重金属污染空间分布预测
			3.2 【实验】土壤重金属污染空间插值
	表面分析	坡向	5.2 【实验】日照遮蔽分析
			10.1 【实验】基于层次分析法的青藏高原太阳能光伏电站选址
		坡度	10.1 【实验】基于层次分析法的青藏高原太阳能光伏电站选址
		山体阴影	5.2 【实验】日照遮蔽分析
		等值线	5.1 【实验】校园噪声监测与评价
	距离	路径距离分配	4.2 【实验】基于 ArcGIS ModelBuilder 的城市固体废物焚烧发电再利用建模
	邻域分析	块统计	10.2 【实验】环渤海地区风能资源开发适宜性评价
		焦点统计	6.1 【实验】生态脆弱性评价
	重分类	重分类	5.2 【实验】日照遮蔽分析
			6.1 【实验】生态脆弱性评价
			10.1 【实验】基于层次分析法的青藏高原太阳能光伏电站选址

工具箱	工具集	工具	实验
多维工具（Multidimension Tools）	—	创建 NetCDF 栅格图层	11.1 【实验】环境管理数据库制作
分析工具（Analysis Tools）	叠加分析	相交	7.1 【实验】城市土地利用转移矩阵制作
		联合	10.1 【实验】基于层次分析法的青藏高原太阳能光伏电站选址
	提取分析	裁剪	5.1 【实验】校园噪声监测与评价
			8.1 【实验】城市积水内涝风险分析
	统计分析	交集制表	7.1 【实验】城市土地利用转移矩阵制作
	邻域分析	图形缓冲	5.1 【实验】校园噪声监测与评价
		多环缓冲区	3.2 【实验】土壤重金属污染空间插值
			10.1 【实验】基于层次分析法的青藏高原太阳能光伏电站选址
		点距离	9.3 【实验】基于重力模型的中国省域碳排放空间网络构建
		缓冲区	8.2 【实验】台风灾害范围及受灾人数评估
			10.2 【实验】环渤海地区风能资源开发适宜性评价
空间统计工具（Spatial Statistics Tools）	分析模式	空间自相关（Moran's I）	9.1 【实验】中国省域工业碳排放时空格局演变特征分析
			9.2 【实验】基于土地利用的县域尺度碳排放核算和驱动因子分析
	度量地理分布	平均中心	9.1 【实验】中国省域工业碳排放时空格局演变特征分析
		方向分布（标准差椭圆）	9.1 【实验】中国省域工业碳排放时空格局演变特征分析
	空间关系建模	地理加权回归	9.2 【实验】基于土地利用的县域尺度碳排放核算和驱动因子分析
		探索性回归	9.2 【实验】基于土地利用的县域尺度碳排放核算和驱动因子分析
	聚类分布制图	热点分析（Getis-Ord Gi*）	9.1 【实验】中国省域工业碳排放时空格局演变特征分析
		聚类和异常值分析（Anselin Local Moran's I）	9.1 【实验】中国省域工业碳排放时空格局演变特征分析

续表

工具箱	工具集		工具	实验
数据管理工具（Data Management Tools）	制图综合		消除	8.1 【实验】城市积水内涝风险分析
			融合	7.1 【实验】城市土地利用转移矩阵制作
				11.3 【实验】环太湖地区生态系统服务价值核算
	字段		添加字段	5.2 【实验】日照遮蔽分析
			计算字段	5.2 【实验】日照遮蔽分析
	常规		合并	5.1 【实验】校园噪声监测与评价
	投影和变换	一	定义投影	4.1 【实验】基于 CALPUFF 模式的垃圾填埋场人群暴露风险评估
			投影	3.2 【实验】土壤重金属污染空间插值
				9.3 【实验】基于重力模型的中国省域碳排放空间网络构建
		栅格	投影栅格	5.1 【实验】校园噪声监测与评价
				11.1 【实验】环境管理数据库制作
	栅格	栅格处理	裁剪	2.1 【实验】基于 Landsat 数据的太湖水质遥感反演
		栅格属性	获取栅格属性	5.3 【实验】城市热岛斑块空间扩张模式识别
			计算统计数据	12.2 【实验】基于时间滑块的中国夜间灯光遥感动态制图
		栅格数据集	复制栅格	4.2 【实验】基于 ArcGIS ModelBuilder 的城市固体废物焚烧发电再利用建模
			镶嵌至新栅格	11.1 【实验】环境管理数据库制作
		镶嵌数据集	创建镶嵌数据集	12.2 【实验】基于时间滑块的中国夜间灯光遥感动态制图
	表		数据透视表	7.1 【实验】城市土地利用转移矩阵制作
	要素		XY 转线	9.3 【实验】基于重力模型的中国省域碳排放空间网络构建
				11.2 【实验】基于投入产出分析的京津冀城市群 NO_x 隐含转移计算
	连接		添加字段	5.2 【实验】日照遮蔽分析
	采样		创建渔网	5.1 【实验】校园噪声监测与评价
				7.3 【实验】城市迎风面指数计算
制图工具（Cartography Tools）	制图综合		平滑线	5.1 【实验】校园噪声监测与评价

续表

工具箱	工具集	工具	实验
转换工具（Conversion Tools）	Excel	表转 Excel	2.1 【实验】基于 Landsat 数据的太湖水质遥感反演
			6.2 【实验】基于时序植被指数的草地关键物候期识别
			9.2 【实验】基于土地利用的县域尺度碳排放核算和驱动因子分析
	由栅格转出	栅格转面	5.2 【实验】日照遮蔽分析
			5.3 【实验】城市热岛斑块空间扩张模式识别
			10.1 【实验】基于层次分析法的青藏高原太阳能光伏电站选址
	转为栅格	ASCII 转栅格	4.1 【实验】基于 CALPUFF 模式的垃圾填埋场人群暴露风险评估
		点转栅格	4.2 【实验】基于 ArcGIS ModelBuilder 的城市固体废物焚烧发电再利用建模
		要素转栅格	3.3 【实验】水土保持功能重要性评价
			7.3 【实验】城市迎风面指数计算
			10.1 【实验】基于层次分析法的青藏高原太阳能光伏电站选址
		面转栅格	5.2 【实验】日照遮蔽分析
			10.2 【实验】环渤海地区风能资源开发适宜性评价

附录3　全书实验部分彩图

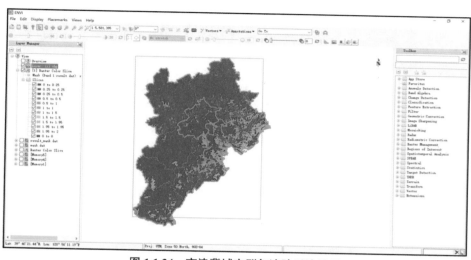

图 1.1.34　京津冀城市群气溶胶反演结果

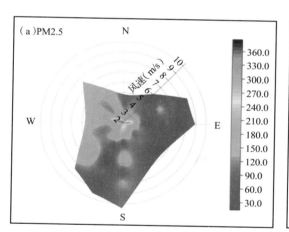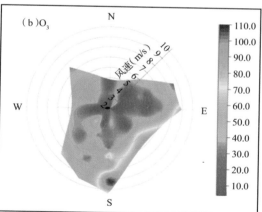

图 1.2.19　大气污染物溯源结果

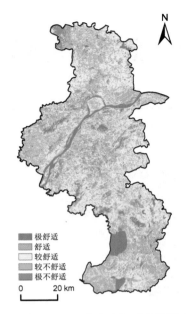

图 1.3.54　2013 年 4 月 7 日南京市相对热舒适度空间分布图

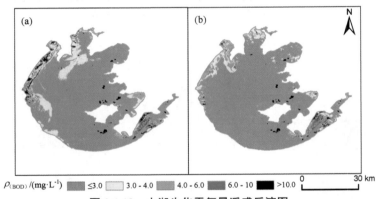

图 2.1.18　太湖生化需氧量遥感反演图

（a）2016 年 7 月 27 日　（b）2016 年 8 月 28 日

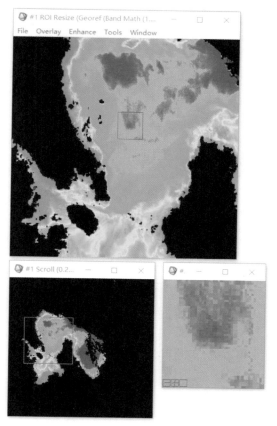

图 2.2.19　颜色设置后结果

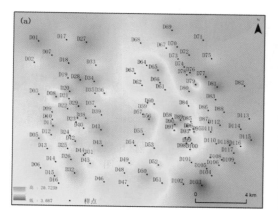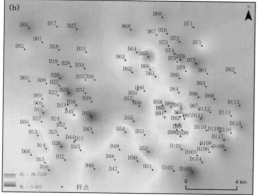

图 3.1.21　反距离权重法插值结果

（a）实测含量插值　　（b）预测含量插值

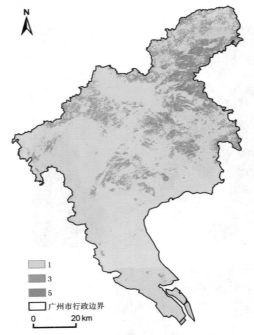

图 3.3.7　广州市水土保持功能重要性评价

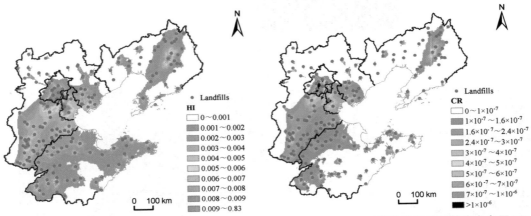

图 4.1.14　环渤海地区垃圾焚烧发电厂 HI
空间分布图

图 4.1.15　环渤海地区垃圾焚烧发电厂 CR
空间分布图

图 5.1.8 添加控制点结果

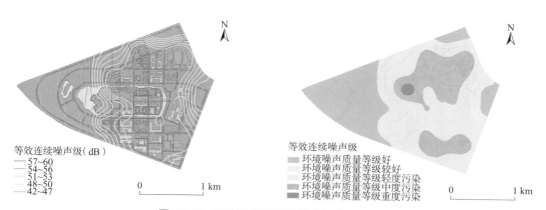

等效连续噪声级(dB)
—— 57~60
—— 54~56
—— 51~53
—— 48~50
—— 42~47

等效连续噪声级
环境噪声质量等级好
环境噪声质量等级较好
环境噪声质量等级轻度污染
环境噪声质量等级中度污染
环境噪声质量等级重度污染

图 5.1.40 噪声污染等效连续声级专题图

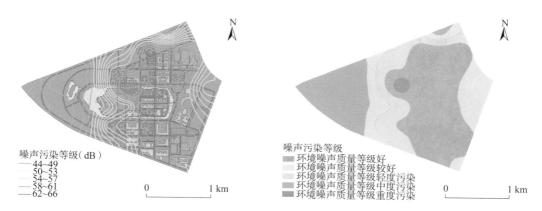

噪声污染等级(dB)
—— 44~49
—— 50~53
—— 54~57
—— 58~61
—— 62~66

噪声污染等级
环境噪声质量等级好
环境噪声质量等级较好
环境噪声质量等级轻度污染
环境噪声质量等级中度污染
环境噪声质量等级重度污染

图 5.1.41 噪声污染等级专题图

图 5.2.29　建筑物日照遮蔽分析结果

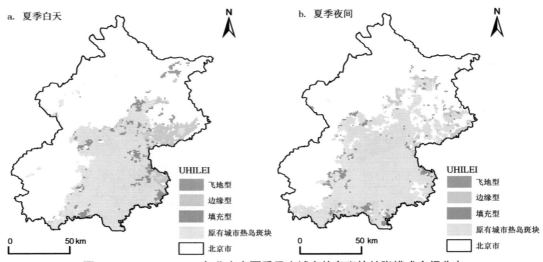

图 5.3.25　2005—2020 年北京市夏季昼夜城市热岛斑块扩张模式空间分布

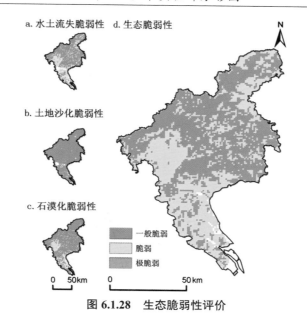

a. 水土流失脆弱性　　d. 生态脆弱性

b. 土地沙化脆弱性

c. 石漠化脆弱性

一般脆弱
脆弱
极脆弱

0　50km　　　　0　50km

图 6.1.28　生态脆弱性评价

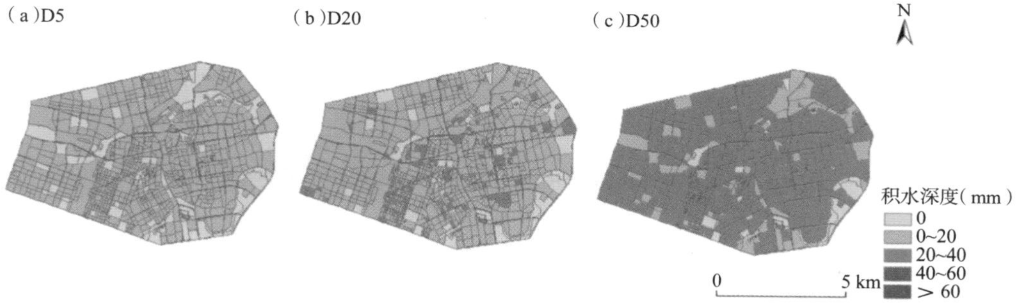

（a）D5　　　　　　　　　（b）D20　　　　　　　　　（c）D50

积水深度（mm）
0
0~20
20~40
40~60
> 60

0　　5 km

图 8.1.28　不同重现期条件下汇水单元积水深度

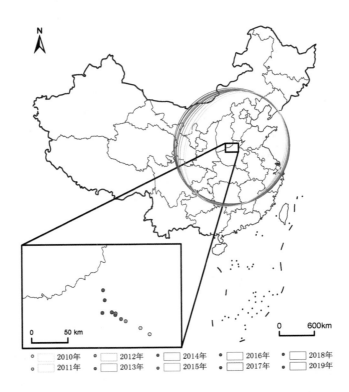

图 9.1.20　2010—2019 年中国省域工业碳排放重心及地理分布

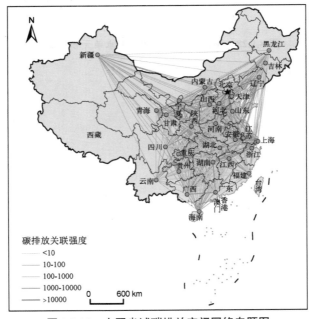

图 9.3.12　中国省域碳排放空间网络专题图

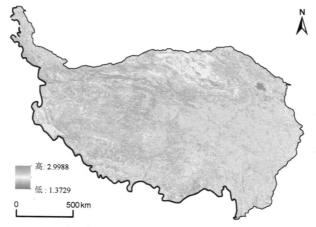

高: 2.9988

低: 1.3729

0　　　500 km

图 10.1.22　青藏高原地区太阳能光伏电站选址叠置分析结果

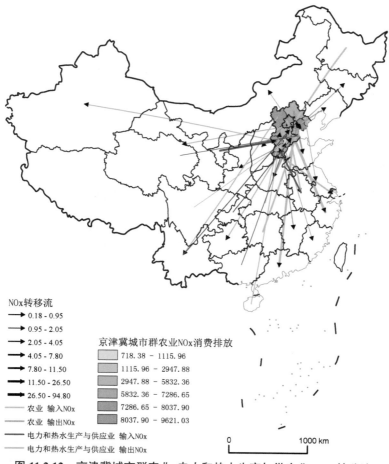

NOx转移流

0.18 - 0.95
0.95 - 2.05
2.05 - 4.05
4.05 - 7.80
7.80 - 11.50
11.50 - 26.50
26.50 - 94.80

农业　输入NOx
农业　输出NOx
电力和热水生产与供应业　输入NOx
电力和热水生产与供应业　输出NOx

京津冀城市群农业NOx消费排放

718.38 - 1115.96
1115.96 - 2947.88
2947.88 - 5832.36
5832.36 - 7286.65
7286.65 - 8037.90
8037.90 - 9621.03

0　　　1000 km

图 11.2.12　京津冀城市群农业、电力和热水生产与供应业 NO_x 转移流

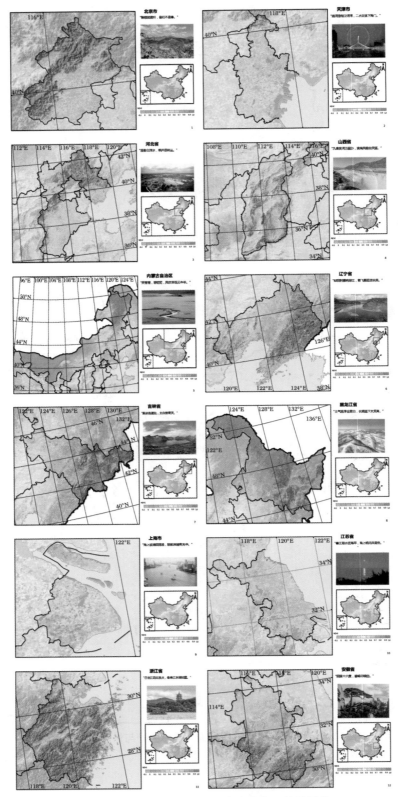

图 12.1.59　"绿水青山"美丽中国生态环境地图集

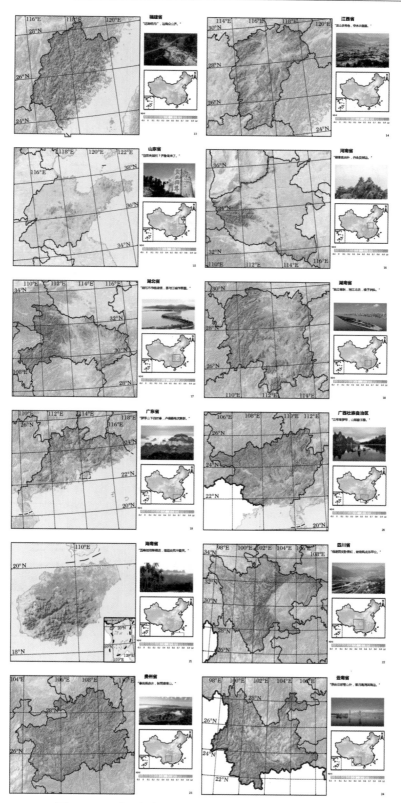

图 12.1.59　"绿水青山"美丽中国生态环境地图集（续）

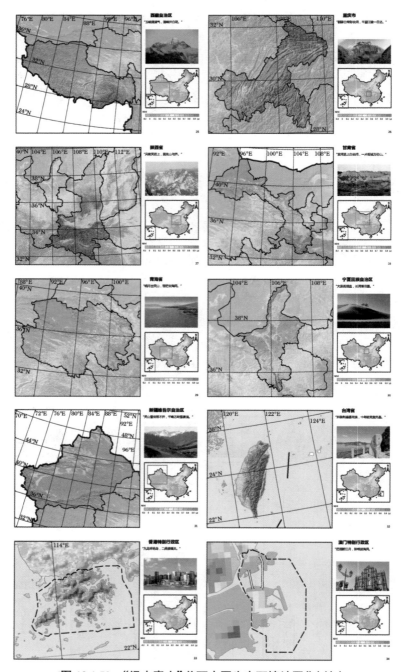

图 12.1.59 "绿水青山"美丽中国生态环境地图集(续)

附录4 实验设计和编写人员列表

实验名称	实验设计和编写人员
1.1 基于 MODIS 数据的京津冀城市群气溶胶遥感反演	刘佳雯、吴晨、张伟伟、王方
1.2 基于气象条件的大气污染物溯源	王楠、吴晨、姬梦怡、乔治
1.3 基于 Landsat 数据的南京市相对热舒适度评价	冯莉、赵瞒瞒、杨霄鸣、刘佳雯
2.1 基于 Landsat 数据的太湖水质遥感反演	刘磊、梁永春、刘佳雯
2.2 基于 MODIS 数据的海水透明度遥感反演	张殿君、刘佳雯、吴婷
2.3 基于河网矢量数据的水系连通性评价	刘佳雯、姬梦怡、于金媛
3.1 基于高光谱测定的土壤重金属污染空间分布预测	刘磊、尹翠景、刘佳雯、吴婷
3.2 土壤重金属污染空间插值	贺瞳、朱光旭、李觊家
3.3 水土保持功能重要性评价	贺瞳、李莹、崔小梅
4.1 基于 CALPUFF 模式的垃圾填埋场人群暴露风险评估	马文超、黄卓识、陈兴财、蒋玉颖、王楠
4.2 基于 ArcGIS ModelBuilder 的城市固体废物焚烧发电再利用建模	童银栋、诸葛星辰、乔治、贾若愚、贺瞳
5.1 校园噪声监测与评价	陈嘉悦、杨霄鸣、乔治
5.2 日照遮蔽分析	王楠、韦祺琨、乔治
5.3 城市热岛斑块空间扩张模式识别	卢应爽、徐新良、乔治
6.1 生态脆弱性评价	路路、贺瞳、姜乃琪、于泉洲
6.2 基于时序植被指数的草地关键物候期识别	刘洛、刘俊、陈嘉悦
7.1 城市土地利用时空变化转移矩阵制作	贺瞳、秦之浩、乔治
7.2 基于 Landsat 数据的城市不透水面提取	艳燕、韩希平、刘佳雯
7.3 城市迎风面指数计算	孙宗耀、乔治、杨俊、贾若愚
8.1 城市积水内涝风险分析	李春林、王永衡、韩祯、陈嘉悦
8.2 台风灾害范围及受灾人数评估	贾若愚、张勇、乔治
9.1 中国省域工业碳排放时空格局演变特征	黄宁钰、吴锋、贺瞳、王方
9.2 基于土地利用的县域尺度碳排放核算和驱动因子分析	罗雯、王楠、王方
9.3 基于重力模型的中国省域碳排放空间网络构建	毛国柱、彭栓
10.1 基于层次分析法的青藏高原太阳能光伏电站选址	贾若愚、郝岩、凌帅、乔治
10.2 环渤海地区风能资源开发适宜性评价	韩冬锐、郝岩、凌帅、贾若愚
10.3 黄河流域生物质能源作物种植潜力评价	韩冬锐、孙希华、贾若愚
11.1 环境管理数据库构建	陈嘉悦、王方
11.2 基于投入产出分析的京津冀城市群 NO_x 隐含转移计算	王媛、孙赟、单梅、贺瞳、王方
11.3 环太湖地区生态系统服务价值核算	陈德超、范金鼎
12.1 基于数据驱动的"绿水青山"美丽中国生态环境地图集综合制图	刘佳雯、卢应爽、乔治、张云金
12.2 基于时间滑块的中国夜间灯光遥感动态制图	刘佳雯、乔治、张云金